S7-200PLC 应用技术

主　编　周　峰　袁　红　李卫国
副主编　刘世坤　王立华　朱红林
主　审　李全利

ZHEJIANG UNIVERSITY PRESS
浙江大学出版社

图书在版编目（CIP）数据

S7-200PLC应用技术／周峰等主编．—杭州：浙江大学出版社，2015.3（2024.1重印）
ISBN 978-7-308-14407-0

Ⅰ．①S… Ⅱ．①周… Ⅲ．①plc技术 Ⅳ．①TM571.6

中国版本图书馆CIP数据核字（2015）第032977号

内容简介

本书主要介绍西门子公司小型可编程序控制器S7-200 PLC的软件和硬件功能及其应用。本书以项目为单元，以应用为主线，通过设计不同的工作任务，来引导学生由实践到理论再到实践，同时融入作者多年的宝贵使用经验，实用、易用。本书分为4个项目16个任务：PLC入门、PLC基本指令及应用、PLC功能指令及应用、PLC技术综合应用。

本书主要供中职、技校PLC应用技术等课程的教材，同时为从事电气设计技术人员提供参考资料。

S7-200PLC应用技术

主　编　周　峰　袁　红　李卫国
副主编　刘世坤　王立华　朱红林

责任编辑　杜希武
封面设计　刘依群
出版发行　浙江大学出版社
（杭州市天目山路148号　邮政编码310007）
（网址：http://www.zjupress.com）
排　　版　杭州好友排版工作室
印　　刷　广东虎彩云印刷有限公司绍兴分公司
开　　本　787mm×1092mm　1/16
印　　张　13.5
字　　数　336千
版 印 次　2015年3月第1版　2024年1月第3次印刷
书　　号　ISBN 978-7-308-14407-0
定　　价　39.00元

前　　言

本书是根据当前中等职业学校的培养目标，结合机电专业国家级示范校建设中教学改革和课程改革，本着“工学结合、项目导向、任务驱动、‘教—学—做’一体化”的原则编写的。本书打破了原有教材将“基本原理、基本指令、基本应用”等分成独立的章节编写模式，而是以项目为单元，以应用为主线，通过设计不同的工作任务，来引导学生由实践到理论再到实践，将理论知识融入每一个实践操作中。

鉴于可编程序控制器(PLC)在工业控制领域的重要性，许多职业院校将其作为机电、电气自动化等专业的核心课程，并在国家和省市级职业技能大赛中列为重要的赛项。因此我们组织了相关专业教师，经过认真调研，并结合目前我国工业控制领域中PLC的应用情况，选择了有较高性价比和市场份额的西门子公司S7-200系列小型PLC作为编写对象。在本书的编写过程中，力求体现职业教育的性质、任务和培养目标，坚持以就业为导向、以能力为本位的原则，突出教材的实用性、适用性和先进性。

全书分为四个项目：项目一为PLC入门；项目二为PLC基本指令及应用；项目三为PLC功能指令及应用；项目四为PLC指令综合应用。其中，每个学习任务分别由学习目标、工作任务要求、相关理论、任务实施、检查评价、思考练习、知识拓展和取证要点八个环节组成。考虑知识内容的完整性，精心设计教学任务，每个项目中的任务均从生活或生产实践中选题，试做后编入教材。教学中建议采用讲练结合的方式，要特别重视PLC在实际控制中的应用，课时分配建议如下：

项　　目	任　　务	课时(理论/实践)
项目一　PLC入门	任务一　了解PLC	4/0
	任务二　认识S7-200系列PLC的硬件及原理	2/2
	任务三　认识S7-200系列PLC的内存结构及寻址方法	2/0
	任务四　S7-200系列PLC的编程软件使用实践	0/2
项目二　PLC基本指令及应用	任务一　三相异步电动机点动及连续运行PLC控制	2/2
	任务二　三相异步电动机正反转运行PLC控制	2/2
	任务三　三相异步电动机Y-△减压启动PLC控制	2/2
	任务四　PLC控制指示灯闪烁计数	2/2
	任务五　PLC控制通风机监控系统	2/2

续表

项　　目	任　　务	课时(理论/实践)
项目三　PLC功能指令及应用	任务一　PLC在液体混合装置控制中的应用	2/2
	任务二　十字路口交通灯的PLC控制	2/2
	任务三　PLC在校牌彩灯控制中的应用	2/2
	任务四　PLC控制运料小车自动往返运行	4/2
	任务五　PLC运算指令实现停车场车位控制	4/2
项目四　PLC设计案例	任务一　物料分拣及机械手搬运控制	4/4
	任务二　基于PLC的病房呼叫系统的设计	4/4
合计	16	40/32

本书由天津市劳动经济学校的周峰(项目三、项目四)、袁红(项目一)、李卫国(项目二),刘世坤(项目二)、王立华(项目一)以及浙江大学朱红林(项目四)等编写,其中周峰、袁红、李卫国为本书主编,刘世坤、王立华、朱红林为本书副主编。全书由周峰统稿并定稿。

天津市源峰科技发展有限责任公司李全利担任本书主审。他仔细审阅了全部内容,并提出许多宝贵意见和建议,在此表示诚挚的谢意!

由于编者水平有限,书中错漏在所难免,恳请广大读者批评指正。

作　者

2015年1月

目　　录

项目一　PLC入门

可编程序控制器，简称PLC。它是20世纪70年代以来，在集成电路、计算机技术基础上发展起来的一种新型工业控制设备。由于它具有功能强、可靠性高、配置灵活、使用方便以及体积小、重量轻等优点，已被广泛应用于国内外自动化控制的各个领域，并成为生产自动化实现技术的支柱产品。近几年来，国内在PLC技术与产品开发应用方面的发展也很快，除了许多从国外引进的设备、自动化流水线外，国产的机床设备已越来越多地采用PLC控制系统取代传统的继电接触控制系统。因此，作为一名电气工程技术人员，必须掌握PLC及其控制系统的基本原理与应用技术，以适应当前电气控制技术的发展需要。

任务一　了解PLC

知识目标：1）掌握PLC的产生、定义及发展；
2）了解PLC的功能、特点及分类，掌握顺序功能图的组成要素和基本结构；
3）了解PLC相比于基础电路的优缺点。

能力目标：1）能够根据实际需要选择相关的、适配的PLC设备；
2）根据企业需要选择合适的PLC设备。

素质目标：1）树立正确的学习目标，培养团结协作的意识；
2）培养和树立安全生产、文明操作的意识。

工作任务

通过一个控制案例，与传统继电控制方式分析对比，了解什么是PLC，总结它的特点和用法。具体任务如下：

某企业一生产设备控制要求，需增加一台独立控制的7.5kW三相交流异步电动机投入控制运行。工作人员给出了单按钮启动/停止控制电气原理图，如图1-1-1所示。

相关理论

一、PLC的产生、定义

可编程序控制器是计算机家族的一员，是为工业控制应用而设计制造的。早期的可编程序控制器称作可编程逻辑控制器(Programmable Logic Controller)，简称PLC，它主要用来代替继电器实现逻辑控制。随着技术的发展，这种装置的功能已经大大超过了逻辑控制的范围，因此，如今把这种装置称作可编程序控制器(Programmable Controller)，简称PC。

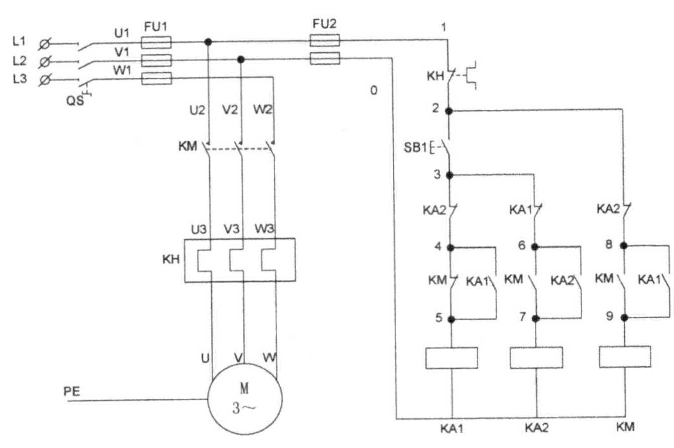

图 1-1-1　单按钮启动/停止控制线路原理

但为了避免与个人计算机(Personal Computer)的简称混淆,所以仍然将可编程序控制器简称为 PLC。

1968 年,美国最大的汽车制造商——通用汽车公司(GM),为了适应汽车型号的不断更新,生产工艺不断变化的需要,实现小批量、多品种生产,希望能发明一种新型工业控制器,它能做到尽可能减少重新设计和更换继电器控制系统及接线的次数,以降低成本、缩短周期。并提出了 10 项招标指标,即:

(1)编程简单,可在现场修改程序。

(2)维护方便,最好是插件式。

(3)可靠性高于继电器控制柜。

(4)体积小于继电器控制柜。

(5)可将数据直接送入管理计算机。

(6)在成本上可与继电器控制柜竞争。

(7)输入可以是交流 115V。

(8)在扩展时,原有系统只需做很小变更。

(9)输出为交流 115V、2A 以上,可以直接驱动电磁阀。

(10)用户程序存储器容量至少能扩展到 4KB。

一年后,美国数字设备公司(DEC)按照这 10 项指标制成了世界上第一台可编程序逻辑控制器(PLC)PDP-14,在美国通用汽车公司生产线上应用并取得了成功,从此开创了可编程序逻辑控制器的时代,工业控制进入了新局面。

这一新型工业控制装置的出现,也受到了世界上其他国家的高度重视。1971 年日本从美国引进了这项新技术,很快研制出了日本第一台 PLC。1973 年,西欧国家也研制出他们的第一台 PLC。我国从 1974 年开始研制 PLC,并于 1977 年开始工业应用。

为了使 PLC 生产和发展标准化,1987 年 2 月,国际电工委员会(IEC)颁布了可编程序控制器标准草案第三稿。该草案中对可编程序控制器的定义是:“可编程序控制器是一种数字运算操作的电子系统,专为在工业环境下应用而设计的,它采用了可编程序的存储器,用来在其内部存储执行逻辑运算、顺序控制、定时、计数和算术运算等操作的指令，并通过数字式和模拟式的输入和输出，控制各种类型机械或生产过程”。可编程序控制器及其有关外围设备，都按易于与工业系统联成一个整体，易于扩充其功能的原则设计。

二、PLC的特点

PLC之所以能成为当今增长速度最快的工业自动控制设备，是因为它具备了许多独特的优点，能较好地解决了工业控制领域普遍关心的可靠性、安全性、灵活性、方便以及经济性等问题。

（一）PLC的优点

1. 可靠性高，抗干扰能力强

可靠性高、抗干扰能力强是PLC最重要的特点由于工业生产过程往往是连续的，工业现场环境恶劣，各种电磁干扰特别严重，PLC采用了一系列的硬件和软件的抗干扰措施，使得PLC的平均无故障时间可达几十万个小时。

保证PLC工作可靠性高、抗干扰能力强的主要措施是：

（1）硬件方面：I/O通道采用光电隔离，有效地抑制外部干扰源对PLC的影响；对供电电源及线路采用多种形式的滤波，从而消除或抑制高频干扰；对CPU等重要部件采用良好的导电、导磁材料进行屏蔽，以减少空间电磁干扰；对有些模块设置联锁保护、自诊断电路等。

（2）软件方面：PLC采用扫描工作方式，减少由于外界环境干扰引起的故障；在PLC系统程序中设有故障检测和自诊断程序，能对系统硬件电路等故障实现检测和判断；当出现由外界干扰引起故障时，能立即将当前重要信息加以封存，禁止任何不稳定的读写操作，当外界环境正常后，便可恢复到故障发生前的状态，继续原来的工作。

（3）工作原理方面：采用循环扫描、集中输入与集中输出的特殊工作方式。

（4）制造工艺方面：采用超大规模集成电路芯片、扁平封装和表面安装技术，对电子器件进行严格的筛选和防老化处理。

2. 编程简单，易学易懂

这是PLC优于微机的另一个特点。PLC的编程大多采用类似于继电器控制线路的梯形图形式，具有直观、清晰、修改方便、易于掌握等优点。对使用者来说，不需要具备计算机的专门知识，因此很容易被一般工程技术人员所理解和掌握。

3. 配套齐全，功能完善，适用性强

PLC发展到今天，已经形成了大、中、小各种规模的系列化产品，可以用于各种规模的工业控制场合。除了逻辑处理功能以外，现代PLC大多具有完善的数据运算能力，可用于各种数字控制领域。

4. 控制系统的设计、安装工作量小，维护方便，容易改造

PLC用存储逻辑代替接线逻辑，大大减少控制设备外部的接线，使控制系统设计及安装的周期大为缩短，也使得维护变得容易起来。更重要的是PLC使得同一设备通过改变程序就可以改变生产过程成为可能。这很适合多品种、小批量的生产场合。

5. 体积小，重量轻，能耗低

以超小型PLC为例，新近出产的品种底部尺寸小于100mm，重量小于150g，功耗仅数瓦。由于体积小,PLC设备很容易装入机械内部,是实现机电一体化的理想控制设备。

6. 开发周期短,成功率高

大多数工业控制装置的开发和研制包括机械、液压、气动和电气控制部分,需要一定的研制时间,也包括各种困难和风险。大量事实证明采用以PLC为核心的控制方式具有开发周期短、风险小和成功率高的优点。

7. 安装简单,维修方便

PLC采用模块结构,安装时只需要将相应的I/O端口连接便可构成PLC控制系统。而且各种模块上均设有运行和故障指示和软件配合,方便用户了解运行状况和故障判断。

(二)PLC与继电器控制系统的比较

PLC最初是为了取代继电器控制系统而出现的一种新型的工业控制装置,与继电器控制系统相比,有许多相似之处,也有许多不同。主要体现在以下方面:

(1)继电器控制线路由许多实际的继电器组成,俗称硬继电器。而PLC控制系统由许多"软件继电器"组成,实质上是存储器单元的状态,通过存储器置1或置0来实现其用户控制功能。

(2)触点的数量:实际的继电器的触点数较少。而PLC,软继电器的触点数为无限对,并且可以反复使用而没有损耗。

(3)控制方法:继电器控制系统采用硬件接线,缺乏灵活性,体积庞大,安装维修不方便。而PLC采用了计算机技术,要改变控制逻辑只需改变程序。

(4)工作方式:继电器控制为并行工作方式。而PLC控制是串行工作方式。

(5)控制速度:继电器控制需要电的传送,有较长的延时时间。PLC仅有扫描周期的延时,一般仅有几毫秒,控制传导速度快。

(6)定时和计数控制:继电器控制定时控制模糊,计数存在延时。PLC通过数字控制,定时准确,计数可以实现双向计数,即可以加计数,又可以减计数。

(7)可靠性和可维护性:继电器应用的触头接触,触头间存在损耗,需要定时维护维修。PLC软器件接触,不能再磨损,维护简单。

(三)PLC与通用的微型计算机的区别

PLC是工业当中的计算机,与通用的微型计算机即MC相比有很多不同点。简而言之,MC是通用的专用机。而PLC是专用的通用机。

微型计算机是在以往计算机与大规模集成电路的基础上发展起来的,其最大特点是运算速度快、功能强、应用范围广,在科学计算、科学管理和工业控制中都得到广泛应用。所以说,MC是通用计算机。而PLC是一种为适应工业控制环境而设计的专用计算机。但从工业控制的角度来看,PLC又是一种通用机。只要选配对应的模块便可适用于各种工业控制系统,用户只需改变用户程序即可满足工业控制系统的具体控制要求。而MC就必须根据实际需要考虑抗干扰问题及硬件软件的设计,以适应设备控制的专门需要。所以说MC是通用的专用机。

基于以上对比,便可以得出MC与PLC的区别:

(1)PLC抗干扰性能比MC高。

(2)PLC比MC编程简单。

(3)PLC设计调试周期短。

(4)PLC 的 I/O 响应速度慢,有较大的滞后现象,而 MC 的响应速度快。

(5)PLC 易于操作,人员培训时间短,而 MC 操作难度高,人员培训时间长。

(6)PLC 易于维修,MC 则较困难。

三、PLC 产品分类

通常,可按结构形式、控制规模以及具备的功能对 PLC 产品进行分类。

1. 按结构形式分类

根据结构形式的不同 PLC 可分为整体式和模块式两种(见图 1-1-2)。

整体式

模块式

图 1-1-2　西门子 PLC 按结构形式分类外形图

(1)整体式 PLC

整体式 PLC 又称单元式或箱体式 PLC。这种结构的 PLC 将各组成部分(I/O 接口电路、CPU、存储器等)安装在一块或少数几块印刷电路板上,并连同电源一起装在机壳内。如西门子的 S7-200 系列产品、松下电上的 FP1 型产品、OMRON 公司的 CPM1A 型产品、三菱公司的 FX 系列产品。

(2)模块式 PLC

模块式 PLC 又称为积木式 PLC。它的各个组成部分以模块的形式存在,如电源模块、CPU 模块、输入/输出模块等等。通常把这些模块插在底板上,安装在机架上。如西门子公司的 S7-300、S7-400 的 PLC,OMRON 公司的 C200H、C2000H 系列产品,三菱公司的 QnA/AnA 等系列产品。

2. 按控制规模分类

(1)小型 PLC　小型 PLC 的 I/O 点数一般在 128 点以下,其中 I/O 点数小于 64 点的为超小型或微型 PLC。

(2)中型 PLC　中型 PLC 采用模块化结构,其 I/O 点数一般在 256～2048 点之间。

(3)大型 PLC　一般 I/O 点数在 2048 点以上的称为大型 PLC,I/O 点数超过 8192 点的为超大型 PLC。

3. 按功能分类

(1)低档 PLC　低档 PLC 具有逻辑运算、定时、计数、移位以及自诊断、监控等基本功能,还可有少量模拟量输入/输出、算术运算、数据传送和比较、通信等功能。

(2)中档 PLC　中档 PLC 除了具有低档 PLC 功能外，还增加了模拟量输入/输出、算术运算、数据传送和比较、数制转换、远程 I/O、子程序、通信联网等功能。有些还增设中断、PID 控制等功能。

(3)高档 PLC　高档 PLC 除了具有中档机功能外，还增加了带符号算术运算、矩阵运算、位逻辑运算、平方根运算及其他特殊功能函数运算、制表及表格传送等功能。高档 PLC 机具有更强的通信联网功能。

四、PLC 的应用范围

目前，PLC 已广泛应用于钢铁、采矿、水泥、石油、化工、电力、机械制造、汽车、装卸、造纸、纺织、环保等行业。其应用范围大致可归纳为以下几种：

1. 逻辑控制

开关量的逻辑控制是 PLC 的基本功能，利用 PLC 取代常规的继电器逻辑控制的应用十分广泛，如用于组合机床、电机控制中心及自动化生产线等控制，也可灵活地用于复杂的逻辑控制、顺序控制，如高炉的上下料、自动电梯的升降、港口码头的货物存取、采矿业的皮带运输等控制。

2. 定时、计数控制

定时、计数是 PLC 的基本功能。通常 PLC 为用户提供几十个甚至几千个计时器和计数器，计时精度高，计数范围宽。其计时时间值、计数方式和计数范围，都可由用户程序设定，也可以由操作人员在工业现场通过人机对话装置实时地读出设定或修改。

3. 闭环过程控制

PLC 的 PID 调节控制已广泛用于锅炉、冷冻、酿造、反应堆、水处理以及位置、速度等方面的闭环控制。大中型 PLC 都具有 PID 控制功能，有的 PLC 产品将 PID 控制功能独立出来，开发出各类的 PID 模块供用户选用。

4. 数据处理

PLC 是一台专用计算机，其指令系统具备很强的数据处理功能。近代 PLC 还能进行函数运算、浮点运算。PLC 能和机械加工中的数字控制(NC)及计算机数控(CNC)装置组成一体来实现数字控制。从现有发展趋势来看，CNC 系统将变成以 PLC 为主体的控制和管理系统。

5. 联网通信

现代 PLC 产品都具有很强的数字通信功能，可以通过专用模块实现 PLC 之间、PLC 与上位计算机之间的联网能力。既能实现对远程 I/O 控制，又能构成分布式的网络控制系统，实现以计算机为中心的集中管理和分散控制(DCS)。分层分布式控制的一般形式是：

第一层是实时控制，主要是顺序控制。

第二层是协调控制，协调各种机械动作的配合。

第三层是 PLC 程序的输入，管理数据的采集和调度。

第四层是数据处理，由上级计算机处理各种数据。

6. 运动控制

PLC 可以用于圆周运动或直线运动的控制。一般使用专用的运动控制模块，如可驱动步进电机或伺服电机的单轴或多轴位置控制模块，因此广泛应用于各种机械、机床、机器人、电梯等设备。

五、PLC的发展

1. PLC的发展过程

第一阶段:在20世纪60年代末至70年代中期。此时的PLC为计算机技术和继电器常规控制概念相结合的产物。

第二阶段:20世纪70年代末期。PLC进入实用化发展阶段,计算机技术已全面引入可编程控制器中,使其功能发生了飞跃。这个时期可编程控制器发展的特点是大规模、高速度、高性能、产品系列化。

第三阶段:20世纪80年代中后期以后。从控制规模上来说,发展了大型机和超小型机;从控制能力上来说,诞生了各种各样的特殊功能单元,用于压力、温度、转速、位移等各式各样的控制场合;从产品的配套能力来说,生产了各种人机界面单元、通信单元,使应用可编程控制器的工业控制设备的配套更加容易。

2. 西门子PLC发展概况

1979年,S3系统被S5所取代,该系统广泛地使用了微处理器;20世纪80年代初,S5系统SIMATIC进一步升级——U系列PLC,较常用机型:S5-90U、95U、100U、115U、135U、155U;1994年4月,S7系列诞生,它具有更国际化、更高性能等级、安装空间更小、更良好的WINDOWS用户界面等优势,其机型为:S7-200、300、400;1996年,在过程控制领域,西门子公司又提出PCS7(过程控制系统7)的概念,将其优势的WINCC(与WINDOWS兼容的操作界面)、PROFIBUS(工业现场总线)、COROS(监控系统)、SINEC(西门子工业网络)及控调技术融为一体;现在,西门子公司又提出TIA(Totally Integrated Automation)概念,即全集成自动化系统,将PLC技术融于全部自动化领域。

3. PLC发展展望

(1)向高速度、大容量方向发展。PLC的扫描速度是一个重要的性能指标,和其他计算机一样,PLC的CPU是采用分时操作的原理每一时刻执行一个操作,随时间的延伸一个动作接一个动作顺序地进行,这种分时操作进程称为CPU对程序的扫描。CPU从第一条指令开始,顺序逐条地执行用户程序,直到用户程序结束,然后返回第一条指令开始新的扫描。周而复始地重复上述的扫描循环。扫描一次用户程序和处理扫描过程中完成输入、输出等工作所需的时间称为扫描周期。扫描周期与用户程序的长短和扫描速度有关,典型值为1～100rns。

(2)向超大型、超小型方向发展。当前中小型PLC比较多,为了适应市场的多种需要,今后PLC要向多功能方向发展,特别是向超大型和超小型两个方向发展。有FO点数达数万点的超大型PLC,使用32位甚至64位微处理器,多CPU并行工作,并且拥有大容量存储器。

(3)小型PLC由整体结构向小型模块化结构发展。为使配置更加灵活,已开发了各种简易、经济的超小型和微型PLC,最小配置的I/O点数为8～16点,以适应单机及小型自动控制的需要,如西门子LOGO、三菱公司A系列PLC。

(4)大力开发智能模块,增强联网通信能力为满足各种自动化控制系统的要求。近年来不断开发出许多功能模块,如高速计数模块、温度控制模块、远程I/O模块、通信和人机接口模块等。这些带 CPU 和存储器的智能 FO 模块，不但扩展了 PLC 功能，而且使用方便灵活，扩大了 PLC 的应用范围。

（5）增强 PLC 联网通信的能力是 PLC 技术进步的潮流。PLC 的联网通信有三类：一类是 PLC 之间联网通信，各 PLC 生产厂家都有自己的专有联网手段；另一类是 PLC 与计算机之间的联网通信，一般 PLC 都有专用通信模块与计算机通信；最后一类是 PLC 与第三方设备的连接通信。为了加强联网通信能力，PLC 生产厂家之间也在协商制定通用的通信标准，以构成更大的网络系统。PLC 已成为集散控制系统（DCS）不可缺少的重要组成部分。

（6）增强外部故障的检测与处理能力。统计资料显示：在 PLC 控制系统的故障中，CPU 占 5%，I/O 接口占 15%，输入设备占 45%，输出设备占 30%，线路占 5%。前两项共占 20%的故障，属于 PLC 的内部故障，它可通过 PLC 本身的软、硬件实现检测、处理；而其余 80%的故障属于 PLC 的外部故障。因此，PLC 生产厂家都致力于研制、发展用于检测外部故障的专用智能模块，进一步提高系统的可靠性。

（7）编程语言多样化。PLC 系统结构不断发展的同时，PLC 的编程语言也越来越丰富，功能也不断提高。除了大多数 PLC 使用的梯形图语言外，为了适应各种控制要求，出现了面向顺序控制的步进编程语言、面向过程控制的流程图语言、与计算机兼容的高级语言（Basic、C 语言）等。多种编程语言的并存、互补与发展是 PLC 进步的一种趋势。

任务实施

1. 请试着用自己所学的技能知识分析图 1-1-1 中所用各控制器件作用及线路工作原理。

（1）请将图 1-1-1 中各控制器件相关信息填入表 1-1-1。

表 1-1-1　继电器控制器件识别表

序号	器件符号	器件名称	作　　用	备注
1	QS			
2	FU1			
3	FU2			
4	KH			
5	M			
6	SB1			
7	KA1			
8	KA2			
9	KM			

（2）请将图 1-1-1 线路工作原理填入下表。

2. 图 1-1-1 中线路控制功能也可以用 PLC 实现。图 1-1-3 是用西门子 S7-200 型 PLC 实现其控制功能的线路接线图。

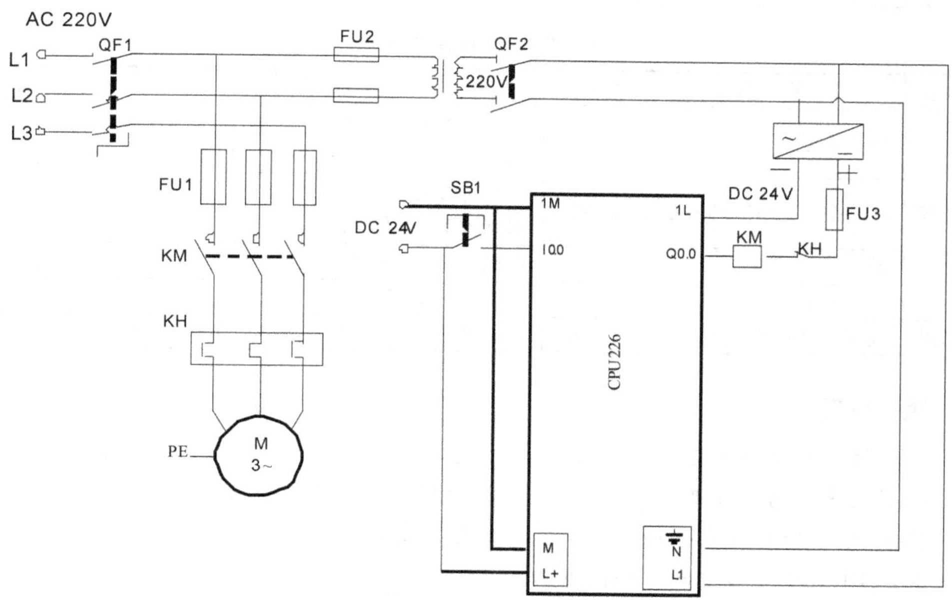

图 1-1-3 PLC 电气控制原理

(1)分析图 1-1-3 电路中用到了哪些控制器件与设备,请查找相关信息填入表 1-1-2。

表 1-1-2 PLC 控制器件识别表

序号	器件设备符号	器件名称	作　　用	备注
1				
2				
3				
4				
5				
6				
7				
8				
9				

(2)对比图 1-1-1 与图 1-1-3 线路,看看他们有什么不同,把你观察到的总结并填入下表。

检查评价

完成工作任务评价表(如表1-1-3)。

表1-1-3 工作任务评价

主要内容	考核要求	配分	评分标准	得分
实践过程	课堂表现	10	积极参与资料收集,讨论,注意团队合作; 指导老师根据情况给出0~10分。	
	图1-1-1工作原理分析	25	分析过程清楚,先后有序; 根据分析正确情况,得0~25分。	
	低压电器名称、作用	25	准确、规范。每对一处得1分。	
	PLC硬件线路构成分析	20	准确、规范。每对一处得1分。	
实践结果	线路对比分析与总结	20	语言准确,简明扼要。每对一处得4分。	

思考练习

1. 可编程序控制器的定义是什么?
2. PLC的常见分类有哪些?按结构形式PLC可以分为哪几类?
3. 确保PLC的高可靠性和抗干扰能力的措施有哪些?
4. 未来PLC发展的方向有哪些方面?

知识拓展

从技术上看,计算机技术的新成果会更多地应用于可编程控制器的设计和制造上;从产品规模上看,可编程控制器将进一步向超小型及超大型方向发展,将会使用国际通用的编程语言;从网络的发展情况来看,可编程控制器和其他工业控制计算机组网构成大型的控制系统是可编程控制器技术的发展方向。

取证要点

1. PLC的工作方式采用循环扫描、集中输入与集中输出。
2. 继电器控制线路由许多实际的继电器组成,俗称硬继电器。
3. 根据结构形式的不同PLC可分为整体式和模块式两种。
4. PLC按功能分类可以分为低档机、中档机、高档机。

任务二　认识S7-200系列PLC的硬件及原理

知识目标: 1)掌握S7-200的硬件组成及各部分的作用;
2)了解S7-200系列PLC的工作原理;
3)了解PLC与继电器控制系统、微型计算机、单片机控制系统的比较及优缺点。

能力目标: 能根据需要正确选用S7-200系列PLC。

素质目标: 1)树立正确的学习目标,培养团结协作的意识;

2)培养和树立安全生产的意识。

工作任务

根据实物分析S7-200系列PLC的硬件组成，掌握其各组成部分的作用。通过实例掌握各组成部分在工作过程中的作用，能根据实际需要正确选用合适的PLC，并能在实践中熟练应用。

相关理论

一、S7-200系列PLC的基本组成

1. S7-200系列PLC外形

S7-200系列PLC是一种紧凑型可编程控制器，属于整体式结构，由CPU模块和丰富的扩展模块组成。CPU的外形如图1-2-1所示。它将微处理器、集成电源和数字量I/O点集成在一个紧凑的封装中，形成一个功能强大的微型PLC。常见的有CPU221、CPU222、CPU224和CPU226四种基本型号。

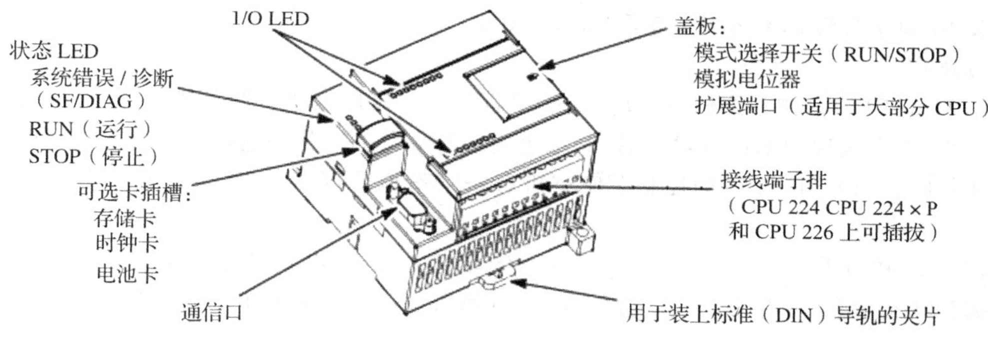

图1-2-1　S7-200系列PLC外形

盖板下的工作模式选择开关用于选择PLC的RUN，TERM和STOP工作模式。

PLC的工作状态由状态LED显示，其中：

SF/DIAG状态LED亮表示系统故障；

RUN状态LED亮表示系统处于运行工作模式；

STOP状态LED亮表示系统处于停止工作模式。

盖板下还有模拟电位器和扩展端口。S7-200 CPU221、222有一个模拟电位器，S7-200 CPU224、226有两个模拟电位器0和1。用小型旋具调节模拟电位器，可将0～255之间的数值分别存入特殊存储器字节SMB28和SMB29中。通信口用于PLC与个人计算机或手持编程器进行通信连接。各输入/输出点的状态由输入/输出状态LED显示，外部接线在输入/输出接线端子板上进行。CPU提供了一个可选卡插槽，可根据需要插入EEPROM卡、电池卡、时钟卡中的一种。

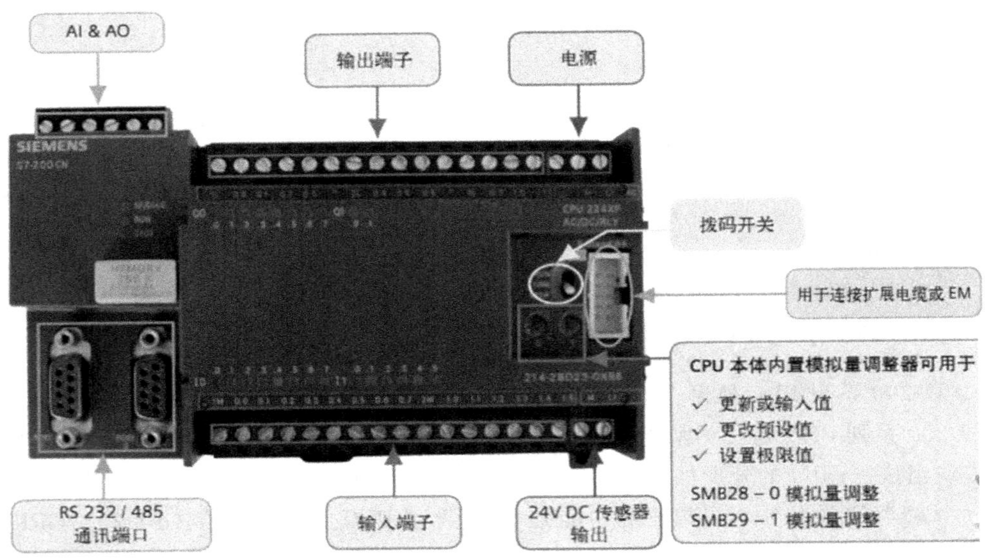

图 1-2-2　S7-200 系列 PLC 组成与硬件

2. S7-200 系列 PLC 组成(如图 1-2-2 所示)

(1)CPU

CPU 是 PLC 的核心部分，它包括微处理器和控制接口电路。微处理器是 PLC 的运算控制中心，由它实现逻辑运算，协调控制系统内部各部分的工作。它按照系统程序所赋予的任务运行的。PLC 在 CPU 的控制下使整机有条不紊地协调工作，实现对现场各个设备的控制。

在 PLC 中，CPU 主要完成下列工作：PLC 本身的自检，以扫描方式接收来自输入单元的数据和状态信息，并存入相应的数据存储区；执行监控程序和用户程序，进行数据和信息处理；输出控制信号，完成用户指令规定的各种操作；响应外部设备(如编程器、可编程终端)的请求。

(2)存储器

PLC 中的存储器主要用于存放系统程序、用户程序和工作状态数据。常用的存储器主要有 PROM、EPROM、EEPROM、RAM 等，多数都直接集成在 CPU 单元内部。根据 PLC 的工作原理，其存储空间一般包括系统程序存储区、系统 RAM 存储区和用户程序存储区三个区域。

系统程序存储区中存放着相当于计算机操作系统的系统程序。它包括监控程序、管理程序、命令解释程序、功能子程序、系统诊断程序等。由制造厂商将其固化在 EPROM 中，用户不能够直接存取。它和硬件一起决定了该 PLC 的各项性能。

系统 RAM 存储区也称工作数据存储器，工作数据是指 PLC 在工作过程中经常变化、需要经常存取的数据，如参数测量结果、运算结果、设定值等，这部分数据一般存放在 RAM 之中。在工作数据区中开辟有元件映象寄存器和数据表，包括 I/O 映象区以及各类系统软设备存储区(例如：逻辑线圈、数据寄存器、计时器、计数器、变址寄存器、累加器等)。

用户程序存储区存放用户程序，即用户通过编程器输入的用户程序。

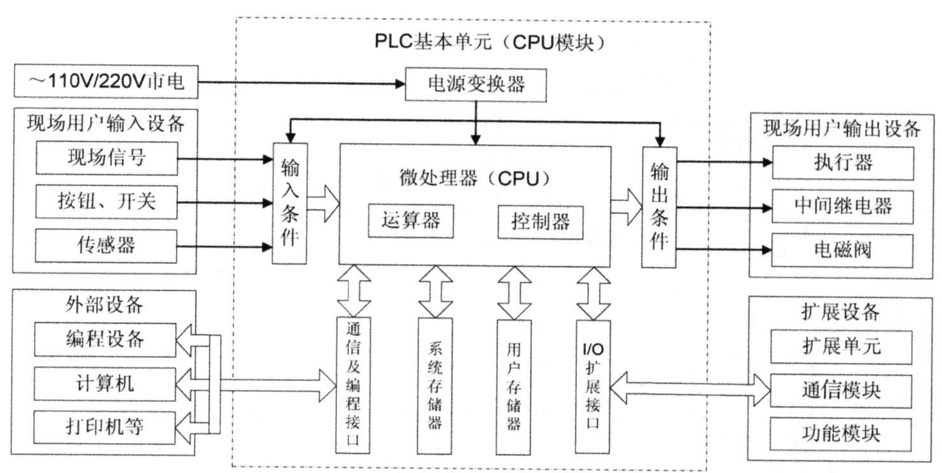

图 1-2-3　整体式 PLC 的组成

(3)输入/输出接口模块

PLC 主要是通过各类接口模块的外接线来实现对工业设备和生产过程的检测与控制。

为了使 PLC 有更好的信号适应能力和抗干扰性能，在输入/输出接口模块单元中，一般均配有电子变换、光耦合器和阻容滤波等电路，以实现外部现场的各种信号与系统内部统一信号的匹配和信号的正确传递。在接口上通常还有状态指示灯，工作状况直观，便于维护。

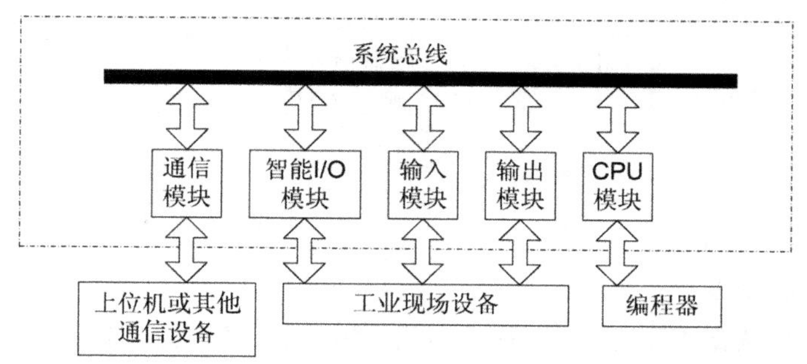

图 1-2-4　模块式 PLC 的组成

(4)电源

PLC 一般使用 220V 的交流电源。内部的开关电源为 PLC 的中央处理器、存储器等电路提供 5V、12V、24V 等直流电源。

(5)I/O 扩展接口

I/O 扩展接口是 PLC 主机为了扩展输入/输出点数和类型的部件，输入/输出扩展单元、远程输入/输出扩展单元、智能输入/输出单元等都通过它与主机相连。

外设 I/O 接口是 PLC 主机实现人机对话、机机对话的通道。常见的开关量输入单元如图 1-2-5 所示。常见的开关量输出单元如图 1-2-6 所示。

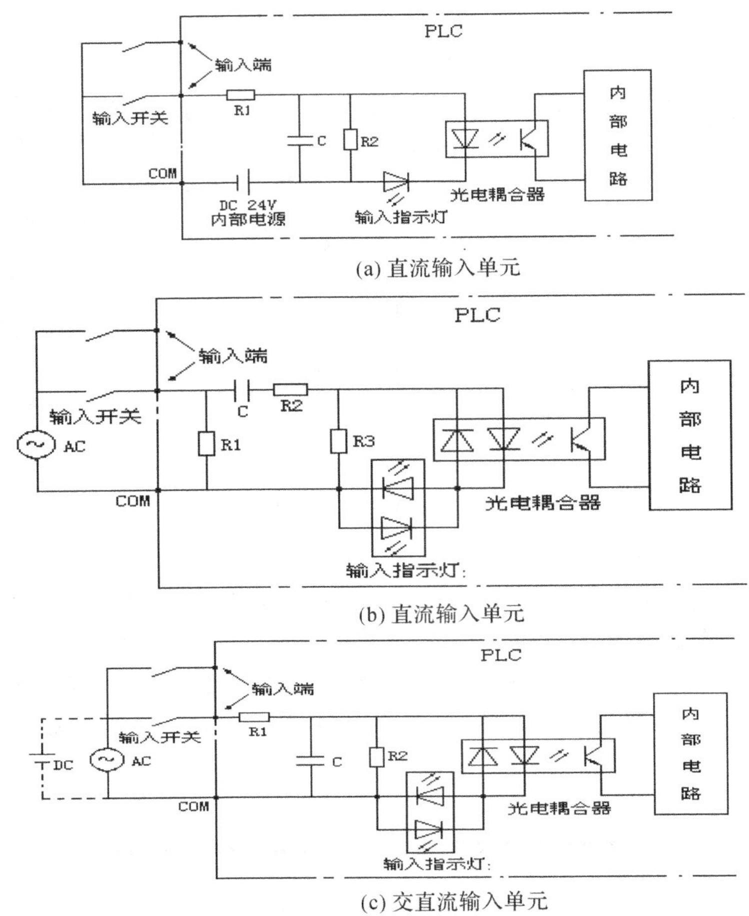

(a) 直流输入单元

(b) 直流输入单元

(c) 交直流输入单元

图 1-2-5 开关量输入单元

(6)编程器其他外设

编程器是编制、调试 PLC 用户程序的外部设备，是人机交互的窗口。通过编程器可以把新的用户程序输入到 PLC 的 RAM 中，或者对 RAM 中已有程序进行编辑。通过编程器还可以对 PLC 的工作状态进行监视和跟踪。

3. S7-200 CPU226 型 PLC 接线图

(1)基本输入端子及接线图

CPU226 型 PLC 共有 24 个输入点(I0.0～I0.7、I1.0～I1.7、I2.0～I2.7)，其接线图如图 1-2-6 所示，输入端子的编号采用八进制进行编号。其输入电路采用双向光耦合器，24V 直流极性可以任意选择，系统设置 1M 为输入端子(I0.0～I1.4)的公共端，2M 为输入端子(I1.5～I2.7)的公共端。

(2)基本输出端子及接线图

CPU226 型 PLC 共有 16 个输出点(Q0.0～Q0.7，Q1.0～Q1.7)。CPU226 的输出电路有晶体管输出电路和继电器输出电路可供选择。

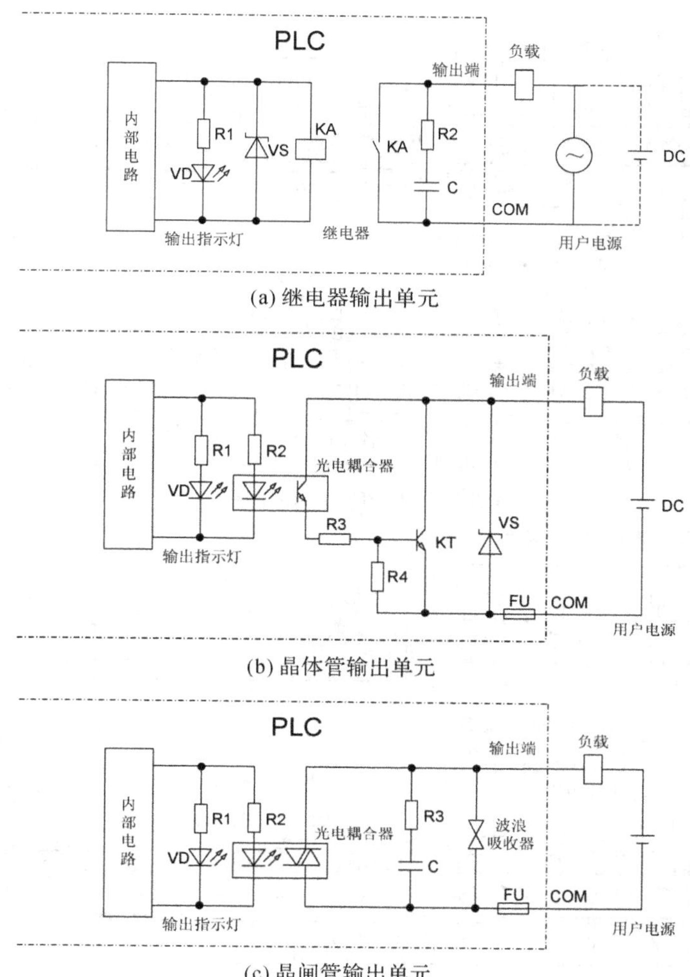

(a) 继电器输出单元

(b) 晶体管输出单元

(c) 晶闸管输出单元

图 1-2-6　开关量输出单元

在晶体管输出电路中，PLC 由 24V 直流供电，负载采用了 MOSFET 功率驱动器件，所以只能用直流电源给负载供电。输出端将数字量输出分为两组，每组有一个公共端，共有 1L、2L 两个公共端，可以接入不同等级的负载电源，如图 1-2-6(a)所示。

(a)CPU226 的 DC/DC/DC 端子接线图

(b)CPU226 的 AC/DC/继电器端子接线图

在继电器输出电路中，PLC 由 220V 交流电源供电，负载采用了继电器驱动，所以既可以选用直流电源给负载供电，也可以用交流电源给负载供电。在继电器输出电路中，数字量输出分为 3 组，每组的公共端为本组的电源供给端，Q0.0～Q0.3 共用 1L，Q0.4～Q1.0 共用 2L，Q1.1～Q1.7 共用 3L。各组之间可以接入不同等级、不同性质的负载电源，如图 1-2-6(b)所示。

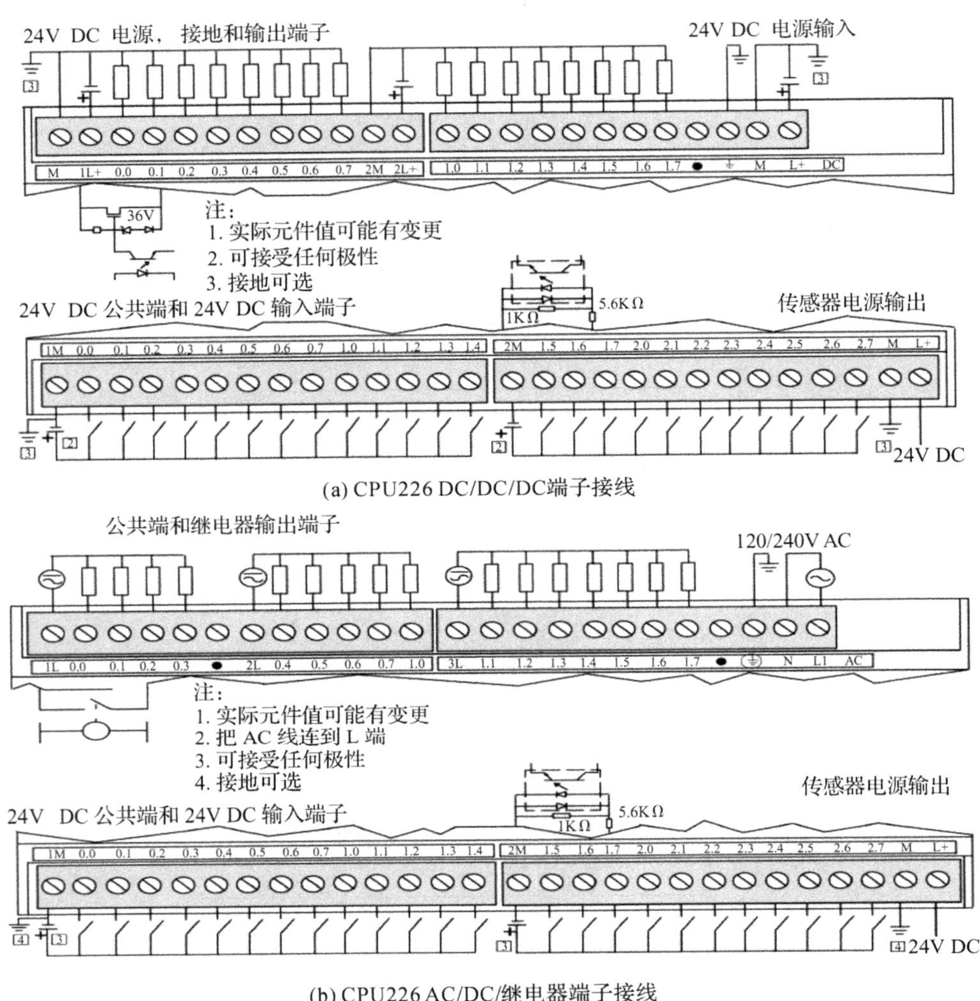

图 1-2-7 基本输入、输出端子接线

4. PLC 的工作原理

(1)PLC 的扫描工作方式

当 PLC 运行时，是通过执行反映控制要求的用户程序来完成控制任务的，需要执行众多的操作，但 CPU 不能同时执行多个操作，它只能按分时操作（串行工作）方式，每一次执行一个操作，按顺序逐个执行。由于 CPU 的运算处理速度很快，所以从宏观上来看，PLC 外部出现的结果似乎是同时（并行）完成的。这种串行工作方式称为扫描工作方式。通常扫描周期的长短为几十个毫秒。这对工业控制对象来说几乎是瞬间完成的。

扫描工作方式在执行用户程序时，是从第一条程序开始，在无中断或跳转控制的情况下，按程序存储顺序的先后，逐条执行用户程序，直到程序结束。然后再从头开始扫描执行，周而复始重复运行。

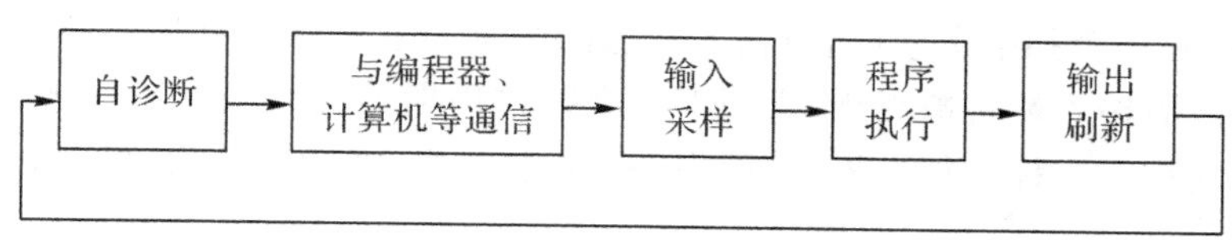

图 1-2-8 PLC 工作过程

(2)PLC 扫描工作过程

PLC 的扫描工作过程中除了执行用户程序外,在每次扫描工作过程中还要完成内部处理、通信服务工作,整个扫描工作过程包括内部处理、通信服务、输入采样、程序执行、输出刷新五个阶段。整个过程扫描执行一遍所需的时间称为扫描周期。扫描周期与 CPU 运行速度、PLC 硬件配置及用户程序长短有关,典型值为 1～100ms。

在内部处理阶段,PLC 进行自检,检查内部硬件是否正常,对监视定时器(WDT)复位以及完成其他一些内部处理工作。

在通信服务阶段,PLC 进行与其他智能装置实现通信,响应编程器键入的命令,更新编程器的显示内容等工作。

当 PLC 处于停止(STOP)状态时,只完成内部处理和通信服务工作。当 PLC 处于运行(RUN)状态时,除完成内部处理和通信服务工作外,还要完成输入采样、程序执行、输出刷新工作。

PLC 的扫描工作方式简单直观,便于程序的设计,并为具可靠运行提供了保障。当 PLC 扫描到的指令被执行后,其结果马上就被后面将要扫描到的指令所利用,而且还可通过 CPU 内部设置的监视定时器来监视每次扫描是否超过规定时间,避免由于 CPU 内部故障使程序执行进入死循环。

5. PLC 执行程序的过程

PLC 执行程序的过程分为三个阶段,即输入采样阶段、程序执行阶段、输出刷新阶段。

(1)输入采样阶段

在输入采样阶段,PLC 以扫描工作方式按顺序对所有输入端的输入状态进行采样,并存入输入映象寄存器中,此时输入映象寄存器被刷新。接着进入程序处理阶段,在程序执行阶段或其他阶段,即使输入状态发生变化,输入映象寄存器的内容也不会改变,输入状态的变化只有在下一个扫描周期的输入处理阶段才能被采样到。

(2)程序执行阶段

在程序执行阶段,PLC 对程序按顺序进行扫描执行。若程序用梯形图来表示,则总是按先上后下、先左后右的顺序进行。当遇到程序跳转指令时,则根据跳转条件是否满足来决定程序是否跳转。当指令中涉及输入、输出状态时,PLC 从输入映甸寄存器和元件映象寄存器中读出,根据用户程序进行运算,运算的结果再存入元件映象寄存器中。对于元件映象寄存器来说,其内容会随程序执行的过程而变化。

(3)输出刷新阶段

当所有程序执行完毕后,进入输出处理阶段。在这一阶段里,PLC 将输出映象寄存器中与输出有关的状态(输出继电器状态)转存到输出锁存器中,并通过一定方式输出,驱动外部负载。

因此，PLC在一个扫描周期内，对输入状态的采样只在输入采样阶段进行。当PLC进入程序执行阶段后输入端将被封锁，直到下一个扫描周期的输入采样阶段才对输入状态进行重新采样。这种方式称为集中采样，即在一个扫描周期内，集中一段时间对输入状态进行采样。

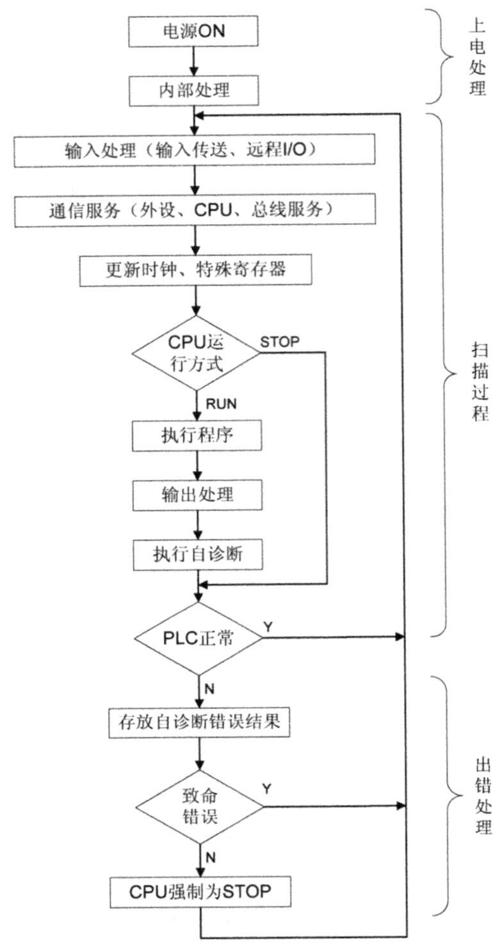

图 1-2-9　可编程控制器运行框图

6. PLC对输入/输出的处理原则

(1)输入映象寄存器的数据取决于输入端子板上各输入点在上一刷新期间的接通和断开状态。

(2)程序执行结果取决于用户所编程序和输入/输出映象寄存器的内容及其他各元件映象寄存器的内容。

(3)输出映象寄存器的数据取决于输出指令的执行结果。

(4)输出锁存器中的数据，由上一次输出刷新期间输出映象寄存器中的数据决定。

(5)输出端子的接通和断开状态，由输出锁存器决定。

任务实施

请试着根据已学知识结合网络学习资源，自主探究并总结归纳 S7-200 系列 PLC 不同 CPU 的性能参数，填入表 1-2-1。

表 1-2-1　S7-200CPU 主要性能参数

型号及特性		CPU221	CPU222	CPU224	CPU226	CPU226XM
外形尺寸(mm×mm×mm)						
程序存储区/字节						
数据存储区/字节						
掉电保持时间/h						
本机 I/O						
扩展模块数量						
高速计数器	单相/kHz					
	双相/kHz					
脉冲输出(DC)/kHz						
模拟电位器						
通信口						
I/O 映象区						
布尔指令执行						

检查评价

1. 准备设备、工具和材料

设备、工具和材料准备见表 1-2-2。

表 1-2-2　设备、工具和材料

编号	分类	名称	规格型号	数量	备注
1	设备器材	万用表	MF47 型	1 只	
2		PLC	S7-200 系列 PLC	4 台	不同 CPU
3	材料	口试题卡		10 张	内容为思考练习的习题

2. 完成工作任务评价表

工作任务完成的评价见表 1-2-3。

表 1-2-3　工作任务评价

主要内容	考核要求	配分	评分标准	得分
实践过程	课堂表现	10	积极参与资料收集，讨论，注意团队合作； 指导老师根据情况给出 0～10 分	
	分析总结内容	60	不同型号 CPU 对比内容详细，语言归纳总结简明扼要，能够清楚地表述不同型号的 CPU 的异同点，表述清楚一项得 3 分。	

续表

主要内容	考核要求	配分	评分标准	得分
实践结果	抽签回答问题	30	分组讨论学习，制作口试提卡，由学生抽签回答问题。每个同学三个问题，回答错误一个扣除 10 分，以此类推	

思考练习

1. S7-200 系列 PLC 的硬件有哪些部分组成？
2. S7-200 系列 PLC 核心是什么？它的作用是什么？
3. S7-200 系列 PLC 存储器的作用是什么？
4. S7-200 系列 PLC 的常用电源有哪些？
5. S7-200 系列 PLC 开关量的输入单元有哪些？
6. S7-200 系列 PLC 开关量的输出单元有哪些？
7. S7-200 系列 PLC 扫描方式是什么？
8. S7-200 系列 PLC 的工作原理？
9. PLC 工作过程分为几个阶段？分别是什么？
10. 程序执行扫描过程中一般按什么顺序执行？
11. 简述 PLC 对输入/输出的处理原则？

知识拓展

从技术上看，计算机技术的新成果会更多地应用于可编程控制器的设计和制造上；从产品规模上看，可编程控制器将进一步向超小型及超大型方向发展，将会使用国际通用的编程语言；从网络的发展情况来看，可编程控制器和其他工业控制计算机组网构成大型的控制系统是可编程控制器技术的未来发展方向。

取证要点

1. CPU 是 PLC 的核心部分，它包括微处理器和控制接口电路。
2. PLC 的工作模式有RUN、TERM 和 STOP 三种。
3. 系统RAM 存储区也称工作数据存储器，指 PLC 在工作过程中经常变化、需要经常存取的数据。
4. PLC 执行程序的过程分为三个阶段，即输入采样阶段、程序执行阶段、输出刷新阶段。
5. 根据 PLC 的工作原理，其存储空间一般包括系统程序存储区、系统 RAM 存储区、用户程序存储区三个区域。
6. PLC 的工作方式为并行工作方式。

任务三　认识 S7-200 系列 PLC 的内存结构及寻址方法

知识目标:1)掌握 S7-200 的内存结构;
2)掌握 S7-200 的寻址方式;
3)了解 S7-200 内部结构各部分作用。

能力目标:1)能正确选用 S7-200 的寻址方式;
2)能够准确编址。

素质目标:1)树立正确的学习目标,培养团结协作的意识;
2)培养和树立安全生产的意识。

工作任务

S7-200 系列 PLC 的内部结构,CPU 的存储器是如何编址的,又是如何寻址的?

相关理论

一、S7-200 PLC 内部结构元件

PLC 的每个输入/输出、内部存储单元、定时器和计数器等都称为内部结构元件或软元件。常见的 S7-200PLC 内部结构元件(参看表 1-3-1)如下:

1. 输入继电器 I(输入映像寄存器)

输入继电器是 PLC 用来接收用户设备输入信号的接口,S7-200PLC 输入映像寄存器区域有 I0.0~I15.7,是以字节(8 位)为单位进行地址分配的。输入继电器仅接收外部信号,不受程序驱动。

2. 输出继电器 Q(输出映像寄存器)

输出继电器是用来将输出信号传送到负载的接口,S7-200PLC 输出映像寄存器区域有 Q0.0~Q15.7,也是以字节(8 位)为单位进行地址分配的。输出继电器仅接收程序驱动,可以驱动外部负载,不受外部信号控制。

3. 通用中间继电器 M(内部位存储器)

用来保存控制继电器的中间操作状态,其地址范围为 M0.0~M31.7,其作用相当于继电器控制中的中间继电器,通用辅助继电器在 PLC 中没有输入/输出端与之对应,其线圈的通断状态只能在程序内部用指令驱动,其触点不能直接驱动外部负载,只能在程序内部驱动输出继电器的线圈,再用输出继电器的触点去驱动外部负载。

4. 特殊辅助继电器 SM(特殊标志位存储器)

PLC 中还有若干特殊辅助继电器,特殊辅助继电器提供大量的状态和控制功能,用来在 CPU 和用户程序之间交换信息,特殊辅助继电器能以位、字节、字或双字来存取。CPU226 的 SM 的位地址编号范围为 SM0.0~SM549.7,其中 SM0.0~SM29.7 的 30 个字节为只读型区域,如 SM0.0 该位总是为"ON"。SM0.1 首次扫描循环时该位为"ON"。SM0.4、SM0.5 提供 1 分钟和 1 秒钟时钟脉冲。SM1.0、SM1.1 和 SM1.2 分别是零标志、溢出标志和负数标志。

5. 变量存储器 V

变量存储器主要用于存储变量，可以存放数据运算的中间运算结果或设置参数，在进行数据处理时，变量存储器会被经常使用。变量存储器可以是位寻址，也可按字节、字、双字为单位寻址，其位存取的编号范围根据 CPU 的型号有所不同，CPU221/222 为 V0.0～V2047.7 共 2KB 存储容量，CPU224/226 为 V0.0～V5119.7 共 5KB 存储容量。

6. 局部变量存储器 L

主要用来存放局部变量。局部变量存储器 L 和变量存储器 V 十分相似，主要区别在于全局变量是全局有效，即同一个变量可以被任何程序（主程序、子程序和中断程序）访问。而局部变量只是局部有效，即变量只和特定的程序相关联，L0.0～L63.7。

7. 定时器 T

S7-200 PLC 所提供的定时器作用相当于继电器控制系统中的时间继电器，用于时间累计。每个定时器可提供无数对常开和常闭触点供编程使用，其设定时间由程序设置。定时器有 T0～T255，其分辨率（时基增量）分为 1ms、10ms 和 100ms 三种。

8. 计数器 C

计数器用于累计输入端接收到的由断开到接通的脉冲个数。计数器可提供无数对常开和常闭触点供编程使用，其设定值由程序赋予，计数器有 C0～C255。

9. 高速计数器 HC

一般计数器的计数频率受扫描周期的影响，不能太高。而高速计数器可用来累计比 CPU 的扫描速度更快的事件。高速计数器的当前值是一个双字长（32 位）的整数，且为只读值。高速计数器地址有 HC0～HC5。

10. 累加器 AC

累加器是用来暂存数据的寄存器，它可以用来存放运算数据、中间数据和结果。CPU 提供了 4 个 32 位的累加器，其地址编号为 AC0～AC3。累加器的可用长度为 32 位，可采用字节、字、双字的存取方式。按字节、字只能存取累加器的低 8 位或低 16 位，双字可以存取累加器全部的 32 位。

11. 顺序控制继电器 S

顺序控制继电器是使用步进顺序控制指令编程时的重要状态元件，通常与步进指令一起使用以实现顺序功能流程图的编程。顺序控制继电器有 S0.0～S31.7。

12. 模拟量输/输出映像寄存器(AI/AQ)

模拟量输/输出存储标志位区，用于存放 A/D 或 D/A 转换后的数字量。

表 1-3-1　S7-200CPU 内部结构元件

元件符号	所载数据区域	区域功能
I	数字量输入过程映像存储区	每次执行循环扫描程序之前，CPU 将输入模块的输入数值存入本区内
Q	数字量输出过程映像存储区	在循环扫描期间，程序预算得到的输出值存入本区内
M	位存储器	存储用户程序中间运算结果和标志位
SM	特殊存储器标志位区	存储系统的状态变量和有关控制信息
V	变量存储器标志位区	存放程序执行过程中的中间结果和变量

续表

元件符号	所载数据区域	区域功能
L	局部存储器标志位区	作为暂时存储器或给子程序传递参数
T	定时器存储区	定时器指令访问此区域可得到定时剩余时间
C	计数器存储区	计数器指令访问此区域可得到当前计数值
HC	高速计数器区	累计比 CPU 的扫描速率更快的事件
AC	累加区	用于执行、传送、移位、算术运算等操作
S	顺序控制继电器储器标志位区	组织设备顺序操作
AI/AQ	模拟量输入/输出储器标志位区	存放 A/D 或 D/A 转换后的数字量

二、S7-200 PLC 的寻址方式

1. 数据的类型及取值范围

PLC 数据类型可以是布尔型、整数和实型(浮点数)。其数值格式及取值范围见表 1-3-2。

表 1-3-2　数据格式和取值范围

寻址格式	数据长度(位)	数据类型	取值范围
BOOL(位)	1(位)	布尔数	真 1 假 0
BYTE(字节)	8(字节)	无符号整数	0-255;0-FF(H)
INT(整数)	16(字)	有符号整数	-32768-32767;8000-7FFF(H)
WORD(字)		无符号整数	0-65535;0-FFFF(H)
DINT(双整数)	32(双字)	有符号整数	-214783648-214783647; 80000000-7 FFFFFFF(H)
DWORD(双字)		无符号整数	0-4294967295;0-FFFFFFFF(H)
REAL(实数)		单精度浮点数	不能精确表示零
ASC	8(字节)/个	字符列表	汉字内码
STRING(字符串)		字符串	汉字内码串

2. 编址方式

编写程序时,由于软元件都有相应的地址与之对应,只需记住它们的地址就可以。使用软元件的地址编号采用区域标志符加上区域内编号的方式,主要有输入/输出继电器区、定时器区、计数器区、通用辅助继电器、特殊辅助继电器区等,这些区域可以用 I、Q、T、C、M、SM 字母来表示。其编址方式可分为位(bit)、字节(Byte)、字(Word)、双字(Double Word)编址。(见表 1-3-3)

位编址方式:(区域标识符)字节号(小数点.)位号,例如 I0.0、Q1.0、M0.0。

字节编址方式:(区域标识符)B(字节号),例如 IB1 表示 I1.0～I1.7 这 8 位组成的字节。

字编址方式:(区域标识符)W(起始字节号),最高有效字节为起始字节。例如 VW0 表示由 VB0 和 VB1 这两个字节组成的字。

双字编址方式:(区域标识符)D(起始字节号),最高有效字节为起始字节。例如 VD0 表示由 VB0 和 VB3 这四个字节组成的双字。

表 1-3-3　位、字节、字、双字的编址

编址方式	MSB/LSB				地址	说明
按位编址	MSB			LSB	V	区域标志
V1.2	7			0	1.	字节地址
	1 1 1 1 1 1 1 1 1				2.	位地址
按字节编址	MSB			LSB	V	区域标志
VB100	7			0	B	按字节地址
	VB100				100	字节地址
按字编址	MSB			LSB	V	区域标志
VW100	15			0	W	按字编址
	VB100			VB101	100	起始字节地址
按双字编址	MSB			LSB	V	区域标志
VD100	31			0	D	按字编址
	VB100	VB101	VB102	VB103	100	起始字节地址

3. 寻址方式

S7-200 将信息存放于不同的存储器单元，每个存储器单元都有唯一确定的地址。通常把使用数据地址访问所有的数据称为寻址。它对数据的寻址方式可分为立即寻址、直接寻址和间接寻址三类。在数字量控制系统中一般采用直接寻址。

(1)立即寻址

在一条指令中，如果操作码后面的操作数就是操作码所需要的具体数据，这种指令的寻址方式就叫立即寻址。

如：在传送指令中，MOV IN OUT——操作码"MOV"指出该指令的功能把 IN 中的数据传送到 OUT 中，其中 IN——源操作数，OUT——目标操作数。

若该指令为：MOVD 2505 VD500

功能：将十进制数 2505 传送到 VD500 中，这里 2505 就是源操作数。因为这个操作数的数值已经在指令中了，不用再去寻找，这个操作数即立即数。这个寻址方式就是立即寻址方式。而目标操作数的数值在指令中并未给出，只给出了要传送到的地址 VD500，这个操作数的寻址方式就是直接寻址。

(2)直接寻址

在一条指令中，如果操作码后面的操作数是以操作数所在地址的形式出现的，这种指令的寻址方式就叫直接寻址。所谓直接寻址就是明确指出存储单元的地址，在程序中直接使用编程元件的名称和地址编号，使用户程序可以直接存取这个信息。直接寻址可以采用按位编址或按字节编址的方式进行寻址。寻址时，数据地址以代表存储区类型的字母开始，随后是表示数据长度的标记，然后是存储单元的编号。

(3)间接寻址

在一条指令中，如果操作码后面的操作数是以操作数所在地址的地址形式出现的，这种指令的寻址方式就叫间接寻址。间接寻址时操作数并不提供直接数据位置，而是通过使用地址指针来存取存储器中的数据。在 S7-200 中允许使用指针对 I、Q、M、V、S、T、C(仅当前值)存储区进行间接寻址。使用间接寻址前，要先创建一指向该位置的指针。指针建立好后，利用指针存取数据。

任务实施

1．根据所学知识把表1-3-4占位范围与编制符号对应关系编写清楚。

表1-3-4　位、字节、字、双字的编址分配

编址符号	占位范围	编址符号	占位范围
V1.1			MSB 7　LSB 0 11111111
VB10			MSB 7　LSB 0 VB9
VW10			MSB 15　LSB 0 VB11　VB12
VD10			MSB 31　LSB 0 VB15　VB16　VB17　VB18

2．请用自己的语言比较说明位、字节、字、双字编址的异同点，填入下表。

检查评价

完成工作任务评价见表1-3-5。

表1-3-5　工作任务评价表

主要内容	考核要求	配分	评分标准	得分
实践过程	课堂表现	10	遵守课堂纪律10分； 分组协作完成所有工作任务10分。	
	小组讨论总结知识	40	回答问题准确，语言组织简练每个问题5分； 寻址方式对比全面每比较正确一处5分。	
实践结果	表格内容	50	编制符号及占位范围填写准确（每错一处扣4分）； 位、字、字节、双字对比内容全面，语句通顺，简明扼要20分。	

思考练习

1. S7-200 系列 PLC 内部结构元件那些？作用分别是什么？
2. S7-200 系列 PLC 的数据类型有哪些？
3. S7-200 系列 PLC 的寻址方式哪几种？
4. 累加器的作用是什么？
5. 立即寻址、直接寻址和间接寻址的定义分别是什么？
6. 简述 PLC 的设计步骤？

知识拓展

PLC 产品采用的编程语言的表达方式也不相同，但基本上可归纳两种类型：

一是采用字符表达方式的编程语言，如语句表等；

二是采用图形符号表达方式编程语言，如梯形图等。

1. 梯形图语言(LAD)

梯形图语言是在传统电器控制系统中常用的接触器、继电器等图形表达符号的基础上演变而来的。它与电器控制线路图相似，继承了传统电器控制逻辑中使用的框架结构、逻辑运算方式和输入输出形式，具有形象、直观、实用的特点。

2. 语句表语言(STL)

这种编程语言是一种与汇编语言类似的助记符编程表达方式。

在 PLC 应用中，经常采用简易编程器，而这种编程器中没有 CRT 屏幕显示，或没有较大的液晶屏幕显示。因此，就用一系列 PLC 操作命令组成的语句表将梯形图描述出来，再通过简易编程器输入到 PLC 中。

虽然各个 PLC 生产厂家的语句表形式不尽相同，但基本功能相差无几。

3. 功能块图(FBD)

这是一种建立在布尔表达式之上的图形语言。实质上是一种将逻辑表达式用类似于“与”、“或”、“非”等逻辑电路结构图表达出来的图形编程语言。

这种编程语言及专用编程器只被少量 PLC 机型采用。例如西门子公司的 S5 系列 PLC 采用 STEP 编程语言，有功能块图编程法。

4. 顺序功能表图(SFC)

顺序功能表图语言是一种较新的编程方法，又称状态转移图语言。它将一个完整的控制过程分为若干阶段，各阶段具有不同的动作，阶段间有一定的转换条件，转换条件满足就实现阶段转移，上一阶段动作结束，下一阶段动作开始。用功能表图的方式来表达一个控制过程，对于顺序控制系统特别适用。S7-200 系列 PLC 的内部元件与拖动控制电路的实际器件一一对应关系。选用具有不同功能的扩展模块满足不同的控制要求，在连接时 CPU 模块放在最左边，扩展模块通过扁平电缆与左侧的模块连接。地址的分配从 CPU 开始算起，I/O 点从左到右按由小到大的规律排列。扩展模块的类型和位置一旦确定，则它的 I/O 点地址也随之决定。S7-200 CPU 虽然具有相同的 I/O 映像区，但是不同的 CPU 的最大 I/O 实际上取决于他们所能带的扩展模块的数量。

取证要点

1. 输入继电器即可接收外部信号,又可接受程序驱动。 (×)
2. 变量存储器主要用于存储变量。 (√)
3. 对数据的寻址方式可分为立即寻址、直接寻址和间接寻址三类
4. 顺序控制继电器是使用步进顺序控制指令编程时的重要状态元件。
5. 定时器的分辨率(时基增量)分为1ms、10ms 和 100ms 三种。
6. 采用字符表达方式的编程语言有语句表。
7. 顺序功能表图语言是一种较新的编程方法,又称状态转移图语言。

任务四　S7-200 系列 PLC 的编程软件使用实践

知识目标: 1)练习使用 S7-200 编程软件,了解 PLC 实训装置的组成;
2)掌握用户程序的输入和编辑方法;
3)掌握 PLC 梯形图程序录入,软件程序编写、调试、仿真运行等。

能力目标: 1)熟悉基本指令的应用;
2)熟悉语句表指令的应用及其与梯形图程序的相互转换。

素质目标: 1)树立正确的学习目标;
2)培养和树立安全生产的意识。

工作任务

学习 STEP7-Micro/WIN。重点掌握软件的安装和软件的基本功能编程、调试、运行监控方法训练等基本应用。

相关理论

一、S7-200 系列 PLC 指令系统的类型

西门子 S7-200 系列 PLC 的常用的指令系统分为梯形图(Ladder Diagram,LAD)程序指令、语句表(Statement List,STL)程序指令和功能块图(Function Block Diagram,FBD)程序指令三种形式。无论哪一种指令形式,都是由某种图形符号或者操作码以及操作数组成。简单介绍一下这三种常用的指令系统。

1. 梯形图(LAD)程序指令

梯形图指令的基本逻辑元素是触点、线圈、功能图和地址符。触点分常开、常闭两种类型,代表输入的控制信息,触点闭合能量流即可以从此触点流过;线圈代表输出,当线圈有能量流流过时,输出便被接通;功能框代表一种复杂的操作,可以简化程序;地址符用于说明触点、线圈、功能框的操作对象。

2. 语句表(STL)程序指令

语句表程序指令由操作码和操作数组成,类似于计算机的汇编语言。它的图形显示形

式即为梯形图形程序指令，语句表程序指令则显示为文本格式。

3. 功能块图(FBD)程序指令

功能块图程序指令由功能框元素表示。“与/或”(AND/OR)功能模块能块图程序指令如同梯形图程序指令中的触点一样用于操作布尔信号，其他类型的功能块图与梯形图程序指令中的功能框类似。

三种程序指令的类型可以相互转换，如图 1-4-1 所示。

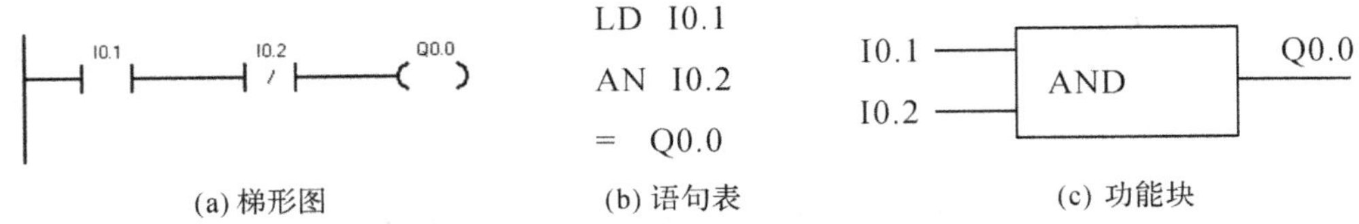

图 1-4-1 同一功能的梯形图、语句表、功能块图程序指令

二、STEP7-Micro/WIN 编程软件介绍

S7-200 系列 PLC 使用 STEP7-Micro/WIN 编程软件编程。STEP7-Micro/WIN 编程软件是基于 Windows 操作系统的应用软件，功能强大，主要用于开发程序，也可以用于实时监控用户程序的执行状态。

STEP7-Micro/WIN 编程软件的主界面如图 1-4-2 所示。

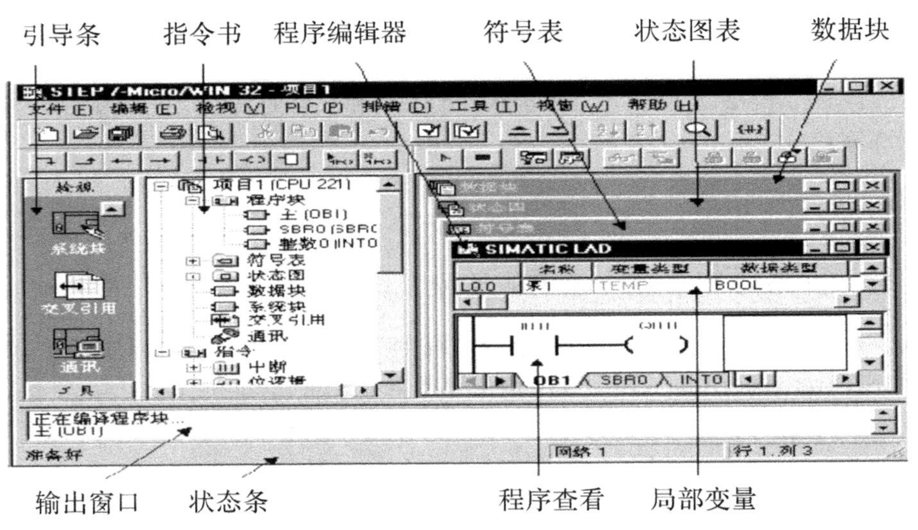

图 1-4-2 STEP7-Micro/WIN32 编程软件的主界面

主界面一般包括以下几部分：菜单条、工具条、浏览条、指令树、用户窗口、输出窗口和状态条。除了菜单条外，用户可以根据自己的需要通过检视菜单和窗口菜单决定其他窗口的取舍和样式设置。

(1)主菜单

主菜单包括文件、编辑、检视、PLC、调试、工具、窗口和帮助八个主菜单项。

(2)工具条

工具条主要包括标注工具条、调试工具条、公用工具条和 LAD 指令工具条。各工具条如图 1-4-3 所示。

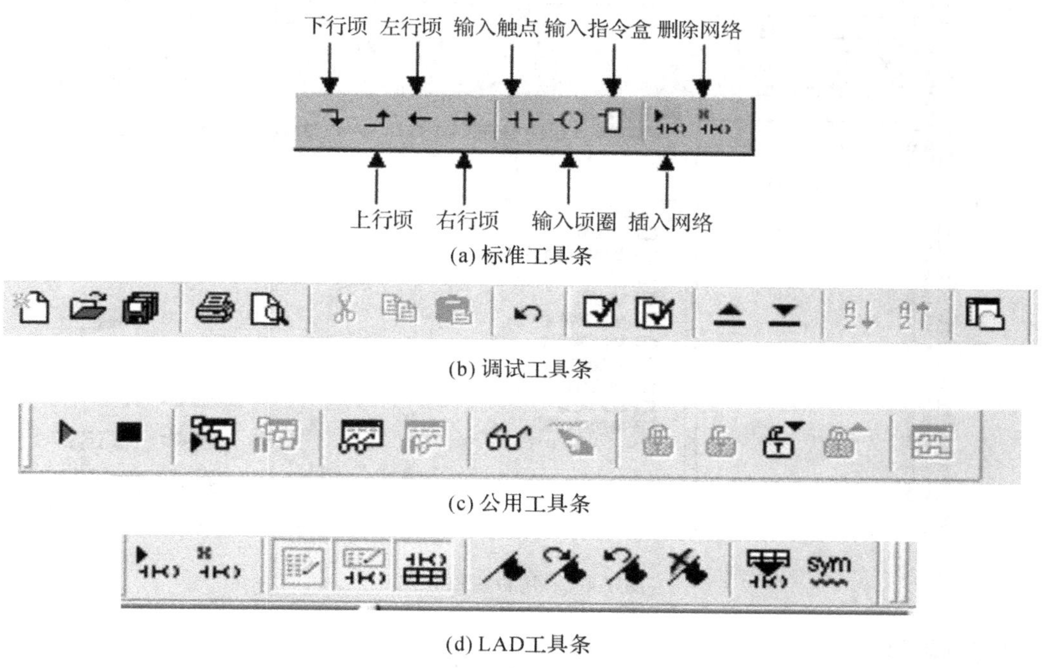

(a) 标准工具条

(b) 调试工具条

(c) 公用工具条

(d) LAD工具条

图 1-4-3　工具条指示

(3)浏览条

浏览条为编程提供控制按钮,即对编程工具执行直接按钮存取,包括程序块、符号表、状态图表、数据块、系统块、交叉引用和通讯。也可以实现窗口的快速切换,单击上面任意按钮,则主窗口切换成此按钮对应的窗口。

(4)指令树

指令树以树形结构提供编程时用到的所有快捷操作命令和 PLC 指令,可分为项目分支和指令分支。项目分支用于组织程序项目;指令分支用于输入程序,打开指令文件夹并选择指令。

(5)用户窗口

可同时或分别打开 6 个窗口,分别为交叉引用、数据块、状态图表、符号表、程序编辑器、局部变量表。六个窗口同时打开的视图模式如图 1-4-4 所示。

(6)输出窗口

输出窗口显示 STEP7-Micro/WIN 程序编译的结果,如编译结果有无错误、错误编码和位置等。通过菜单命令“检视”→“帧”→“输出窗口”,可打开或关闭输出窗口。

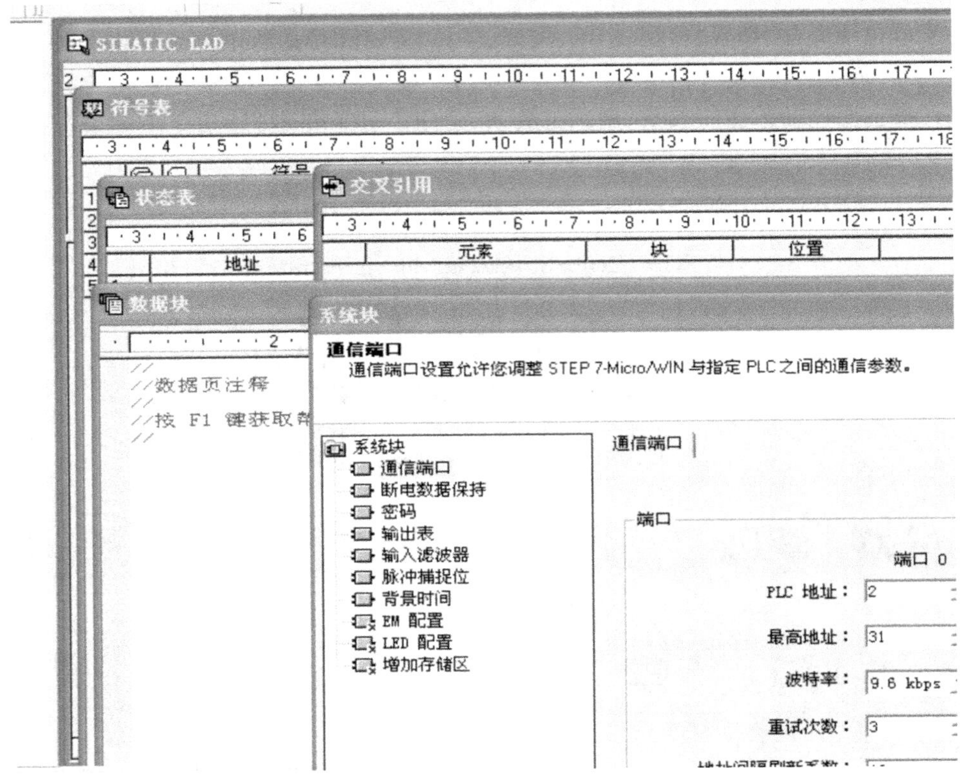

图 1-4-4　用户窗口视图

(7)状态条

状态条提供在 STEP 7-Micro/WIN 中操作的相关信息。

三、编程软件的应用(如图 1-4-5 所示)

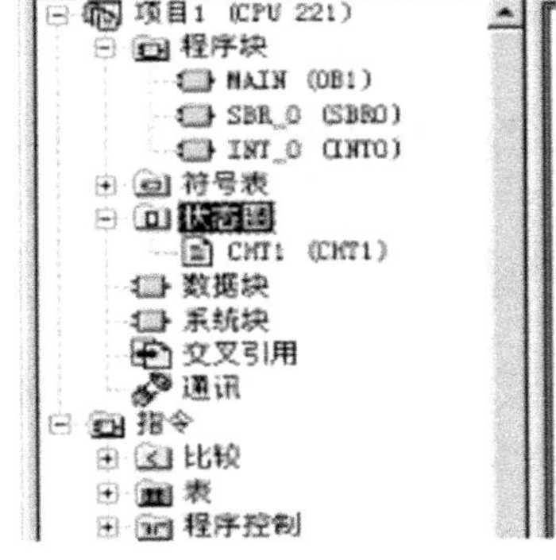

图 1-4-5 项目生成图示

1. 项目生成

(1)新建项目

1)确定 PLC 的 CPU 型号

2)项目文件更名

3)添加一个子程序

4)添加一个中断程序

5)编辑程序

(2)打开已有项目文件

(3)上装和下装项目文件

2. 以梯形图编辑为例(语句表和功能块图编辑器的操作类似)

(1)输入编程元件

梯形图的编程元件(编程元素)主要有线圈、触点、指令盒、标号及连接线。梯形图的每个网络必须从触点开始，以线圈或没有输出的功能块结束。线圈不允许串联使用。

输入方法：

1)指令树窗口中双击要输入的指令，就可在矩形光标处放置一个编程元件；

2)在指令树中选择需要的指令，拖拽到需要位置；

3)将光标放置在需要位置，单击工具栏指令按钮，打开通用指令窗口，选择需要的指令；

4)使用功能键 F4(接点)、F6(线圈)、F9(功能块)，选择需要的指令。

编程元件图形出现后，点击元件符号的"???"，输入操作数。红色字体显示语法错误。当错误的符号或不合理的地址修改正确时，红色消失。若数值下面出现红色波浪线，则表示输入的操作数超出范围或与指令的类型不匹配。

(2)插入和删除

1)在编辑区右击要进行操作的位置，弹出图示的下拉菜单，选择"插入"或"删除"选项，弹出子菜单，单击要插入或删除的项，然后进行编辑。

2)用菜单"编辑"中相应的"插入"或"编辑"中的"删除"项完成相同的操作。

(3)注释

梯形图编辑器中的 Network n 表示每个网络或梯级，同时又是标题栏，可在此为每个网络或梯级加标题或必要的注释说明。双击 Network n 区域，弹出图 1-4-6 示的对话框，此时可以在"题目"文本框键入相关标题，在"注释"文本框键入注释。

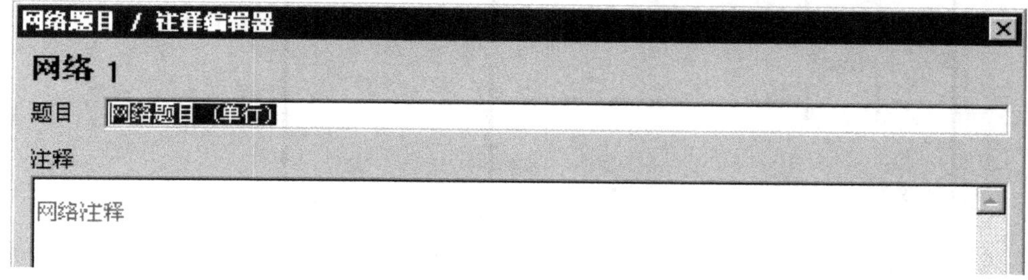

图 1-4-6　注释编辑器

(4)语言转换

语句表、梯形图和功能块图三种编程语言(编辑器)之间的任意切换。检视 STL(语句表)、LAD(梯形图)或 FBD(功能块图)便可进入对应的编程环境。

(5)编译用户程序

程序编辑完成，可用菜单"PLC"中的"编译"项进行离线编译。

编译结束后在输出窗口显示程序中的语法错误的数量、各条错误的原因和错误在程序中的位置。双击输出窗口中的某一条错误，程序编辑器中的矩形光标将会移到程序中该错误所在的位置。

(6)程序的下载和清除

单击工具栏的"停止"按钮，或选择菜单命令"PLC"中的"停止"项，可以进入 STOP 状态。如果不在 STOP 状态，可将 CPU 模块上的方式开关扳到 STOP 位置。

为了使下载的程序能正确执行，下载前必须将 PLC 存储器中的原程序清除，具体方法是：单击菜单"PLC"中的"清除"项，会出现清除对话框，选择"清除全部"。

(7)程序的监视、运行、调试

1)程序运行方式的设置

将 CPU 的工作方式开关置在 RUN 位置。或将开关置在 TERM(暂态)位置时,操作 STEP7-Micro/WIN32 菜单命令或快捷按钮对 CPU 工作方式进行软件设置。

2)程序运行状态的监视

运用监视功能,在程序状态打开下,观察 PLC 运行时,程序执行的过程中各元件的工作状态及运行参数的变化。程序运行过程蓝色显示运行的位置显示如图 1-4-7 所示。

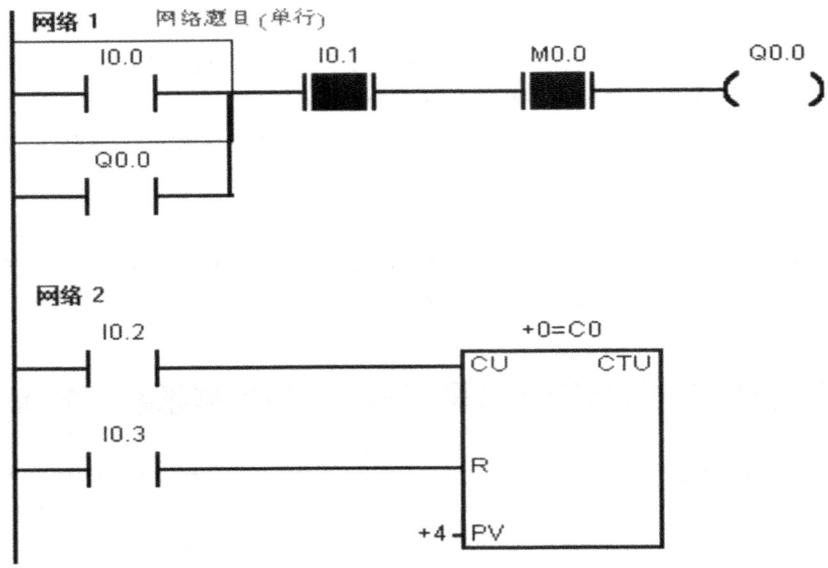

图 1-4-7 程序运行监视

练习 1. 请将图 1-4-8 梯形图转换成相应的语句表形式填入表 1-4-1。

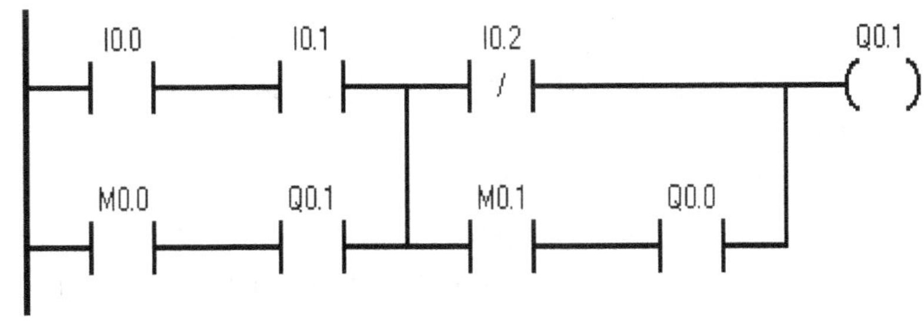

图 1-4-8 梯形图

表 1-4-1 语句表程序

练习 2. 学生利用 S7-200 系列编程软件输入图 1-4-9 所示的梯形图，并用符号表为 I0.0、I0.1、Q0.0 添加符号名(符号名可任意设定)。反复练习程序的编辑、修改、复制、粘贴的方法。将图 1-4-9 中程序改成图 1-4-10，并转换成语句表程序，分析 OLD、ALD 语句用法。

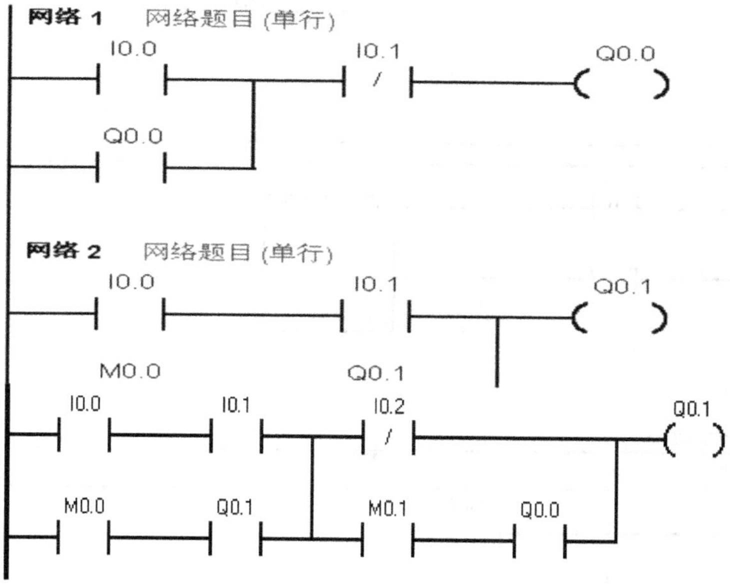

图 1-4-9 实例梯形图

实施步骤：

(1)开机(打开计算机电源，但不接 PLC 电源)。

(2)进入 S7-200 编程软件。

(3)选择语言类型(SIMATIC)。

(4)输入 CPU 类型。

(5)由主菜单或快捷按钮输入、编辑程序。

(6)进行编译，并观测编译结果，修改程序，直至编译成功。

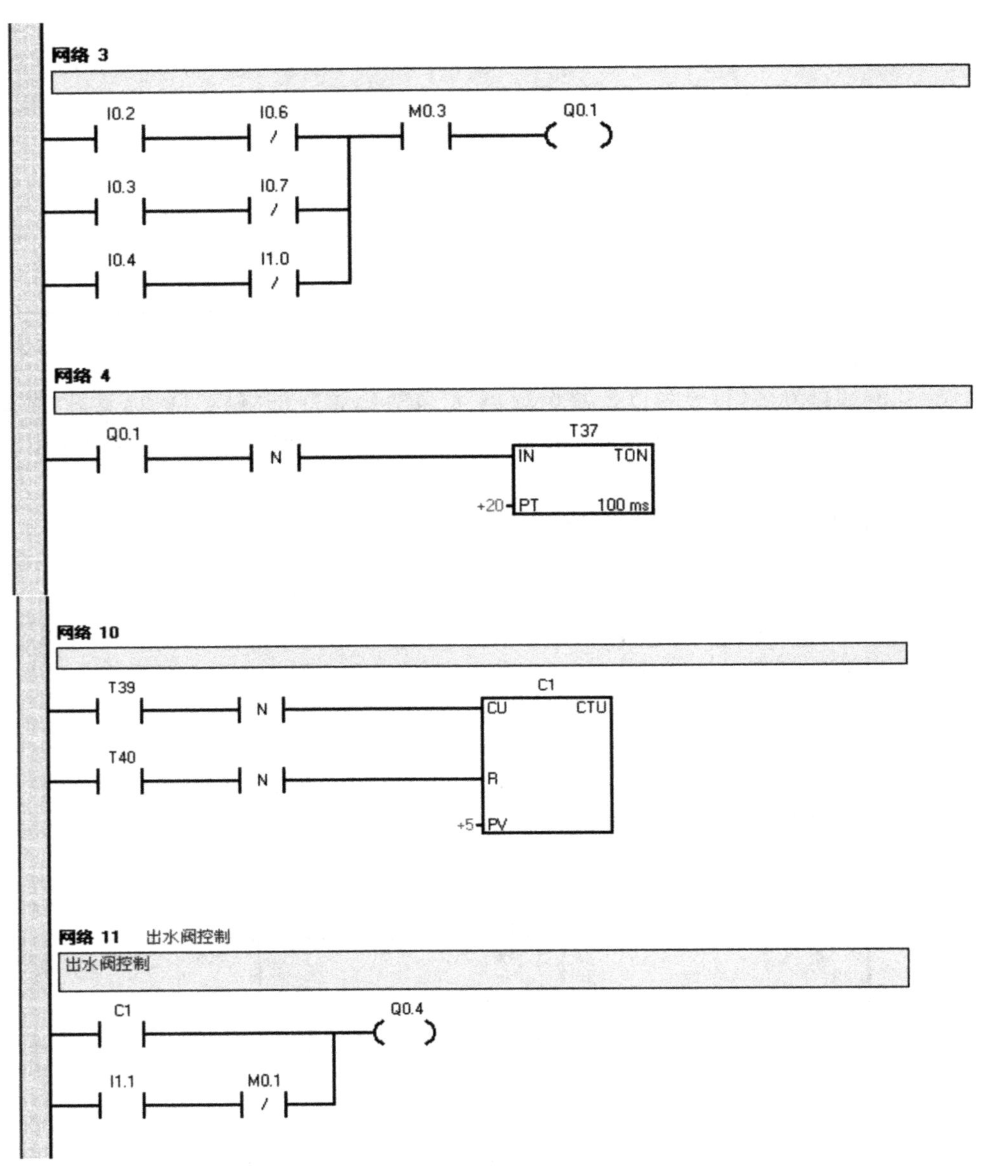

网络 3
I0.2
I0.6
M0.3
Q0.1
I0.3
I0.7
I0.4
I1.0
网络 4
Q0.1
N
T37
IN
TON
+20
PT
100 ms
网络 10
T39
N
C1
CU
CTU
T40
N
R
+5
PV
网络 11 出水阀控制
出水阀控制
C1
Q0.4
I1.1
M0.1

图 1-4-10 转换后图形

检查评价

完成工作任务评价见表 1-4-20。

表 1-4-2 工作任务评价

主要内容	考核要求	配分	评分标准	得分
实践过程	课堂表现	15	遵守课堂纪律 5 分； 积极完成工作任务 10 分；	
	实践内容	40	开机操作步骤正确 5 分； 准确起动仿真软件 5 分； 正确选择 CPU 类型 5 分； 进行编译，并且编译程序正确 30 分(编程过程出错每处 3 分直至扣完为止)； 程序运行成功 5 分。	
	转换内容	30	程序转换指令准确(每错一处扣 3 分直至扣完为止)。	
安全操作文明协作	准确操作程序，正确使用 PLC，遵守国家相关专业安全文明成产规程	15	操作不当导致损坏设备 9 分(每出现一处扣 3 分，直至扣完为止) 不按规定流程完成操作 3 分 实验操作完毕工位不清洁，每组同学各扣 3 分	

思考练习

1. S7-200 系列编程软件的主界面包括哪些内容？
2. S7-200 系列 PLC 的编程语言有几种？如何转换？
3. 怎样使 PLC 进入停止状态？

知识拓展

梯形图与电气原理图的关系：如果仅考虑逻辑控制，梯形图与电气原理图也可建立起一定的对应关系。如梯形图的输出(OUT)指令，对应于继电器的线圈，而输入指令(如 LD、AND、OR)对应于接点，互锁指令(IL、ILC)可看成总开关等等。这样，原有的继电控制逻辑，经转换即可变成梯形图，再进一步转换，即可变成语句表程序。

取证要点

1. 梯形图的编程元件：主要有线圈、触点、指令盒、标号及连接线。
2. 语句表、梯形图和功能块图三种编程语言(编辑器)之间的任意切换。 (√)
3. 下载之前，PLC 应处于 STOP 方式。 (√)
4. 梯形图的输出(OUT)指令，对应于继电器的线圈。 (√)
5. 网络必须从触点开始，以线圈或框盒(没有 END 使能输出端)结束。 (√)

项目二　PLC 基本指令及应用

本项目的任务是熟悉 PLC 的基础知识，S7-200PLC 的硬件组成和基本指令格式及功能，掌握梯形图编程的经验设计法，熟练使用 V4.0STEP7-Micro/WIN 软件进行编程操作，完成控制要求。

任务一　三相异步电动机单方向连续运行控制

知识目标： 1）掌握 S7-200 标准触点指令和线圈驱动指令的基本格式和功能；
2）了解梯形图编程的基本规则；
3）理解常闭触点输入信号的处理。

能力目标： 1）正确进行硬件接线；
2）熟练应用基本指令编写控制程序；
3）按照编程规则正确编写简单的控制程序；
4）掌握启保停程序设计方法。

素质目标： 1）树立正确的学习目标，培养团结协作的意识；
2）培养和树立安全生产、文明操作的意识。

工作任务

用 PLC 控制如图 2-1-1 所示电动机连续运转控制电路。

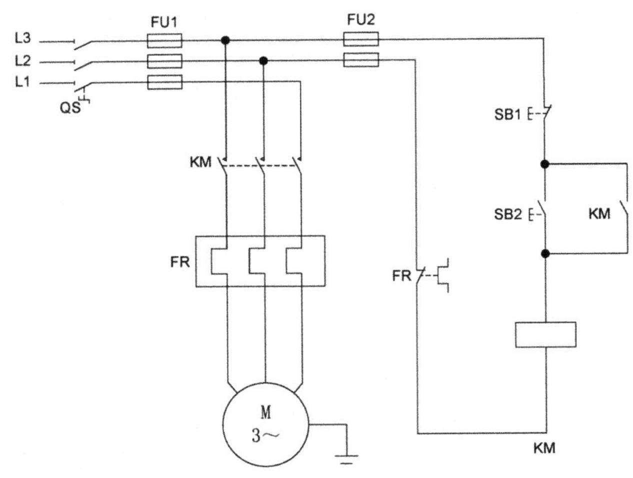

图 2-1-1　电动机连续运转控制电路

从图 2-1-1 所示的控制电路可见，PLC 由开关 QS、熔断器 FU1、接触器主触点、热继电器热元件及电动机组成主电路，由热继电器常闭触点、停止按钮 SB1、启动按钮 SB2、接触器线圈及常开触点组成控制电路。PLC 改造主要针对控制电路进行改造，而主电路部分保留不变。

在控制电路中，热继电器常闭触点、停止按钮、启动按钮属于控制信号，应作为 PLC 的输入量分配接线端子；而接触器线圈属于被控对象，应作为 PLC 的输出量分配接线端子。对于 PLC 的输出端子来说，允许额定电压为 220V，因此需要将原电路图中接触器的线圈电压由 380V 改为 220V，以适应 PLC 的输出端子需要。

对于本任务，除了需要掌握 S7-200 PLC 的标准触点指令和线圈驱动指令的基本格式和功能，还应该了解梯形图编程的基本规则和技巧。

相关理论

一、LD、LDN 指令

1. LD 指令

LD 指令称为初始装载指令，其梯形图如图 2-1-2(a)所示，由常开触点和其位地址构成。语句表如图 2-1-2(b)所示，由操作码“LD”和常开触点的位地址构成。

LD 指令的功能：常开触点在其线圈没有信号流流过时，其触点是断开的(触点的状态为 OFF 或 0)；而其线圈有信号流流过时，其触点是闭合的(触点的状态为 ON 或 1)。

2. LDN 指令

LDN 指令称为初始装载非指令，其梯形图和语句表如图 2-1-3 所示。LDN 指令与 LD 指令的区别是常闭触点在其线圈没有信号流流过时，触点是闭合的(触点的状态为 ON 或 1)；当其线圈有信号流流过时，触点是断开的(触点的状态为 OFF 或 0)。

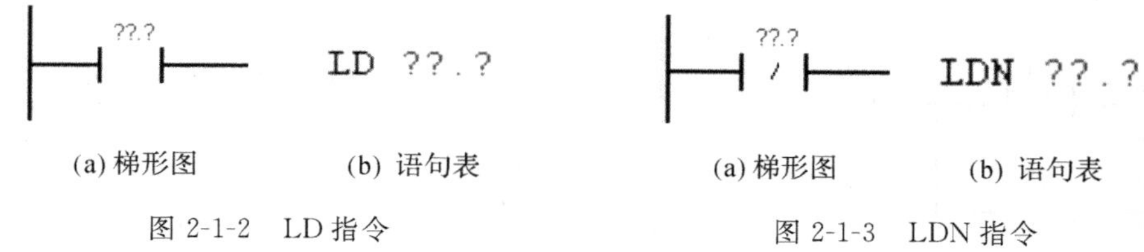

(a) 梯形图　　(b) 语句表

图 2-1-2　LD 指令

(a) 梯形图　　(b) 语句表

图 2-1-3　LDN 指令

二、A、AN 指令

1. A 指令

A 指令又称为与指令，其梯形图如图 2-1-4(a)所示，由串联常开触点和其位地址构成。语句表如图 2-1-4(b)所示，由操作码“A”和常开触点的位地址构成。

A 指令的功能表如图 2-1-4(c)所示，当 I0.1 和 I0.1 都接通时，线圈 Q0.0 有信号流流过。当 I0.0 和 I0.1 有一个不接通或者都不接通时，线圈 Q0.0 没有信号流流过。

2. AN 指令

AN 指令又称为与非指令，其梯形图和语句表如图 2-1-5 所示。AN 指令与 A 指令的区别是串联常闭触点。

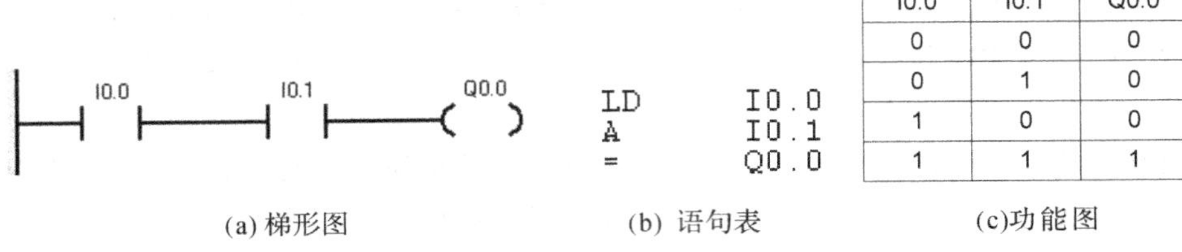

I0.0	I0.1	Q0.0
0	0	0
0	1	0
1	0	0
1	1	1

(a) 梯形图　(b) 语句表　(c)功能图

图 2-1-4　A 指令

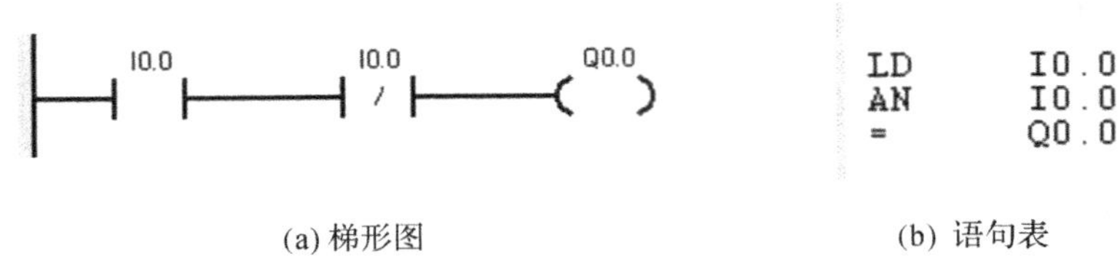

(a) 梯形图　(b) 语句表

图 2-1-5　AN 指令

三、O、ON 指令

1. O 指令

O 指令又称为或指令，其梯形图如图 2-1-6(a)所示，由并联常开触点和其位地址构成。语句表如图 2-1-6(b)所示，由操作码“O”和常开触点的位地址构成。

O 指令的功能表如图 2-1-6(c)所示，当 I0.0 或 I0.1 有一个接通或者都接通时，线圈 Q0.0 有信号流流过。当 I0.0 和 I0.1 都断开时，线圈 Q0.0 没有信号流流过。

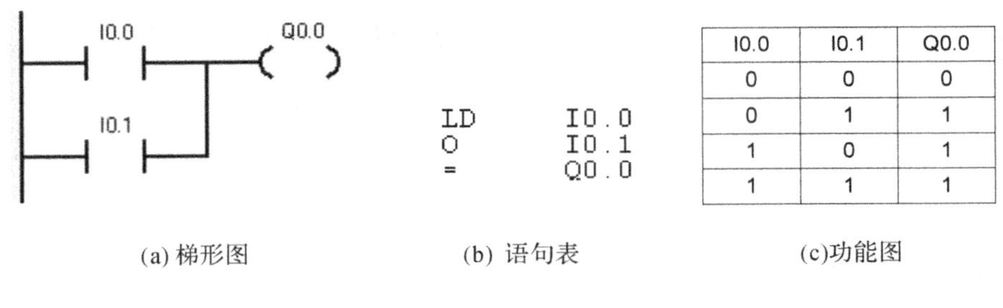

I0.0	I0.1	Q0.0
0	0	0
0	1	1
1	0	1
1	1	1

(a) 梯形图　(b) 语句表　(c)功能图

图 2-1-6　O 指令

2. ON 指令

ON 指令又称为或非指令，其梯形图和语句表如图 2-1-7 所示。ON 指令与 O 指令的区别是并联常闭触点。

四、＝指令

＝指令称为线圈驱动指令，其梯形图如图 2-1-8(a)所示，由线圈和位地址构成。语句表如图 2-1-8(b)所示，由操作码“＝”和线圈位地址构成。

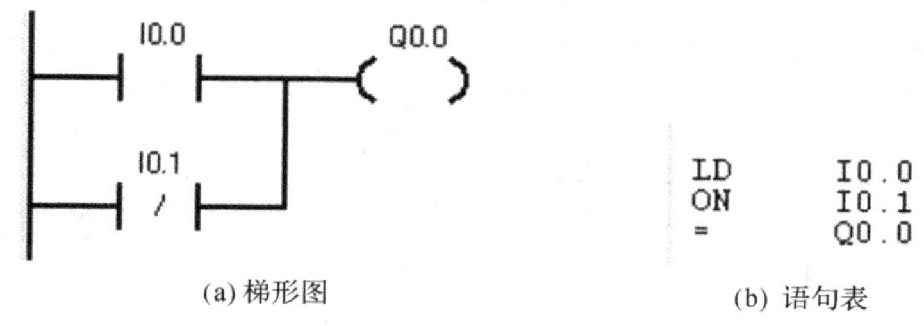

(a) 梯形图　　(b) 语句表

图 2-1-7　ON 指令

(a) 梯形图　　(b) 语句表

图 2-1-8　ON 指令

＝指令的功能：＝指令是把前面各逻辑运算的结果由信号流控制线圈，从而使线圈驱动的常闭触点断开，常开触点闭合。

任务实施

一、任务准备

完成本任务所需设备清单见表 2-1-1。

表 2-1-1　设备清单

编号	分类	名称	规格型号	数量	备注
1	工具	电工工具		1 套	
2	设备器材	万用表	MF47 型	1 块	
3		3PLC	S7-200 系列 (CPU224XP)	1 台	
4		计算机	联想家悦或自选	1 台	
5		SETP7 V4.0 编程软件	PPI	1 套	
6		安装绝缘板	600mm×900mm	1 块	
7		空气断路器	Multi9 C65N D20 或自选	1 只	
8		熔断器	RT28-32	2 只	
9		接触器	NC3-09/220 或自选	1 只	
10		按钮	LA4-3H	2 只	
11		限为开关	FTSB1-111 或自选	3 只	
12		控制变压器	JBK300 380/220	1 只	
13		端子	D-20	1 排	

续表

编号	分类	名称	规格型号	数量	备注
14	材料	多股软铜线	BVR1/1.37mm^2	限量	主电路
15		多股软铜线	BVR1/1.13mm^2	限量	控制电路
16		软线	BVR7/0.75mm^2	限量	
17		紧固件	M4×20 螺钉	若干	
18			M4×12 螺钉	若干	
19			Φ4 平垫圈	若干	
20					
21		异型管		1 米	

二、I/O 分配

根据任务分析，对输入量/输出量进行分配，见表 2-1-2。

表 2-1-2

输入映像寄存器	功　能	输出映像寄存器	功　能
I0.0	KH	Q0.0	KM
I0.1	启动按钮 SB1		
I0.2	停止按钮 SB2		

三、绘制 PLC 硬件接线

根据如图 1-1-1 所示的控制电路图及 I/O 分配，绘制 PLC 硬件接线图，如图 2-1-9 所示，以保证硬件接线操作正确。

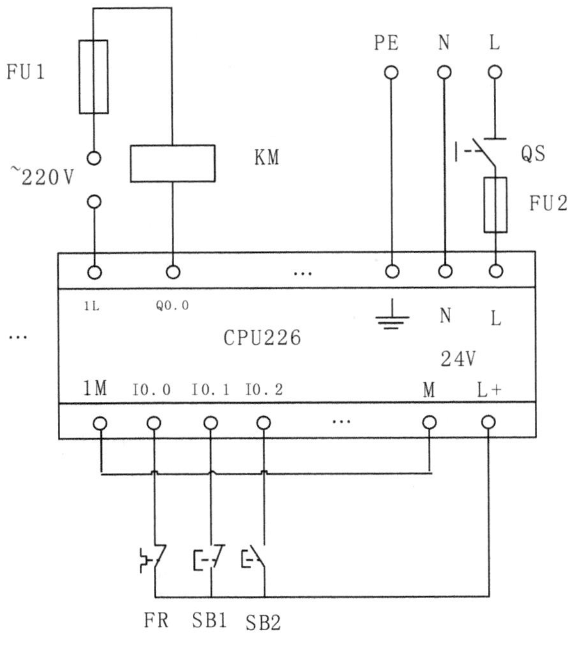

图 2-1-9　PLC 硬件接线

四、编辑符号表

编辑符号表如图 2-1-10 所示。

			符号	地址	注释
1			KH	I0.0	
2			SB_1	I0.1	
3			SB_2	I0.2	
4			KM	Q0.0	
5					

图 2-1-10　编辑符号表

五、设计梯形图程序

用梯形图编辑器来输入程序，图 2-1-11 给出了采用启保停程序设计连续运转控制电路的梯形图。

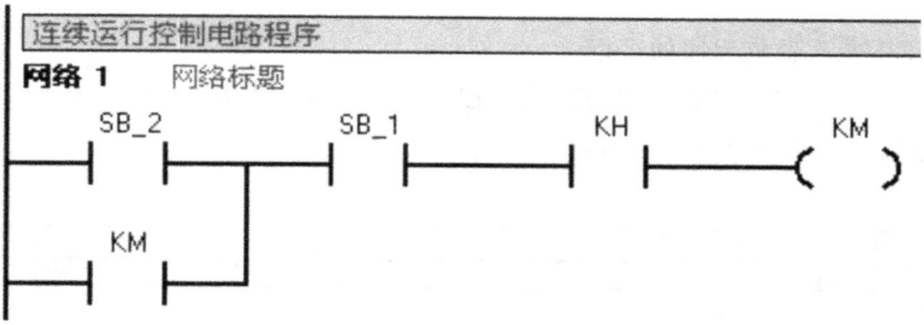

连续运行控制电路程序
网络 1　网络标题
SB_2　SB_1　KH　KM
KM

图 2-1-11　采用启保停程序设计连续运转控制电路

六、运行并调试程序

1. 运行程序

编译并下载程序后，如果想通过 V4. 0STEP 7-Micro WIN 软件将 PLC 转入运行模式，PLC 的模式开关必须设置为 TERM 或 RUN。当 PLC 转入运行模式后，程序开始运行。

(1)单击工具栏中的“运行”按钮 ▶ 或者在菜单栏中选择“PLC/运行”。

(2)如图 2-1-12 所示，单击“是”按钮切换到运行模式。

2. 在线监控程序

(1)采用程序状态监控程序的运行

如果想观察程序执行情况，可以单击工具栏中的“程序状态”按钮或者在菜单栏中选择“调试/开始程序状态”来监控程序。程序状态监控方式如图 2-1-13 所示。

图 2-1-12　运行程序

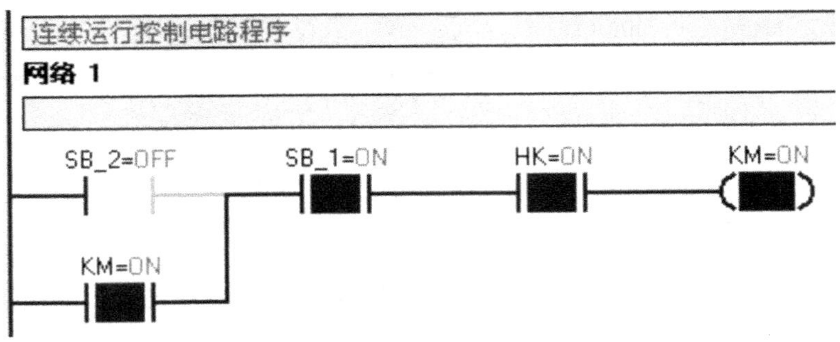

图 2-1-13　程序状态监控方式

(2)采用图状态监控程序的运行

单击工具栏中的“图状态”按钮或者在菜单栏中选择“调试/开始图状态”来监控程序。图状态监控方式如图 2-1-14 所示。

	地址	格式	当前值	新值
1	HK	位	2#1	
2	SB_1	位	2#1	
3	SB_2	位	2#0	
4	KM	位	2#1	
5		有符号		

图 2-1-14　图状态监控方式

3. 调试程序

(1)强制功能

S7-200 PLC 提供了强制功能，以方便程序调试工作，例如在现场不具备某些外部条件的情况下模拟工艺状态。用户可以对所有的数字量 I/O 以及多达 16 个内部存储器数据或模拟量 I/O 进行强制。如果没有实际的 I/O 接线，也可以用强制功能调试程序，如图 2-1-15 所示。采用状态图监控程序的运行，在“新值”列中写入希望强制成的数据，然后单击工具栏中的“强制”按钮。

如图 2-1-16 所示，对于无需改变数值的变量，只需在“当前值”列中选中它，然后使用强制命令。

	地址	格式	当前值	新值
1	HK	位	2#1	
2	SB_1	位	2#1	
3	SB_2	位	2#0	
4	KM	位	2#1	
5		有符号		

	地址	格式	当前值	新值
1	HK	位	2#1	
2	SB_1	位	2#1	2#0
3	SB_2	位	2#0	
4	KM	位	2#1	
5		有符号		

图 2-1-15　强制功能

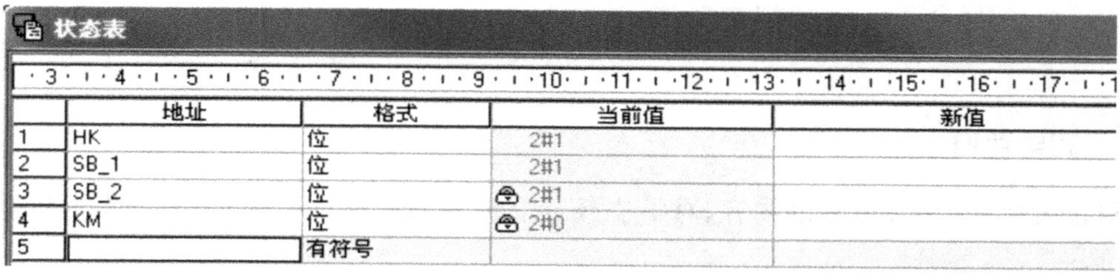

状态表

	地址	格式	当前值	新值
1	HK	位	2#1	
2	SB_1	位	2#1	
3	SB_2	位	2#1	
4	KM	位	2#0	
5		有符号		

图 2-1-16　使用强制指令

(2)写入数据

S7-200 PLC 还提供了写入数据的功能,以便于程序调试。在图状态表格中输入 Q0.0 的新值“1”,如图 2-1-17 所示。

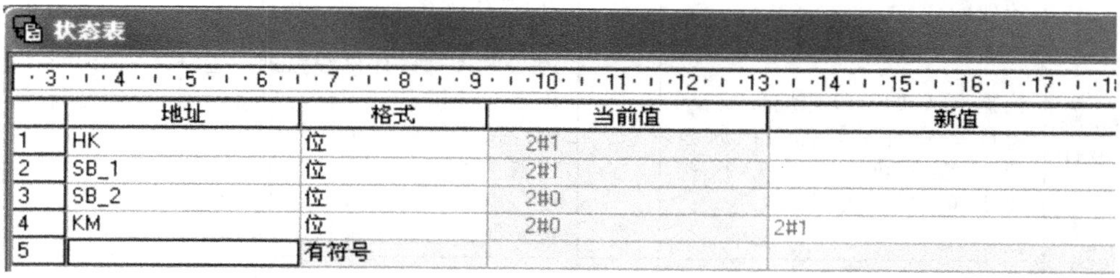

状态表

	地址	格式	当前值	新值
1	HK	位	2#1	
2	SB_1	位	2#1	
3	SB_2	位	2#0	
4	KM	位	2#0	2#1
5		有符号		

图 2-1-17　状态图中 Q0.0 写入新值

输入新值后,单击工具栏“写入”按钮,写入数据。应用写入命令可以同时输入几个数据值,如图 2-1-18 所示。

4. 停止程序

如果需要停止程序,可以单击工具栏中的“停止”按钮或者在菜单栏中选择“PLC/STOP(停止)”,然后单击“是”按钮切换到停止模式,如图 2-1-19 所示。

状态表

	地址	格式	当前值	新值
1	HK	位	2#1	
2	SB_1	位	2#1	
3	SB_2	位	2#0	
4	KM	位	2#1	

图 2-1-18　写入新值

图 2-1-19　停止程序

检查评价

根据表 2-1-3 中评分标准内容，对学生任务完成情况及学生在完成任务期间的表现进行评价。

表 2-1-3　评分标准

主要内容	考核要求	配分	评分标准	得分
硬件安装程序设计	根据任务要求，分配 PLC 的 I/O 地址，并列出地址分配表。根据给定要求，设计顺序控制功能图。	15	输入/输出分配不合理，每出现一处地址遗漏或错误扣 1 分； 顺序功能图设计不合理或错误，每处扣 2 分，画法不规范，每处扣 1 分。	
	根据 PLC 的 I/O 地址分配表，设计 PLC 外部硬件接线原理图，并能正确安装接线，接线要正确、紧固、美观。	20	PLC 的外部硬件接线原理图设计不正确，每出现一处错误扣 2 分，并按照错误设计进行硬件接线每处加扣 2 分； 接线不紧固、不美观、每处扣 2 分； 连接点松动、遗漏，每处扣 0.5 分； 损伤导线绝缘或线芯，每根扣 0.5 分。	
	设计梯形图程序，并熟练操作计算机输入 PLC 程序；按照被控制设备的动作要求进行模拟调试，达到控制要求。	50	编程软件应用不熟练，不会用删除、插入、修改等指令，每处扣 2 分； 程序下载运行后，1 次试车不成功口 8 分，2 次不成功口 15 分，3 次不成功口 30 分。	
安全操作文明协作	正确使用工具和无操作不当引起设备损坏，遵守国家相关专业安全文明成产规程。	15	工具操作不当导致损坏设备每出现一处扣 3 分，仪表使用错误扣 3 分，带电插拔导线每出现一次 1 分； 实验操作完毕工位不清洁，工具不清理，每组同学各扣 2 分。	

知识拓展

一、输入/输出状态寄存器

1. 输入状态寄存器(I区)

输入状态寄存器是PLC接收外部输入信号的窗口,其标识符为I,例如I0.0～I0.7。输入状态寄存器相当于输入继电器,每一个输入端子对应一个输入继电器线圈。在梯形图程序中,可以多次使用输入继电器的常开触点和常闭触点。

2. 输出状态寄存器(Q区)

输出状态寄存器通过输出模块驱动PLC的外部负载,其标识符为Q,例如Q0.0～Q0.7。输出状态寄存器相当于输出继电器,每一个输出端子对应一个硬件常开触点。但是在梯形图程序中,每一个输出继电器的常开触点和常闭触点都可以多次使用。

二、启保停程序

启保停程序来源于连续运转控制电路。在电气控制系统中,各种复杂的控制电路都是由连续运转控制电路组合变换而成。采用梯形图编程的启保停程序与连续运转控制电路有很多相似之处。由于易于理解和掌握,启保停程序在电气控制系统程序设计中应用广泛,如图2-1-20(a)所示。I0.0为启动条件,I0.1为停止条件,Q0.0的常开触点形成“自锁(自保持)”,因此将该程序形象地称为启保停程序。启保停程序在程序设计过程中,启动条件和停止条件可以由多个触点的串、并联组成。

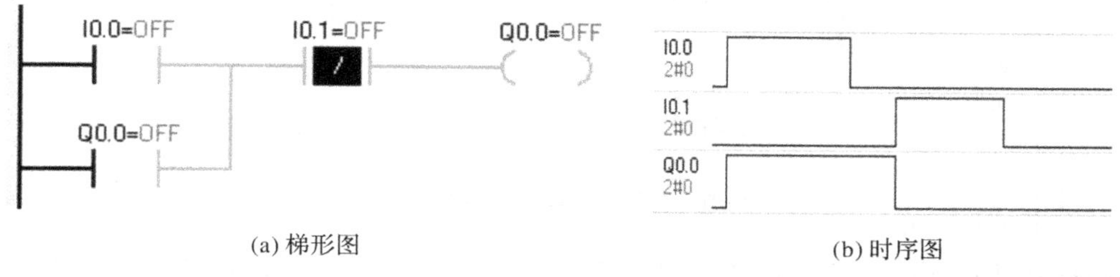

(a) 梯形图　　(b) 时序图

图2-1-20　启保停程序

三、EU、ED指令

1. EU指令

EU指令也称为上升沿检测指令,其梯形图如2-1-21(a)所示,由常开触点加上升沿检测指令标识符“P”构成。其语句表如2-1-21(b)所示,由上升沿检测指令操作码“EU”构成。

EU指令的应用如2-1-22所示,EU指令的功能是当I0.0的状态由断开变为接通时(即出现上升沿的过程),EU指令对应的常开触点接通一个扫描周期(T),使线圈Q0.1仅得电一个扫描周期。若I0.0的状态一直接通或断开,则线圈Q0.1不得电。

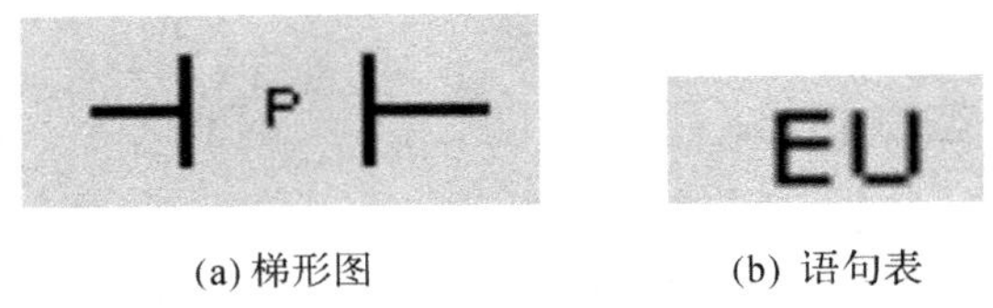

(a) 梯形图　　(b) 语句表

2-1-21　上升沿检测指令

(a) 梯形图　　(b) 语句表　　(c) 时序图

图 2-1-22　上升沿检测指令应用

2. ED 指令

ED 指令又叫下降沿检测指令，其梯形图如图 2-1-23(a)所示，由常开触点加下降沿检测指令标识符“N”构成。其语句表如图 1-23(b)所示，由下降沿检测指令操作码“ED”构成。

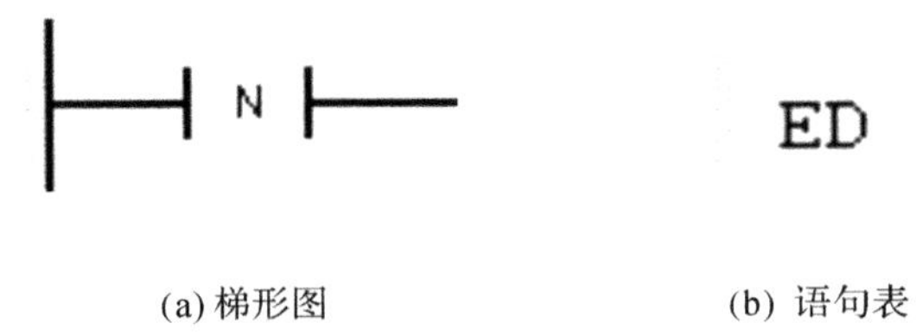

(a) 梯形图　　(b) 语句表

图 2-1-23　下降沿检测指令

ED 指令的应用如图 2-1-24 所示，ED 指令的功能是当 I0.0 的状态由接通变为断开时

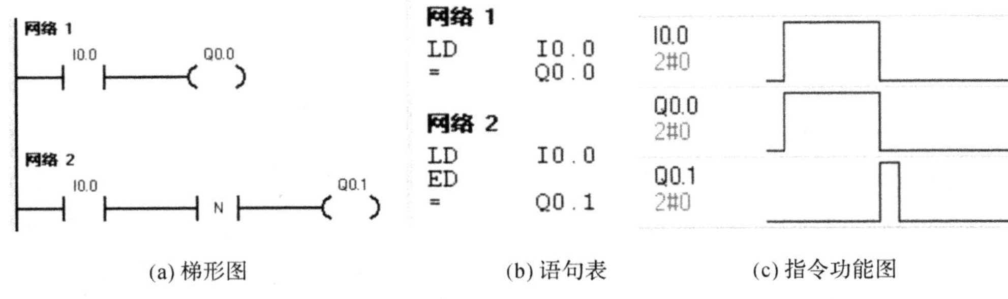

(a) 梯形图　　(b) 语句表　　(c) 指令功能图

图 2-1-24　下降沿检测指令应用

（即出现下降沿的过程），ED 指令对应的常开触点接通一个扫描周期（T），使线圈 Q0.1 仅得电一个扫描周期。若 I0.0 的状态一直接通或断开，则线圈 Q0.1 不得电。

EU、ED 指令都可以用来启动下一个控制程序、启动一个运算过程、结束一段控制等。

3. 使用注意事项

（1）EU、ED 指令不能直接与左侧母线连接，必须接在常开或常闭触点（相当于位地址）之后使用。

（2）当条件满足时，EU、ED 指令的常开触点只接通一个扫描周期，接受控制的元件应接在这一触点之后。

四、梯形图编程的基本规则

（1）I/O 继电器、内部辅助继电器、定时器等元器件的触点可多次重复使用，无需用复杂的程序结构来减少触点的使用次数。

（2）梯形图的每一行都是从左边母线开始，线圈接在最后边。触点不能放在线圈的右边。

（3）线圈不能直接与左边母线相连。如果需要，可以通过特殊存储器 SM0.0 的常开触点连接，如图 2-1-25 所示。SM0.0 为 PLC 中常接通特殊存储器。特殊存储器用于 CPU 与用户之间交换信息。

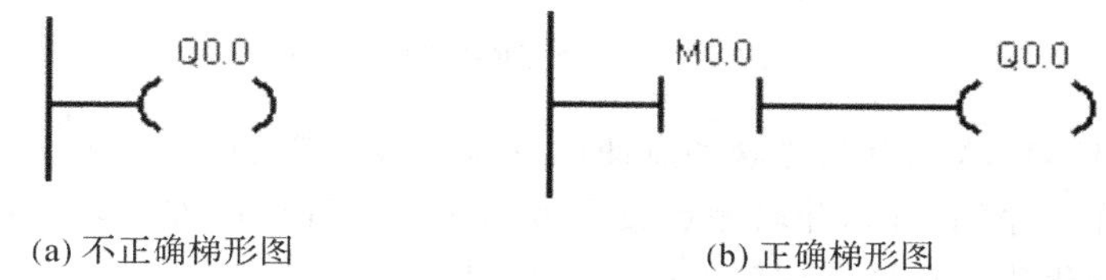

(a) 不正确梯形图　　(b) 正确梯形图

图 2-1-25　SM0.0 的应用

（4）同一编号的线圈在一个程序中使用两次称为双线圈输出。双线圈输出容易引起误操作，应避免线圈重复使用，如图 2-1-26 所示。

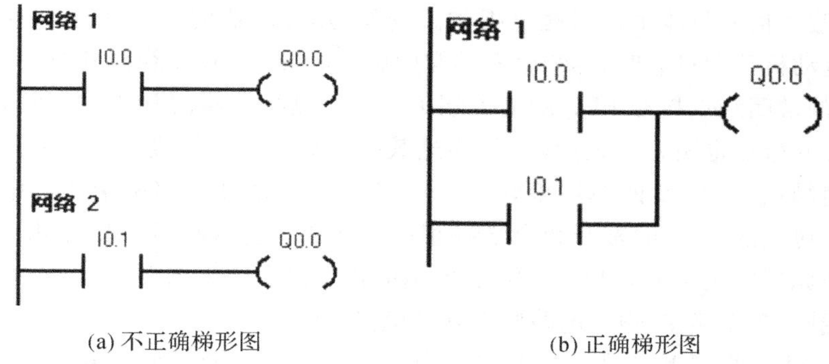

(a) 不正确梯形图　　(b) 正确梯形图

图 2-1-26　相同编号的线圈程序

（5）梯形图必须符合顺序执行，即从左到右、从上到下地执行。不符合顺序执行的电路不能直接编程，如图 2-1-27 所示。

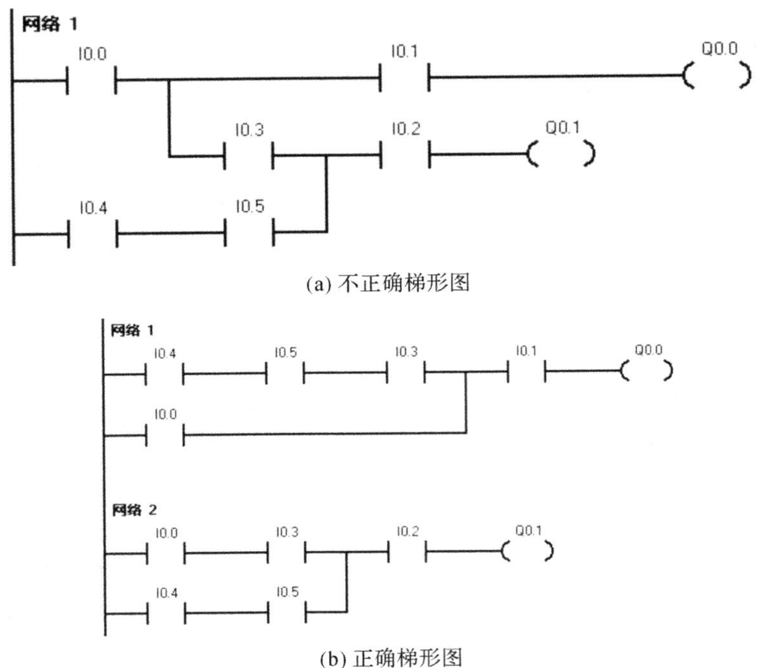

(a) 不正确梯形图

(b) 正确梯形图

图 2-1-27　不符合变成规则的程序

(6)在梯形图中，串联触点和并联触点使用的次数没有限制，可无限次地使用。串联触点数目多的应放在程序的上面，并联触点数目多的应放在程序的左面，以减少指令条数，缩短扫描周期。合理优化的梯形图程序如图 2-1-28 所示。

(7)两个或两个以上的线圈可以并联输出，如图 2-1-29 所示。

五、常闭触点输入信号的处理

前面在介绍梯形图的编程规则时，实际上假设输入的开关量信号均由外部常开触点提供，但是有些输入信号只能由常闭触点提供。例如，热继电器的常闭触点与接触器 KM 的线圈串联。电动机长期过载时，热继电器的常闭触点断开，使 KM 线圈断电。如图 2-1-9 所示，热继电器的常闭触点接在 PLC 的输入端 I0.0 处，热继电器的常闭触点断开时，I0.0 在梯形图中的常开触点也断开。显然，为了在过载时断开 Q0.0 的线圈，应将 I0.0 的常开触点而不是常闭触点与 Q0.0 的线圈串联。这样继电器-接触器电路图中热继电器的常闭触点和梯形图中对应的 I0.0 的常开触点恰好相反。造成这种现象的原因是由 PLC 输入/输出电路的控制原理所决定的，PLC 的输入/输出电路可以理解为图 2-1-30 所示的形式，在输入电路中有线圈 I0.0 存在，输出电路则有常开触点 Q0.0。

按下按钮 SB→线圈 I0.0 得电→梯形图中 I0.0 常开触点接通叶线圈 Q0.0 有信号流流过。其硬件常开触点接通。接触器线圈 KM 得电；松开按钮 SB→线圈 I0.0 断电→梯形图中 I0.0 常开触点复位断开→线圈 Q0.0 没有信号流流过→其硬件常开触点复位断开→接触器线圈 KM 断电。

为了使梯形图和电气控制电路中触点的类型相同，建议尽可能地用常开触点作 PLC 的

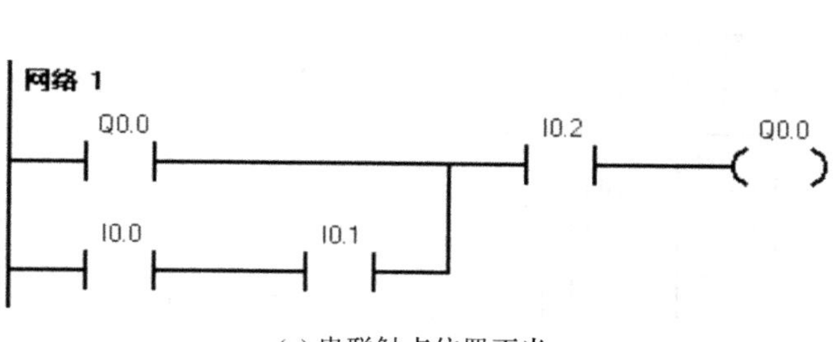

(a) 串联触点位置不当

(b) 串联触点位置正确

(c) 并联触点位置不当

(d) 并联触点位置正确

图 2-1-28 合理优化程序

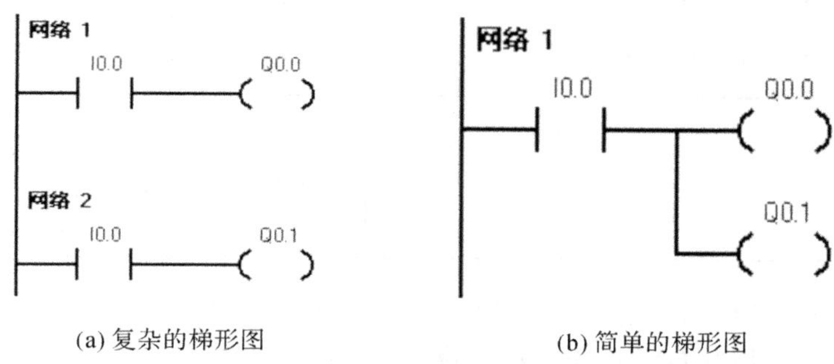

(a) 复杂的梯形图

(b) 简单的梯形图

图 2-1-29 多线圈并联输出程序

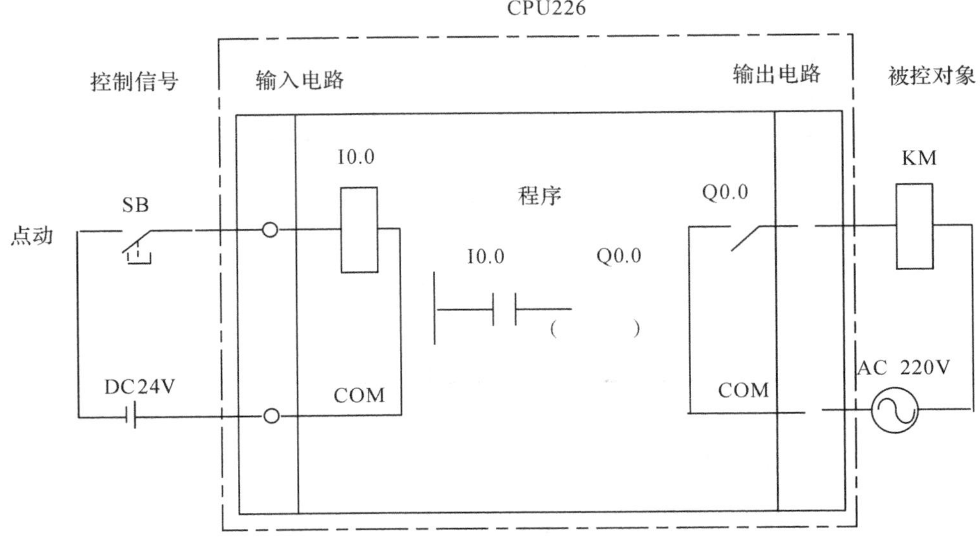

图 2-1-30 输入/输出电路原理

输入信号。但对于某些保护信号只能用常闭触点输入，可以按输入全部为常开触点来设计。然后将梯形图中相应的输入位的触点改为相反的触点，即常开触点改为常闭触点，常闭触点改为常开触点。

取证要点

取证要点见表 2-1-4。

表 2-1-4 取证要点

理论知识考核要点		技能操作考核要点	
PLC 基础知识的考核	1. 输入/输出状态寄存器去 2. 梯形图编程的基本规则	电路设计的技能考核	应用基本指令编写控制程序
编程指令应用知识的考核	1. S7-200 标准触点指令的基本格式和功能 2. S7-200 线圈驱动指令的基本格式和功能 3. 边沿出发指令的特点及应用	安装与接线的技能考核	基本硬件接线
		程序输入及调试的技能考核	程序的运行、监控、强制及写入功能

1. S7-200 系列 PLC 的数据存储区分两大部分，是RAM 与ROM。
2. 梯形图编程中用“LDN”指令表示初始装载非指令。
3. 梯形图编程中 ON 指令的功能是或非指令。
4. 梯形图编程中用“＝”指令表示线圈驱动指令。

5. PLC 中输出接口电路的类型有继电器输出和晶体管输出两种。

6. S7-200 的边沿触发指令包括上升沿触发指令和下降沿出发指令。

7. 边沿触发指令在执行时会使后续指令执行一个扫描周期。

8. 用 PLC 改造连续运行带点动控制电路。

控制要求：用 PLC 改造如图 2-1-31 所示的连续运行带点动控制电路。

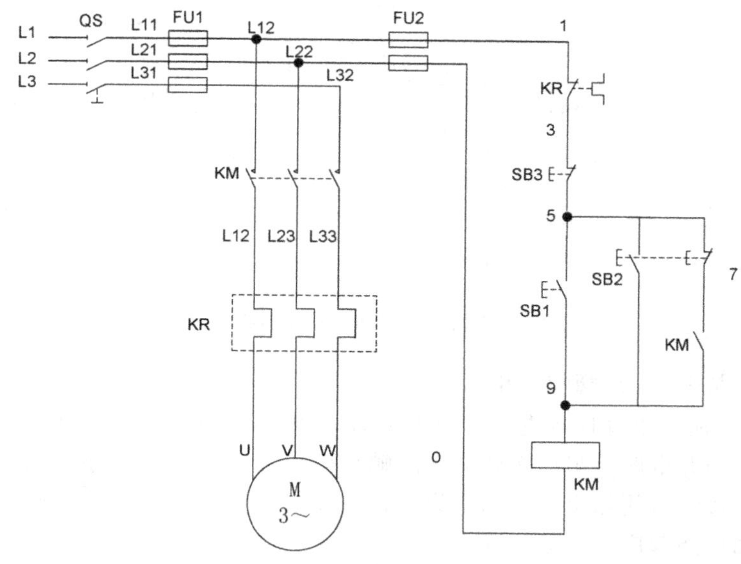

图 2-1-31　点动与连续运行控制电路

任务二　三相异步电动机正反转控制

知识目标：1）掌握 S7-200 置/复位指令的基本格式和功能；
2）掌握置/复位触发器指令的基本格式和功能；
3）了解联锁控制的实现方法。

能力目标：1）应用置/复位指令编写控制程序；
2）了解启保停程序与使用置/复位指令的对应关系。

素质目标：1）树立正确的学习目标，培养团结协作的意识；
2）培养和树立安全生产、文明操作的意识。

工作任务

用 PLC 实现三相异步电动机正反转控制。控制电路如图 2-2-1 所示，该电路兼有两种联锁控制电路的优点，操作方便，安全可靠。

由图 2-2-1 所示的电气控制电路可见，对于接触器 KM1 线圈而言，按钮 SB1 相当于启动条件，SB2、SB3 和 FR 相当于停止条件。因此，针对接触器 KM1 线圈的梯形图程序，可参照电动机单方向连续运转控制电路，采用启保停程序进行编程操作。接触器 KM2 线圈的

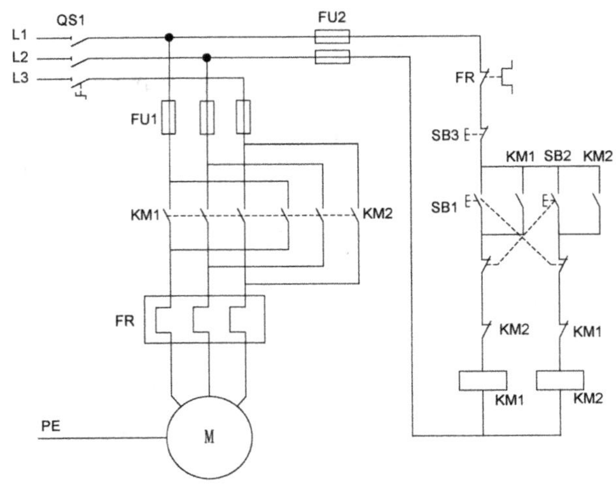

图 2-2-1　三相异步电动机正反转控制电路

梯形图程序编写与 KM1 线圈程序相似。

分析图 2-2-1 所示电气控制电路的原理可知,接触器 KM1 与 KM2 不能同时得电,否则三相电源短路。因此电路中采用接触器常闭触点串接在对方线圈电路作电气联锁,使电路工作可靠。采用按钮常闭触点的目的是为了让电动机正反转直接切换,操作方便。这些控制要求都应在梯形图程序中予以体现。

要想完成本任务,需要了解 S7-200 PLC 的 S、R 指令格式和功能,S、R 指令的优先级,启保停程序与使用 S、R 指令程序的对应关系等。

相关理论

一、S、R 指令

1. S 指令

S 指令也称为置位指令,其梯形图图 2-2-2(a)所示,由置位线圈、置位线圈的位地址(bit)和置位线圈数目 N 构成。语句表图 2-2-2(b)所示,由置位操作码 S、置位线圈的位地址(bit)和置位线圈数目 N 构成。

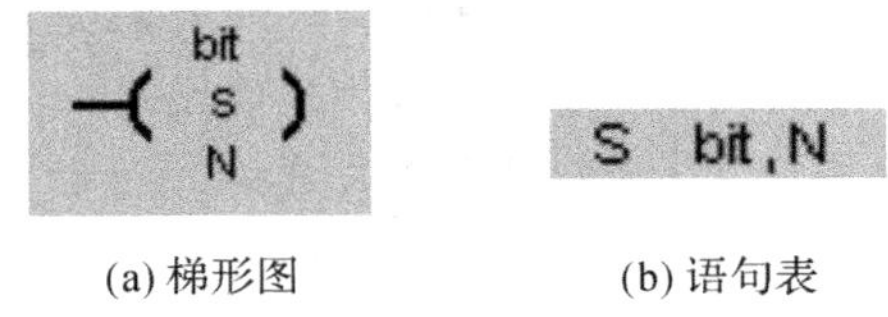

(a) 梯形图　　(b) 语句表

图 2-2-2　置位指令的梯形图及语句表

置位指令的应用如图 2-2-3 所示,当图中置位信号 I0.0 接通时,置位线圈 Q0.0 有信号流流过。当置位信号 I0.0 断开以后,被置位线圈 Q0.0 的状态继续保持不变,直到使线圈 Q0.0 复位信号的到来,线圈 Q0.0 才恢复初始状态。

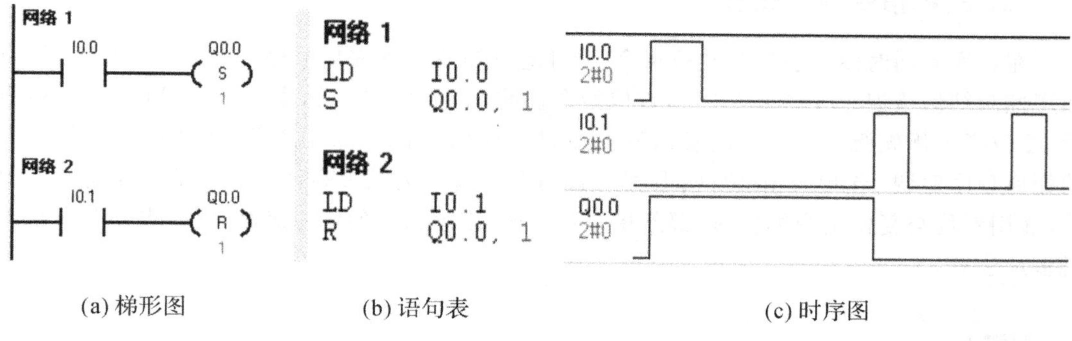

(a) 梯形图　　(b) 语句表　　(c) 时序图

图 2-2-3　置位、复位指令应用

注意事项：

在使用置位指令时，应当注意被置位的线圈数目是从指令中指定的位元件开始共有 N 个。在图 2-2-3 中，若 N＝8，则被置位线圈为 Q0.0，Q0.1，…，Q0.7，即线圈 Q0.0～Q0.7 同时有信号流流过。因此，置位指令可用于数台电动机同时起动运转的控制要求，使控制程序大大简化。

2. R 指令

R 指令又叫复位指令，其梯形图如图 2-2-4(a)所示，由复位线圈、复位线圈的位地址(bit)和复位线圈数目(N)构成。语句表如图 2-2-4(b)所示，由复位操作码 R、复位线圈的位地址(bit)和复位线圈数目(N)构成。

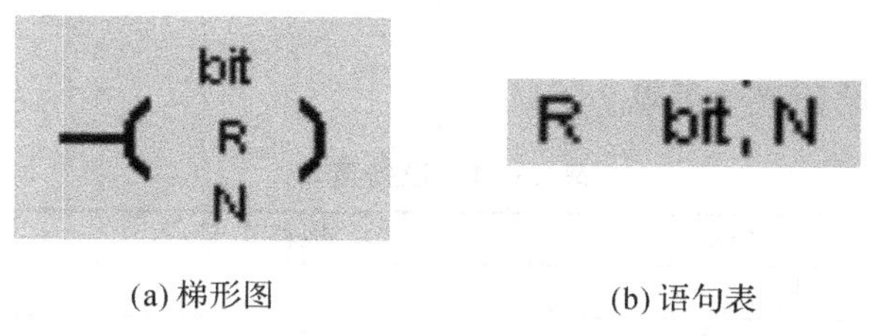

(a) 梯形图　　(b) 语句表

图 2-2-4　复位指令的梯形图及语句表

复位指令的应用如图 2-2-3 所示，当图中复位信号 I0.1 接通时，被复位线圈 Q0.0 恢复初始状态。当复位信号 I0.1 断开以后，被复位线圈 Q0.0 的状态继续保持不变，直到使线圈 Q0.0 置位信号的到来，线圈 Q0.0 才有信号流流过。

注意事项：

在使用复位指令时，应当注意被复位的线圈数目是从指令中指定的位元件开始，共有 N 个。图 2-2-3 中，若 N＝8，则被复位线圈为 Q0.0，Q0.1，…，Q0.7，即线圈 Q0.0～Q0.7 同时恢复初始状态。因此，复位指令可用于数台电动机同时停止运转以及急停情况下的控制要求，使控制程序大大简化。

二、S、R 指令的优先级

在程序中同时使用置位与复位指令，应注意两条指令的先后顺序，使用不当可能会导致程序控制结果错误。在图 2-2-3 中，置位指令在前，复位指令在后，当 I0.0 和 I0.1 同时接通时，复位指令优先级高，Q0.0 没有信号流流过。相反，如图 2-2-5 所示，将置位与复位指令的先后顺序对调，当 I0.0 和 I0.1 同时接通时，置位指令优先级高；Q0.0 有信号流流过。因此，使用置位与复位指令编程时，哪条指令在后面，则该指令的优先级高，这一点需要在编程时多加注意。

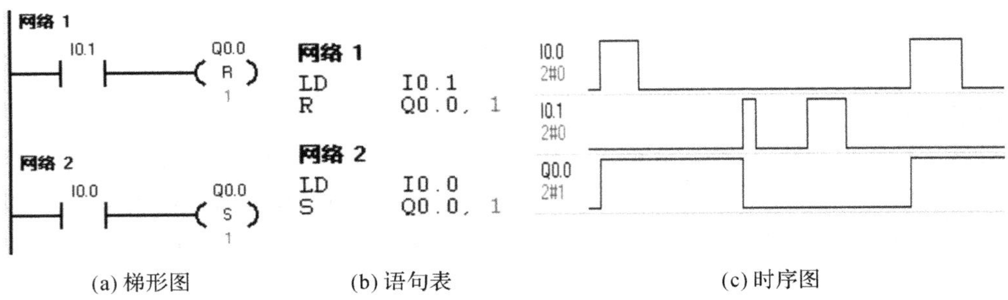

(a) 梯形图　　(b) 语句表　　(c) 时序图

图 2-2-5　置位、复位指令的应用

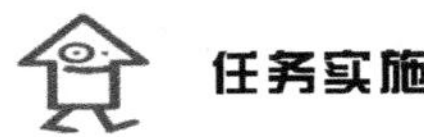

任务实施

一、任务准备

完成本任务所需设备清单见表 2-2-1。

表 2-2-1　设备清单

编号	分类	名称	规格型号	数量	备注
1	工具	电工工具		1 套	
2	设备器材	万用表	MF47 型	1 块	
3		3PLC	S7-200 系列（CPU224XP）	1 台	
4		计算机	联想家悦或自选	1 台	
5		SETP7 V4.0 编程软件	PPI	1 套	
6		安装绝缘板	600mm×900mm	1 块	
7		空气断路器	Multi9 C65N D20 或自选	1 只	
8		熔断器	RT28-32	2 只	
9		接触器	NC3-09/220 或自选	1 只	
10		按钮	LA4-3H	2 只	
11		限为开关	FTSB1-111 或自选	3 只	
12		控制变压器	JBK300 380/220	1 只	
13		端子	D-20	1 排	

续表

编号	分类	名称	规格型号	数量	备注
14	材料	多股软铜线	BVR1/1.37mm²	限量	主电路
15		多股软铜线	BVR1/1.13mm²	限量	控制电路
16		软线	BVR7/0.75mm²	限量	
17		紧固件	M4×20 螺钉	若干	
18					
19			M4×12 螺钉	若干	
20			Φ4 平垫圈	若干	
21		异型管		1 米	

二、I/O 分配

根据任务分析，对输入量/输出量进行分配，见表 2-2-2。

表 2-2-2　I/O 分配

输入量		输出量	
元件代号	输入点	元件代号	输出点
FR	I0.0	KM1	Q0.0
SB1	I0.1	KM2	Q0.1
SB2	I0.2	SB3	I0.3

三、绘制 PLC 硬件接线图

根据如图 2-2-1 所示的控制电路图及 I/O 分配，绘制 PLC 硬件接线，如图 2-2-6 所示。主电路保持不变，按图接线。

由于 PLC 程序执行时间很短(一个扫描周期仅几微秒)，而接触器动作也需要时间，两者存在一定的时间差，很容易导致接触器工作过程中出现短路故障。因此，在接触器 KM1、KM2 的线圈电路串联对方的常闭触点实现电气联锁十分必要。

四、编辑符号表

编辑符号表如图 2-2-7 所示。

五、设计梯形图程序

1. 采用启保停程序改造正反转控制电路

其梯形图如图 2-2-8 所示。

2. 采用 S、R 指令设计梯形图程序

其梯形图如图 2-2-9 所示。

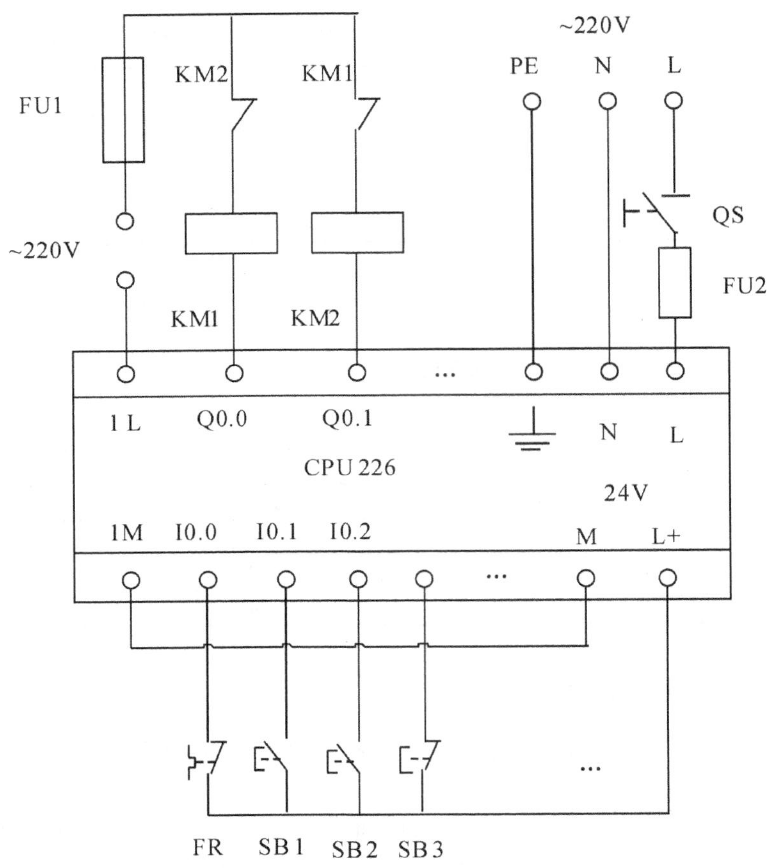

图 2-2-6　PLC 硬件接线

			符号	地址	注释
1			FR	I0.0	
2			SB_1	I0.1	
3			SB_2	I0.2	
4			SB_3	I0.3	
5			KM1	Q0.0	
6			KM2	Q0.1	
7					

图 2-2-7 编辑符号表

图 2-2-8　采用启保停程序改造正反转控制电路梯形图

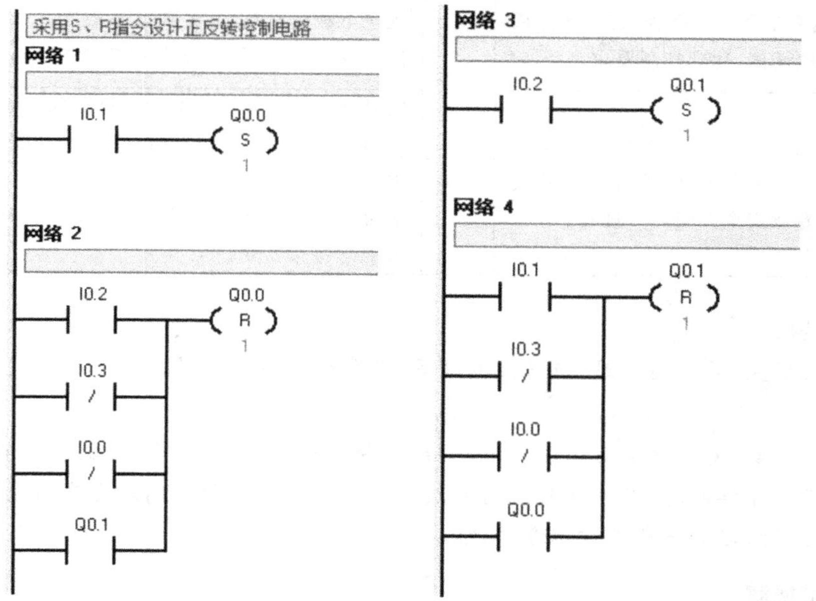

图 2-2-9　采用 S、R 指令设计梯形图

比较图 2-2-8 和图 2-2-9 的梯形图可知，采用启保停程序的启动条件就是采用 S、R 指令编程的置位条件（接 S 指令），停止条件就是复位条件（接 R 指令）。启保停程序中停止条件的常开触点（常闭触点）应改为 S、R 指令程序中的常闭触点（常开触点），触点串联（并联）改为触点并联（串联）。

检查评价

根据表 2-2-3 中评分标准内容，对学生任务完成情况及学生在完成任务期间的表现进行评价。

表 2-2-3 评分标准

主要内容	考核要求	配分	评分标准	得分
硬件安装程序设计	根据任务要求，分配 PLC 的 I/O 地址，并列出地址分配表。根据给定要求，设计顺序控制功能图。	15	输入/输出分配不合理，每出现一处地址遗漏或错误扣 1 分； 顺序功能图设计不合理或错误，每处扣 2 分，画法不规范，每处扣 1 分。	
	根据 PLC 的 I/O 地址分配表，设计 PLC 外部硬件接线原理图，并能正确安装接线，接线要正确、紧固、美观。	20	PLC 的外部硬件接线原理图设计不正确，每出现一处错误扣 2 分，并按照错误设计进行硬件接线每处加扣 2 分； 接线不紧固、不美观、每处扣 2 分； 连接点松动、遗漏，每处扣 0.5 分； 损伤导线绝缘或线芯，每根扣 0.5 分。	
	设计梯形图程序，并熟练操作计算机输入 PLC 程序；按照被控制设备的动作要求进行模拟调试，达到控制要求。	50	编程软件应用不熟练，不会用删除、插入、修改等指令，每处扣 2 分； 程序下载运行后，1 次试车不成功口 8 分，2 次不成功口 15 分，3 次不成功口 30 分。	
安全操作文明协作	正确使用工具和无操作不当引起设备损坏，遵守国家相关专业安全文明成产规程。	15	工具操作不当导致损坏设备每出现一处扣 3 分，仪表使用错误扣 3 分，带电插拔导线每出现一次 1 分； 实验操作完毕工位不清洁，工具不清理，每组同学各扣 2 分。	

注意事项：

(1)在应用置/复位指令时，应当注意被置/复位的线圈数目是从指令中指定的位元件开始，共有 n 个。

(2)在应用置/复位指令时，应当注意哪条指令在后面，则该指令的优先级高。

(3)进行硬件接线时，必须在接触器的线圈电路串联对方的常闭触点实现电气联锁。教师在检查接线时，应重点检查该部分接线。

知识拓展

一、SR、RS 指令

1. SR 指令

SR 指令也称为置位/复位触发器指令，其梯形图如图 2-2-10 所示，由置位/复位触发器标识符 SR、置位信号输入端 S1、复位信号输入端 R、输出端 OUT 和线圈的位地址 bit 构成。

SR 指令的应用如图 2-2-11 所示网络 1，当图中置位信号 I0.0 接通时，线圈 Q0.0 有信号流流过。当置位信号 I0.0 断开以后，线圈 Q0.0 的状态继续保持不变，直到复位信号 I0.1 接通时，线圈 Q0.0 才恢复初始状态。

如果置位信号 I0.0 和复位信号 I0.1 同时接通，则置位信号优先，线圈 Q0.0 有信号流

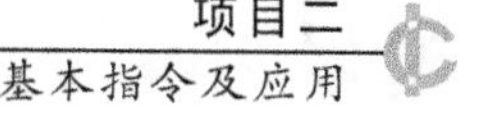

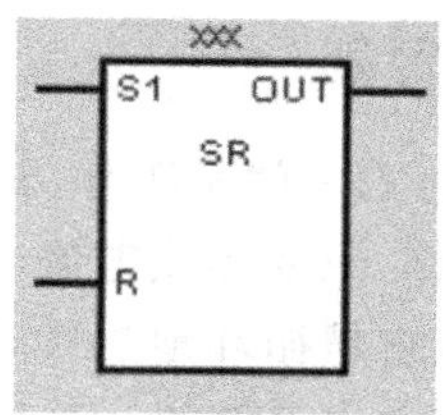

图 2-2-10　SR 指令的梯形图

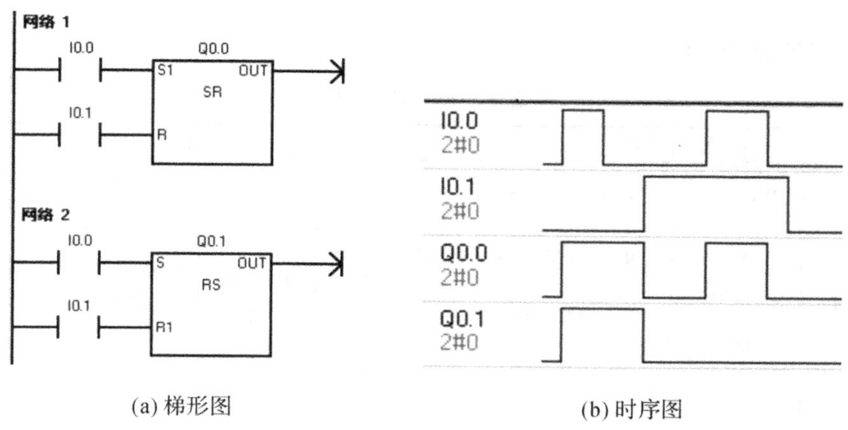

图 2-2-11　SR 和 RS 指令的应用

流过。

2. RS 指令

RS 指令又叫复位/置位触发器指令，其梯形图如图 2-2-12 所示，由复位/置位触发器标识符 RS、置位信号输入端 S、复位信号输入端 R1、输出端 OUT 和线圈的位地址 bit 构成。

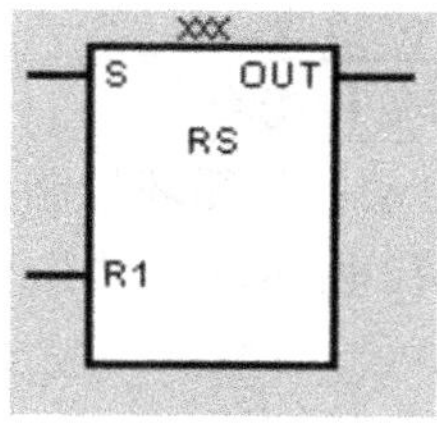

图 2-2-12　RS 指令的梯形图

RS 指令的应用如图 2-2-11 所示网络 2，当图中置位信号 I0.0 接通时，线圈 Q0.1 有信号流流过。当置位信号 I0.0 断开以后，线圈 Q0.1 的状态继续保持不变，直到复位信号 I0.1 接通时，线圈 Q0.1 才恢复初始状态。

如果置位信号 I0.0 和复位信号 I0.1 同时接通，则复位信号优先，线圈 Q0.1 没有信号流流过。

二、PLC 与电气控制电路的区别

PLC 与电气控制电路的重要区别之一就是工作方式不同。电气控制电路是按“并行”方式工作的,即按同时执行的方式工作,只要形成电流通路,就可能有几个继电器同时动作。而 PLC 是以反复扫描的方式工作的,它是循环地连续逐条执行程序,任一时刻它只能执行一条指令,也就是说 PLC 是以“串行”方式工作的。这种串行工作方式可以避免电气控制电路的触点竞争和时序失配问题。

取证要点

考证要点见表 2-2-4。

表 2-2-4　考证要点

理论知识考核要点		技能操作考核要点	
PLC 基础知识的考核	PLC 与电气控制电路的区别	电路设计的技能考核	起保停程序设计与置/复位指令设计的比较
编程指令应用知识的考核	1. S7-200 置/复位指令的基本格式和功能 2. S7-200 置/复位触发器指令的基本格式和功能	安装与接线的技能考核	在接触器的线圈电路串联对方的常闭触电实现电气联锁
		程序输入及调试的技能考核	

一、应知、应会部分

1. PLC 的工作方式是循环扫描。
2. 在输出扫描阶段,将输出状态寄存器中的内容复制到输出接线端子上。
3. 梯形图编程中用“SR”指令表示置位/复位触发器指令。
4. 梯形图编程中“S”指令表示置位指令。
5. 梯形图编程中用“R”指令表示复位指令。
6. 技能操作部分:用 PLC 改造自动往复循环控制电路。

控制要求:用 PLC 改造如图 2-2-13 所示的自动往复循环控制电路。

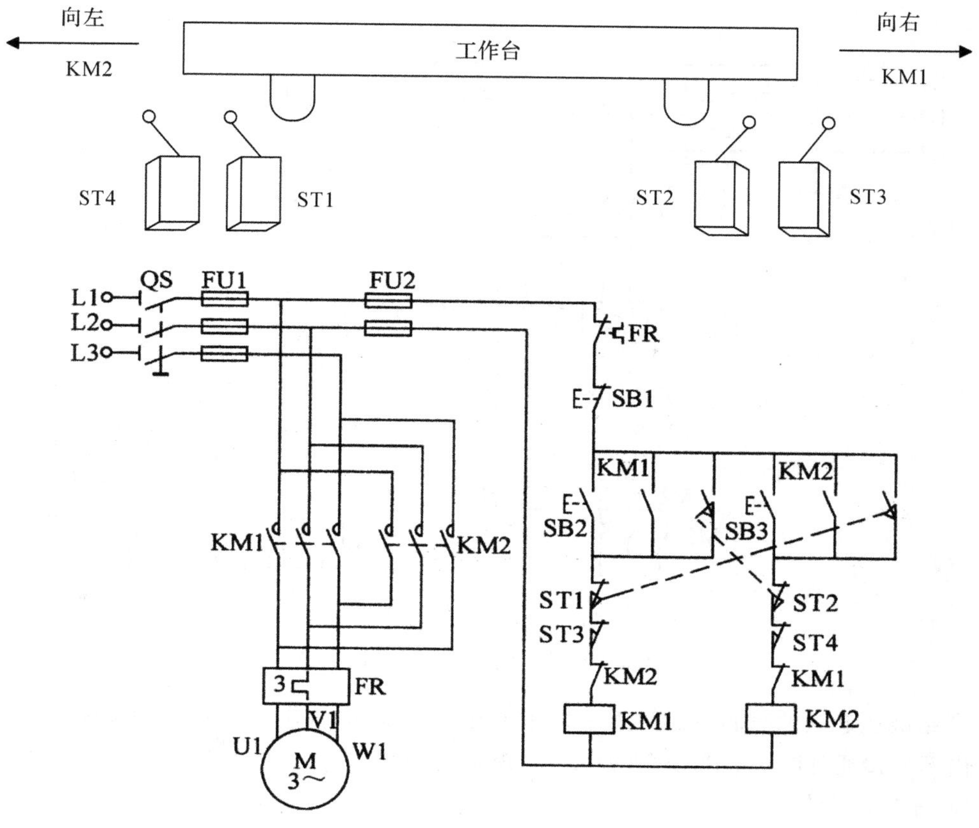

图 2-2-13　自动往复循环控制电路

任务三　三相异步电动机 Y-△减压起动控制

知识目标:1)掌握 S7-200 定时器指令的基本格式和功能;

2)掌握定时范围的扩展方法;

3)了解根据电气控制电路图设计梯形图的方法。

能力目标:1)熟练应用定时器指令编写控制程序;

2)掌握定时器指令的应用技巧。

素质目标:1)树立正确的学习目标,培养团结协作的意识;

2)培养和树立安全生产、文明操作的意识。

工作任务

用 PLC 实现三相异步电动机 Y-△减压起动控制,控制电路如图 2-3-1 所示,该电路适用于正常工作时定子绕组作△联接的异步电动机。

由如图 2-3-1 所示的控制电路可见,时间继电器属于通电延时型时间继电器,控制电动

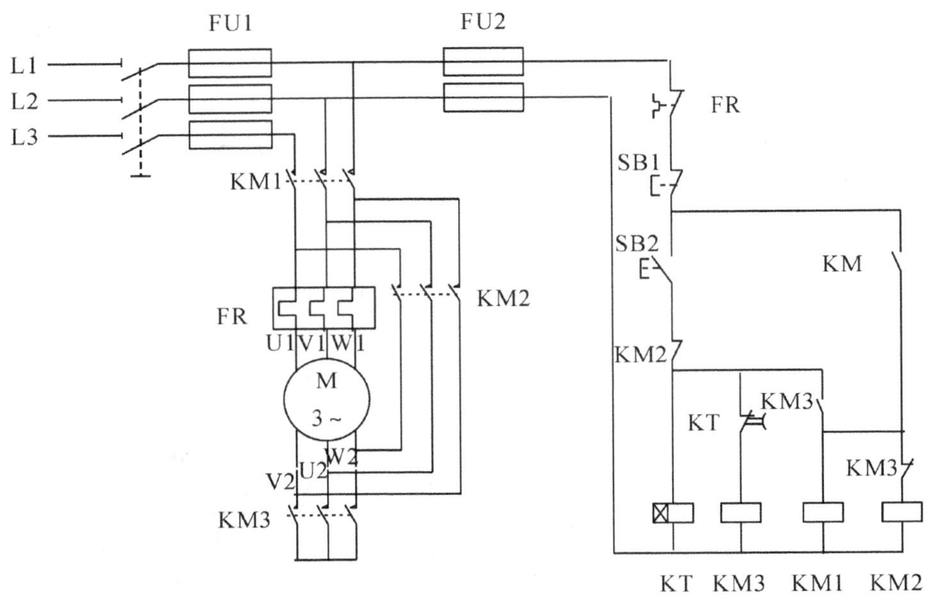

图 2-3-1　Y-△减压起动控制电路

机 Y 联结减压起动的时间。时间继电器不能作为 PLC 的输出量分配接线端子，应该利用 PLC 内部的接通延时定时器指令（TON）实现定时功能。所以，在本任务中将重点学习 S7-200PLC 中定时器的应用。

相关理论

定时器指令是 PLC 的常用基本指令，PLC 提供 3 种定时器指令，即接通延时定时器指令（TON）、断开延时定时器指令（TOF）和有记忆接通延时定时器指令（TONR）。这些定时器指令用于整个定时器存储区（T 区）。

PLC 提供了 256 个定时器，定时器编号为 T0～T255，各定时器的特性见表 2-3-1。

表 2-3-1　定时器的特性

指令类型	时基时间/ms	最大定时范围/s	定时器编号
TONR	1	32.767	T0、T64
	10	327.67	T1～T4、T65～T68
	100	3276.7	T5～T31、T69～T95
TON、TOF	1	32.767	T32、T96
	10	327.67	T33～T36、T97～T100
	100	3276.7	T37～T63、T101～T255

一、接通延时定时器指令（TON）

TON 指令的梯形图如图 2-3-2(a)所示，由定时器标识符 TON、定时器的起动信号输入端 IN、时间设定值输入端 PT 和 TON 定时器编号 Tn 构成。

TON 指令的语句表如图 2-3-2(b)所示，由定时器标识符 TON、定时器编号 Tn 和时间设定值 PT 构成。

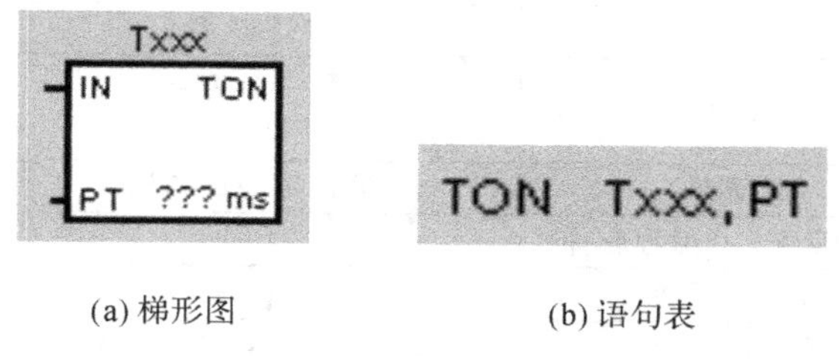

(a) 梯形图　　(b) 语句表

图 2-3-2　TON 指令

TON 指令的应用如图 2-3-3 所示。当定时器的启动信号 I0.0 断开时，定时器的当前值 SV＝0，定时器 T37 没有信号流流过，不工作。当 T37 的起动信号 I0.0 接通时，定时器开始计时，每过一个时基时间(100ms)，定时器的当前值 SV＝SV＋1。当定时器的当前值 SV 等于其设定值 PT 时，到达定时器的延时时间(100ms×10＝1000ms＝1s)，这时定时器的常开触点由断开变为接通(常闭触点由接通变为断开)，线圈 Q0.0 有信号流流过。在定时器的常开触点状态改变后，定时器继续计时，直到 SV＝＋32767(最大值)时，才停止计时，SV 将保持＋32767 不变。只要 SV≥PT 值，定时器的常开触点就接通，如果不满足这个条件，定时器的常开触点应断开。

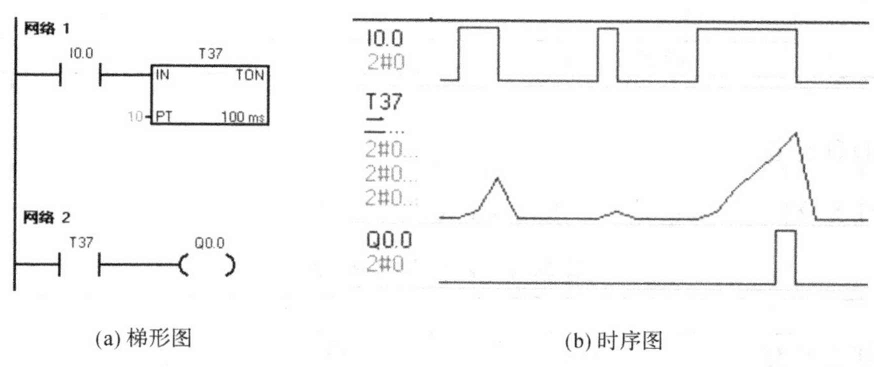

(a) 梯形图　　(b) 时序图

图 2-3-3　TON 指令的应用

当 I0.0 由接通变为断开时，则 SV 被复位清零(SV＝0)，T37 的常开触点断开，线圈 Q0.0 没有信号流流过。

当 I0.0 由断开变为接通后，维持接通的时间不足以使得 SV 达到 PT 值时，T37 的常开触点不会接通，线圈 Q0.0 没有信号流流过。

一、任务准备

完成本任务所需设备清单见表 2-3-2。

表 2-3-2　设备清单

<table>
<tr><th>编号</th><th>分类</th><th>名称</th><th>规格型号</th><th>数量</th><th>备注</th></tr>
<tr><td>1</td><td>工具</td><td>电工工具</td><td></td><td>1 套</td><td></td></tr>
<tr><td>2</td><td rowspan="12">设备器材</td><td>万用表</td><td>MF47 型</td><td>1 块</td><td></td></tr>
<tr><td>3</td><td>3PLC</td><td>S7-200 系列
(CPU224XP)</td><td>1 台</td><td></td></tr>
<tr><td>4</td><td>计算机</td><td>联想家悦或自选</td><td>1 台</td><td></td></tr>
<tr><td>5</td><td>SETP7 V4.0 编程软件</td><td>PPI</td><td>1 套</td><td></td></tr>
<tr><td>6</td><td>安装绝缘板</td><td>600mm×900mm</td><td>1 块</td><td></td></tr>
<tr><td>7</td><td>空气断路器</td><td>Multi9 C65N D20 或自选</td><td>1 只</td><td></td></tr>
<tr><td>8</td><td>熔断器</td><td>RT28-32</td><td>2 只</td><td></td></tr>
<tr><td>9</td><td>接触器</td><td>NC3-09/220 或自选</td><td>1 只</td><td></td></tr>
<tr><td>10</td><td>按钮</td><td>LA4-3H</td><td>2 只</td><td></td></tr>
<tr><td>11</td><td>限为开关</td><td>FTSB1-111 或自选</td><td>3 只</td><td></td></tr>
<tr><td>12</td><td>控制变压器</td><td>JBK300 380/220</td><td>1 只</td><td></td></tr>
<tr><td>13</td><td>端子</td><td>D-20</td><td>1 排</td><td></td></tr>
<tr><td>14</td><td rowspan="8">材料</td><td>多股软铜线</td><td>BVR1/1.37mm^2</td><td>限量</td><td>主电路</td></tr>
<tr><td>15</td><td>多股软铜线</td><td>BVR1/1.13mm^2</td><td>限量</td><td rowspan="2">控制电路</td></tr>
<tr><td>16</td><td>软线</td><td>BVR7/0.75mm^2</td><td>限量</td></tr>
<tr><td>17</td><td rowspan="4">紧固件</td><td>M4×20 螺钉</td><td>若干</td><td></td></tr>
<tr><td>18</td><td>M4×12 螺钉</td><td>若干</td><td></td></tr>
<tr><td>19</td><td>Φ4 平垫圈</td><td>若干</td><td></td></tr>
<tr><td>20</td><td></td><td></td><td></td></tr>
<tr><td>21</td><td>异型管</td><td></td><td>1 米</td><td></td></tr>
</table>

二、I/O 分配

根据任务分析，对输入/输出量进行分配见表 2-3-3。

表 2-3-3　输入/输出量分配

输入量		输出量	
元件代号	输入点	原件代号	输出点
KH	I0.0	KM1	Q0.0
SB1	I0.1	KM2	Q0.1
SB2	I0.2	KM3	Q0.2

三、绘制 PLC 硬件接线图

根据如图 2-3-1 所示的控制电路图及 I/O 分配，绘制 PLC 硬件接线，如图 2-3-4 所示，保证硬件接线操作正确。

四、编辑符号表

编辑符号表如图 2-3-5 所示。

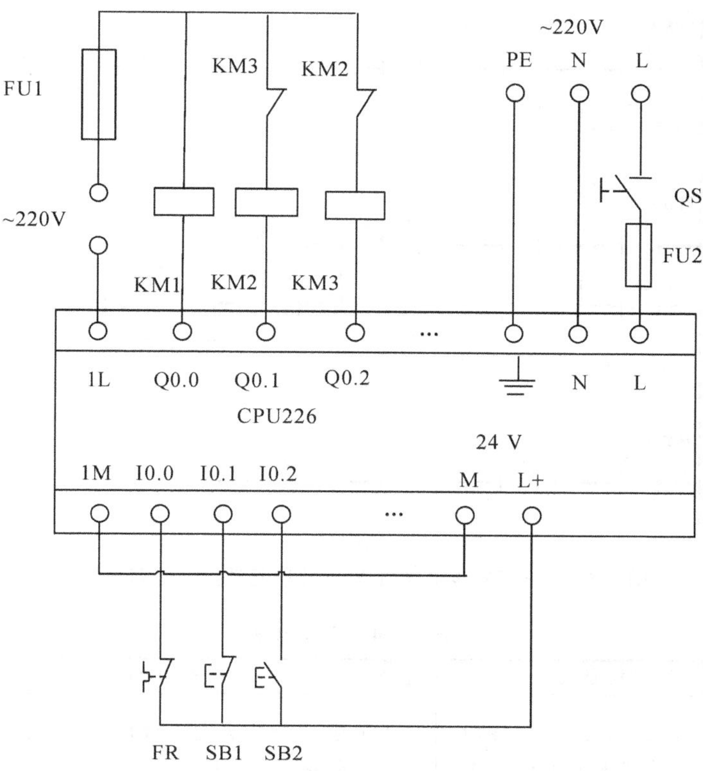

图 2-3-4　PLC 硬件接线

符号表

			符号	地址	注释
1			KH	I0.0	
2			SB_1	I0.1	
3			SB_2	I0.2	
4			KM1	Q0.0	
5			KM2	Q0.1	
6			KM3	Q0.2	
7					

图 2-3-5　符号表

五、设计梯形图程序

三相异步电动机 Y-△减压起动控制电路梯形图如图 2-3-6 所示。

检查评价

根据表 2-3-4 中评分标准内容，对学生任务完成情况及学生在完成任务期间的表现进行评价。

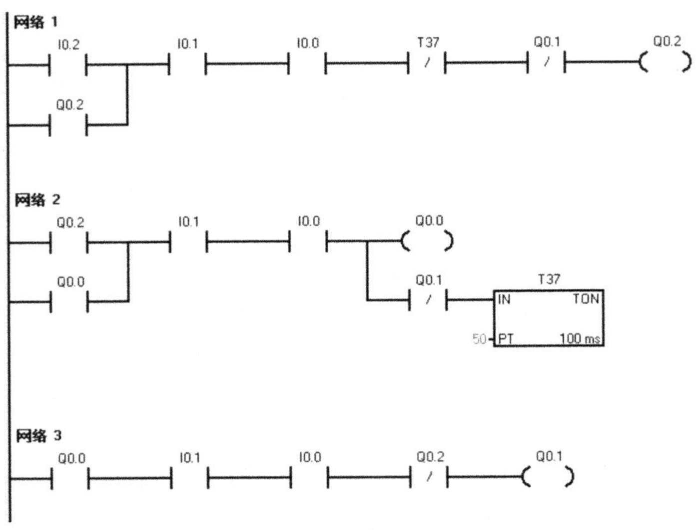

图 2-3-6　三相异步电动机 Y-△减压起动控制电路梯形图

表 2-3-4　评分标准

主要内容	考核要求	配分	评分标准	得分
硬件安装程序设计	根据任务要求，分配 PLC 的 I/O 地址，并列出地址分配表。根据给定要求，设计顺序控制功能图。	15	输入/输出分配不合理，每出现一处地址遗漏或错误扣 1 分。 顺序功能图设计不合理或错误，每处扣 2 分，画法不规范，每处扣 1 分。	
	根据 PLC 的 I/O 地址分配表，设计 PLC 外部硬件接线原理图，并能正确安装接线，接线要正确、紧固、美观。	20	PLC 的外部硬件接线原理图设计不正确，每出现一处错误扣 2 分，并按照错误设计进行硬件接线每处加扣 2 分； 接线不紧固、不美观、每处扣 2 分； 连接点松动、遗漏，每处扣 0.5 分； 损伤导线绝缘或线芯，每根扣 0.5 分。	
	设计梯形图程序，并熟练操作计算机输入 PLC 程序；按照被控制设备的动作要求进行模拟调试，达到控制要求。	50	编程软件应用不熟练，不会用删除、插入、修改等指令，每处扣 2 分； 程序下载运行后，1 次试车不成功口 8 分，2 次不成功口 15 分，3 次不成功口 30 分。	
安全操作文明协作	正确使用工具和无操作不当引起设备损坏，遵守国家相关专业安全文明成产规程。	15	工具操作不当导致损坏设备每出现一处扣 3 分，仪表使用错误扣 3 分，带电插拔导线每出现一次 1 分； 实验操作完毕工位不清洁，工具不清理，每组同学各扣 2 分。	

注意事项：

(1)在进行硬件接线时，定时器为 PLC 内部存储器，不需要接线。

(2)定时器指令应与定时器编号应保证一致，符合表 2-3-1 的规定，否则会显示编译错误。

(3)在同一个程序中，不能使用两个相同的定时器编号，否则会导致程序执行时出错，无法实现控制要求。

知识拓展

一、断开延时定时器指令(TOF)

TOF 指令的梯形图如图 2-3-7(a)所示，由定时器标识符 TOF、定时器的启动信号输入端 IN、时间设定值输入端 PT 和 TOF 定时器编号 Tn 构成。

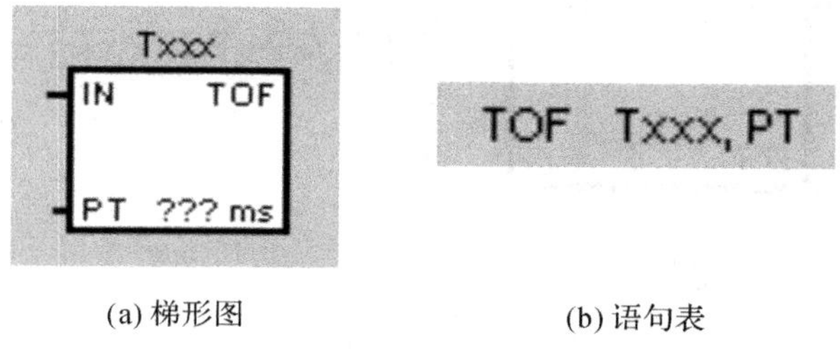

(a) 梯形图　　(b) 语句表

图 2-3-7　TOF 指令

TOF 指令的语句表如图 2-3-7(b)所示，由定时器标识符 TOF、定时器编号 Tn 和时间设定值 PT 构成。

TOF 指令的应用如图 2-3-8 所示。当定时器的起动信号 I0.0 接通时，定时器的当前值 SV=0，定时器 T37 有信号流流过。定时器不计时，其常开触点由断开变为接通，线圈 Q0.0 有信号流流过。当 T37 的起动信号 I0.0 断开时，定时器线圈没有信号流流过。定时器开始计时，每过一个时基时间(10ms)，定时器的当前值 SV=SV+1。当定时器的当前值 SV 等于其设定值 PT 时，达到定时器的延时时间(10ms×100=1000ms=1s)，定时器停止计时，SV 将保持不变，这时定时器的常开触点由接通变为断开，线圈 Q0.0 没有信号流流过。

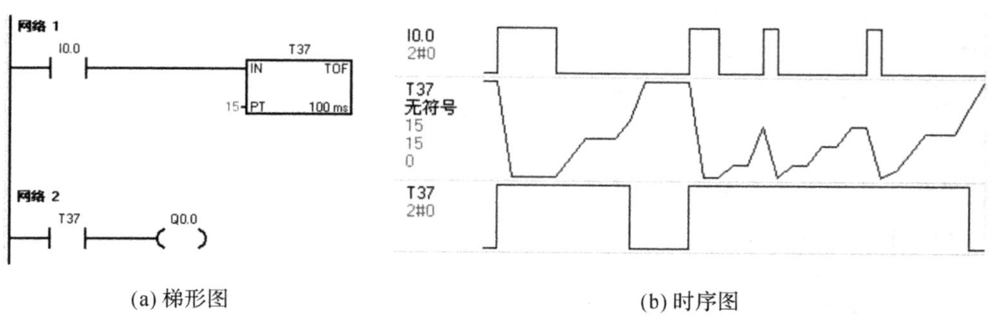

(a) 梯形图　　(b) 时序图

图 2-3-8　TOF 指令的应用

当启动信号 I0.0 由断开变为接通时，则定时器的当前值被复位（SV＝0），T33 有信号流流过。

当启动信号 I0.0 从接通变为断开后，维持的时间不足以使得 SV 达到 PT 值时，T37 的常开触点不会由接通变为断开，线圈 Q0.0 仍有信号流流过。

二、带有记忆接通延时定时器指令（TONR）

TONR 指令的梯形图如图 2-3-9(a)所示，由定时器标识符 TONR、定时器的起动信号输入端 IN、时间设定值输入端 PT 和 TONR 定时器编号 Tn 构成。

TONR 指令的语句表如图 2-3-9(b)所示，由定时器标识符 TONR、定时器编号 Tn 和时间设定值 PT 构成。

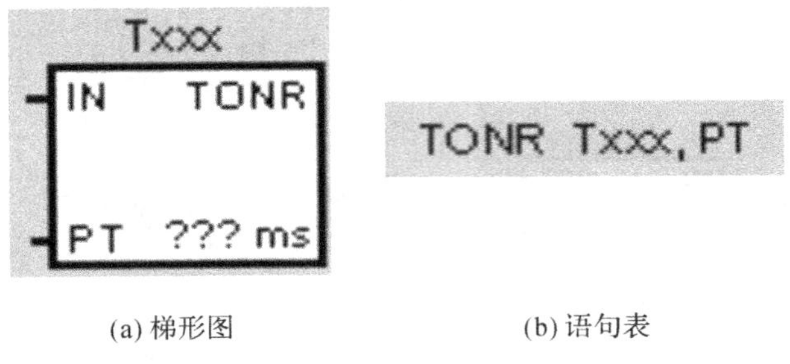

(a) 梯形图　　(b) 语句表

图 2-3-9　TONR 指令

TONR 指令的应用如图 2-3-10 所示，其工作原理与接通延时定时器大体相同。当定时器的起动信号 I0.0 断开时，定时器的当前值 SV＝0，定时器 T1 没有信号流流过，不工作。当起动信号 I0.0 由断开变为接通时，定时器开始计，每过一个时基时间，定时器的当前值 SV＝SV＋1。当定时器的当前值 SV 等于其设定值 PT 时，到达定时器的延时时间（10ms×

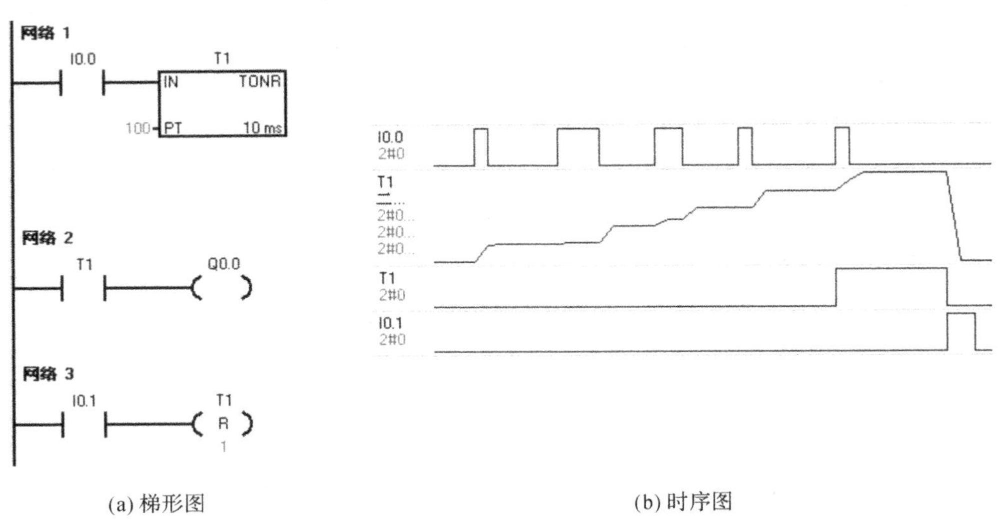

(a) 梯形图　　(b) 时序图

图 2-3-10　TONR 指令的应用

100＝1000ms＝1s)，这时定时器的常开触点由断开变为接通，线圈 Q0.0 有信号流流过。在定时器的常开触点状态改变后，定时器继续计时，直到 SV＝＋32767(最大值)时，才停止计时，SV 将保持＋32767 不变。只要 SV≥PT 值，定时器的常开触点就接通。如果不满足这个条件，则定时器的常开触点断开。

TONR 指令与 TON 指令不同之处在于，TONR 指令的 SV 值是可以记忆的。当 I0.0 从断开变为接通后，维持的时间不足以使得 SV 达到 PT 值时，I0.0 又从接通变为断开，这时 SV 可以保持当前值不变；I0.0 再次从断开变为接通时，SV 在保持值的基础上累积，当 SV 等于 PT 值时，T1 的常开触点仍可由断开变为接通。

只有复位信号 I0.1 接通时，定时器 T1 才能停止计时，其当前值 SV 被复位清零(SV＝0)，常开触点复位断开，线圈 Q0.0 没有信号流流过。

三、使用定时器指令的注意事项

(1)定时器的作用是进行精确定时，应用时要注意恰当地使用不同时基的定时器，以提高定时器的时间精度。

(2)定时器指令应与定时器编号应保证一致，符合表 2-3-1 的规定，否则会显示编译错误。

(3)在同一个程序中，不能使用两个相同的定时器编号，否则会导致程序执行时出错，无法实现控制要求。

四、定时范围的扩展方法

S7-200PLC 中定时器的最长定时时间为 3276.7s，如果需要更长的定时时间，可以采用几个定时器延长定时范围。

如图 2-3-11 所示的电路中，I0.0 断开时，定时器 T37、T38 都不能工作。I0.0 接通时，定时器，T37 有信号流流过，定时器开始计时。当 SV＝18000 时，达到定时器 T37 延时时间

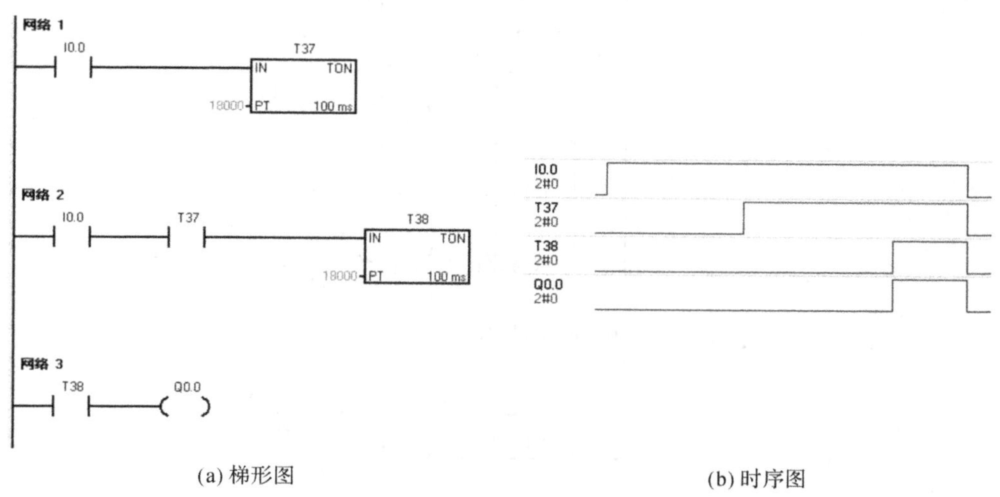

(a) 梯形图　　(b) 时序图

图 2-3-11　采用几个定时器延长定时范围

(0.5h),T37 的常开触点由断开变为接通,定时器 T38 有信号流流过,开始计时。当 SV=18000 时,到达定时器,T38 延时时间(0.5h),T38 的常开触点由断开变为接通,线圈 Q0.0 有信号流流过。这种延长定时范围的方法形象地称为接力定时法。

五、根据电气控制线路图设计梯形图的方法

PLC 使用与电气控制电路图极为相似的梯形图语言。如果用 PLC 改造电气控制电路,根据电气控制电路图来设计梯形图是一条捷径。这是因为原有的电气控制电路经过长期使用和考验,已经被证明能完成系统要求的控制功能,而电气控制电路图又与梯形图有很多相似之处,因此可以将电气控制电路图"翻译"成梯形图,即用 PLC 的外部硬件接线和梯形图软件来实现电气控制电路的功能。

这种设计方法一般不需要改动控制面板,保持了系统原有的外部特性,操作人员不用改变长期形成的操作习惯。将电气控制电路图转换成为功能相同的 PLC 的外部接线图和梯形图的步骤如下:

(1)了解和熟悉被控设备的工艺过程和机械的动作情况,根据电气控制电路图分析和掌握控制系统的工作原理,这样才能做到设计和调试控制系统时心中有数。

(2)确定 PLC 的输入信号和输出负载,以及与它们对应的梯形图中输入/输出的位地址,画出 PLC 的外部接线。

(3)确定与电气控制电路图的中间继电器、时间继电器对应的梯形图中位存储器 M 和定时器 T 的地址。这两步建立了电气控制电路图中的元器件和梯形图中的位地址之间的对应关系。

(4)根据上述对应关系画出梯形图。

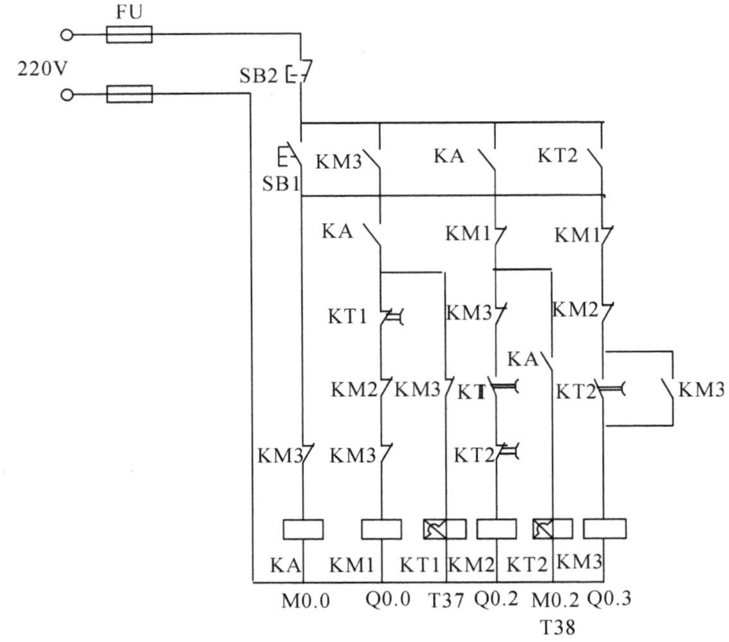

图 2-3-12 电气控制电路

图 2-3-12 为某三速异步电动机起动和自动加速的电气控制电路图，图 2-3-9 和图 2-3-10为实现相同功能的 PLC 控制系统的外部接线和梯形图。

电气控制电路中的交流接触器和电磁阀等执行机构可以当作 PLC 的输出位来控制，它们的线圈接在 PLC 的输出端。按钮、控制开关、限位开关、光敏开关等用来给 PLC 提供控制命令和反馈信号，它们的触点接在 PLC 的输入端，一般根据现场实际情况选择触点类型。电气控制电路中的中间继电器和时间继电器(如图 2-3-12 中的 KA、KT1，和 KT2)的功能用 PLC 内部的位存储器和定时器来完成，它们与 PLC 的输入端/输出端无关。

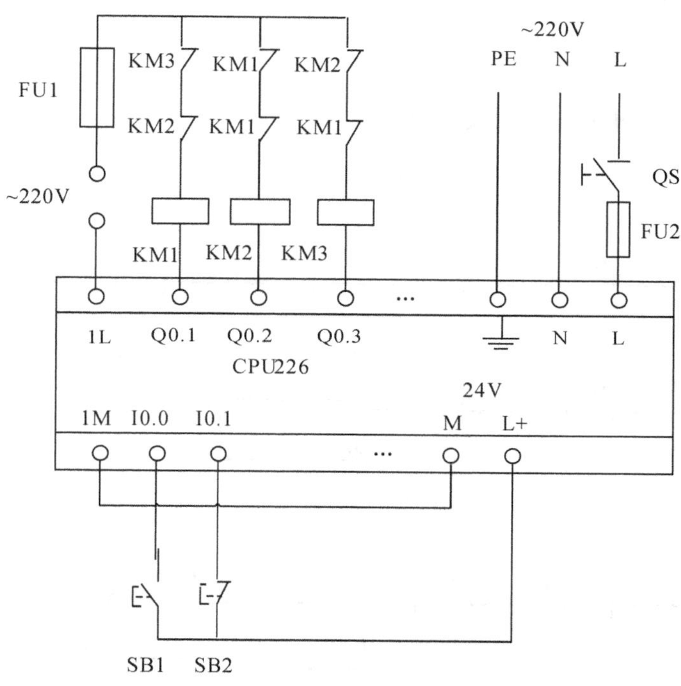

图 2-3-13　PLC 外部接线

在图 2-3-12 中，右边的时间继电器 KT2 的触点是瞬动触点，即该触点在 KT2 线圈通电的瞬间接通。在梯形图中，在与 KT2 对应的定时器 T38 并联有 M0.2 的线圈，用 M0.2 的常开触点来代替 KT2 的瞬动触点。

六、根据电气控制线路图设计梯形图的注意事项

1. 应遵守梯形图编程的基本规则

对于图 2-3-12 中控制 KM1 和 KT1 线圈那样的电路，即两条包含触点和线圈的串联电路并联，如果用语句表编程，需使用进栈(LPS)、读栈(LRD)和出栈(LPP)指令，为了减少语句的条数，可以将各线圈的控制电路分开来设计，如图 2-3-14 所示。若用梯形图语言编程，可以不考虑这个问题。

2. 设置中间单元

在梯形图中，若多个线圈都受某一触点串并联电路的控制，为了简化程序，在梯形图中

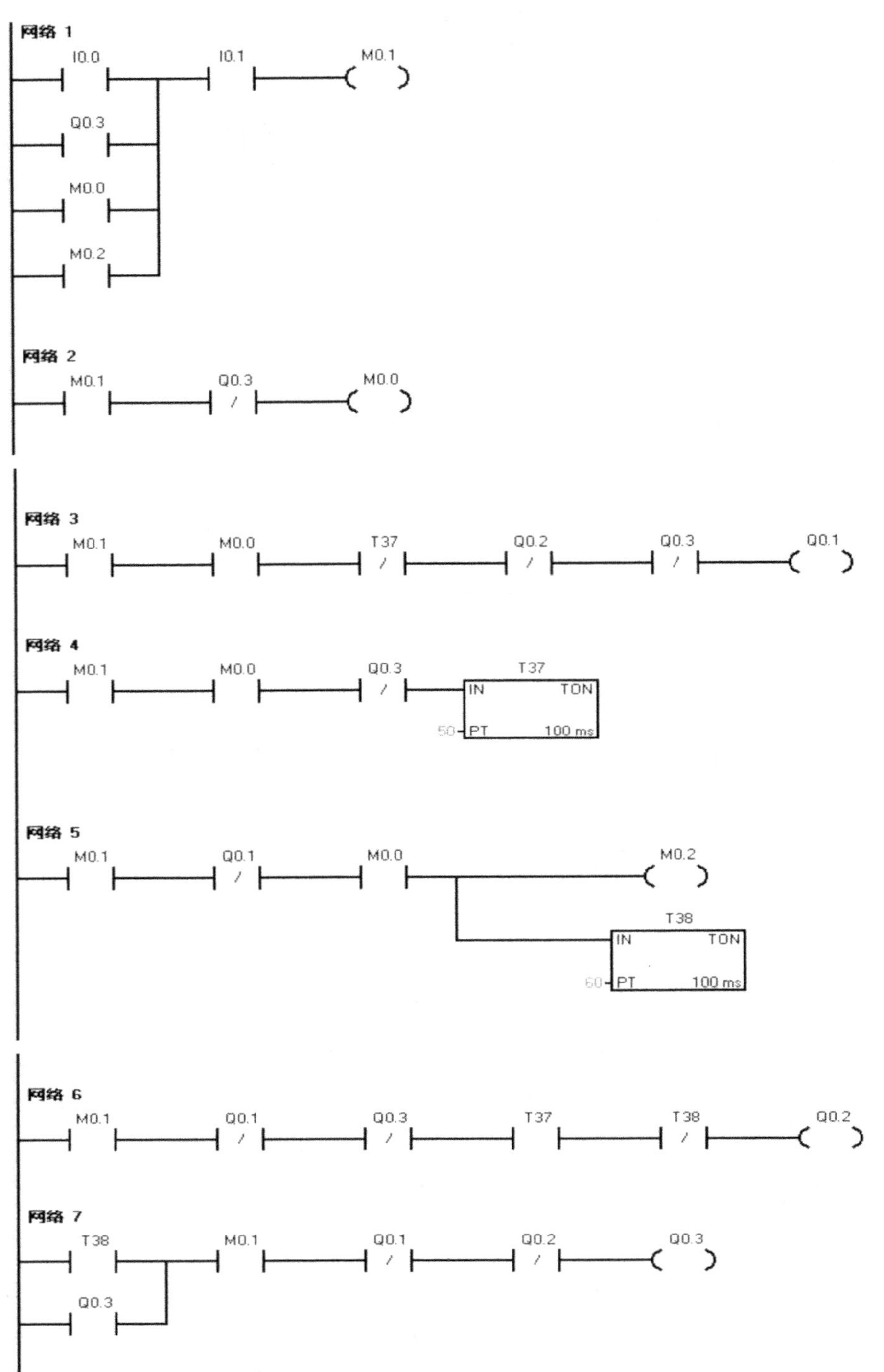

图 2-3-14　PLC 的梯形图

可设置该电路控制的存储器位(如图 2-3-14 中的 M0.1)。位存储器用来保存控制继电器的中间操作状态或其他控制信息,其标识符为 M。位存储器相当于中间继电器,其常开触点和常闭触点都可以多次使用。

3. 设立外部联锁电路

图 2-3-8 中的 KM1、KM2、KM3 的线圈不能同时通电,除了在梯形图中设置与它们对应输出位的线圈串联的常闭触点组成的联锁电路外,还应在 PLC 外部设置硬件联锁电路。

工作任务

取证要点见表 2-3-5。

表 2-3-5 考证要点

理论知识考核点		技能操作考核点	
PLC 基础知识的考核		电力设计的技能考核	根据电气控制电路图设计梯形图的方法
编程指令应用知识的考核	S7—200 定时器指令的基本格式和功能	安装与接线的技能考核	在接触器的线圈电路串联对方的常闭触电实现电气联锁
		程序输入及调试的技能考核	

1. S7-200 型 PLC 的定时器包括接通延时定时器、断开延时定时器和有记忆接通延时定时器三种类型。

2. 定时器预设值 PT 采用的寻址方式为字寻址。

3. 定时器的两个变量是当前值和位值。

4. 梯形图编程中“TONR”指令的功能是有记忆接通延时定时器。

5. 梯形图编程中用“TOF”指令表示断开延时定时器。

6. 时基时间为 100ms 的接通延时定时器编号为T37～T63、T101～T255。

7. 时基时间为 10ms 的定时器最大定时范围是327.67s。

8. 用 PLC 改造带 Y-△减压起动的正反转控制电路。

控制要求:用 PLC 改造如图 2-3-15 所示的带 Y-△减压起动的正反转控制电路。

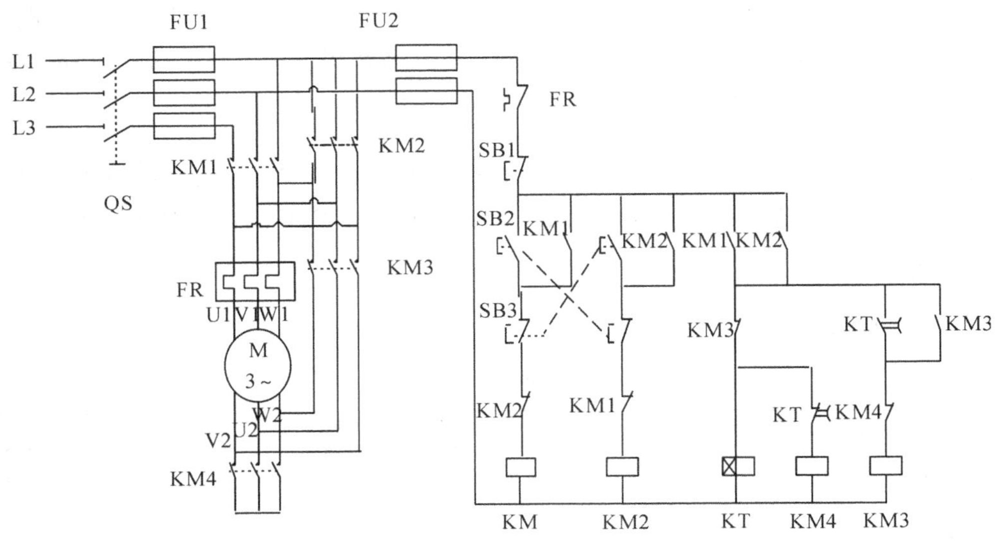

图 2-3-15　带 Y-△减压起动的正反转控制电路

任务四　PLC 控制指示灯闪烁计数

知识目标：1)通过任务进一步熟练掌握 STEP7 Micro/WIN32 软件的使用；

2)掌握 S7-200 计数器指令的工作原理和使用方法。

技能目标：1)正确选用计数器指令编写控制程序；

2)具备独立分析问题，使用经验设计法编写控制程序的基本技能。

素质目标：1)树立正确的学习目标，培养团结协作的意识；

2)培养和树立安全生产、文明操作的意识。

工作任务

设计某一指示灯调试程序，要求按下启动按钮后指示灯点亮三秒后熄灭两秒，如此这样循环 10 次后自动熄灭。若在循环过程中按下复位按钮，则循环过程立即结束指示灯熄灭，待重新按下启动按钮循环过程重新开始。

由控制要求可知该任务有对时间的要求，用到了定时器指令；还有对次数的要求，这时我们应当使用 PLC 内部的增计数器指令(CTU)实现计数功能。所以，在本任务中将重点学习 S7-200PLC 中计数器的应用。

相关理论

一、增计数器指令(CTU)

CTU 指令的梯形图如图 2-4-1(a)所示，由增计数器标识符 CTU、计数脉冲输入端 CU、复位信号输入端 R、设定值 PV 和计数器编号 Cn 构成。其语句表如图 2-4-1(b)所示，由增

计数器操作码 CTU、计数器编号 Cn 和设定值 PV 构成。

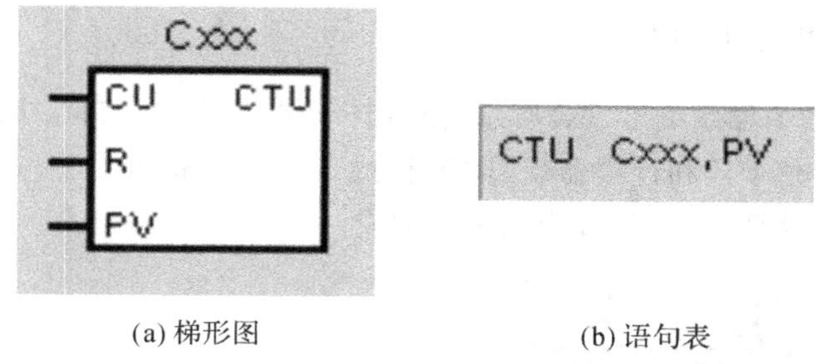

(a) 梯形图　　(b) 语句表

图 2-4-1　加计数器指令 CTU

CTU 指令的应用如图 2-4-2 所示，增计数器的复位信号 I0.1 接通时，计数器 C0 的当前值 SV=0，计数器不工作。当复位信号 I0.1 断开时，计数器 C0 可以工作。每当一个计数脉冲到来时(即 I0.0 接通一次)，计数器的当前值 SV=SV+1。当 SV 等于设定值 PV 时，计数器的常开触点接通，线圈 Q0.0 有信号流流过。这时再来计数脉冲时，计数器的当前值仍不断地累加，直到 SV=+32767(最大值)时，才停止计数。只要 SV≥PV，计数器的常开触点维持接通，线圈 Q0.0 就有信号流流过。直到复位信号 I0.1 接通时，计数器的 SV 复位清

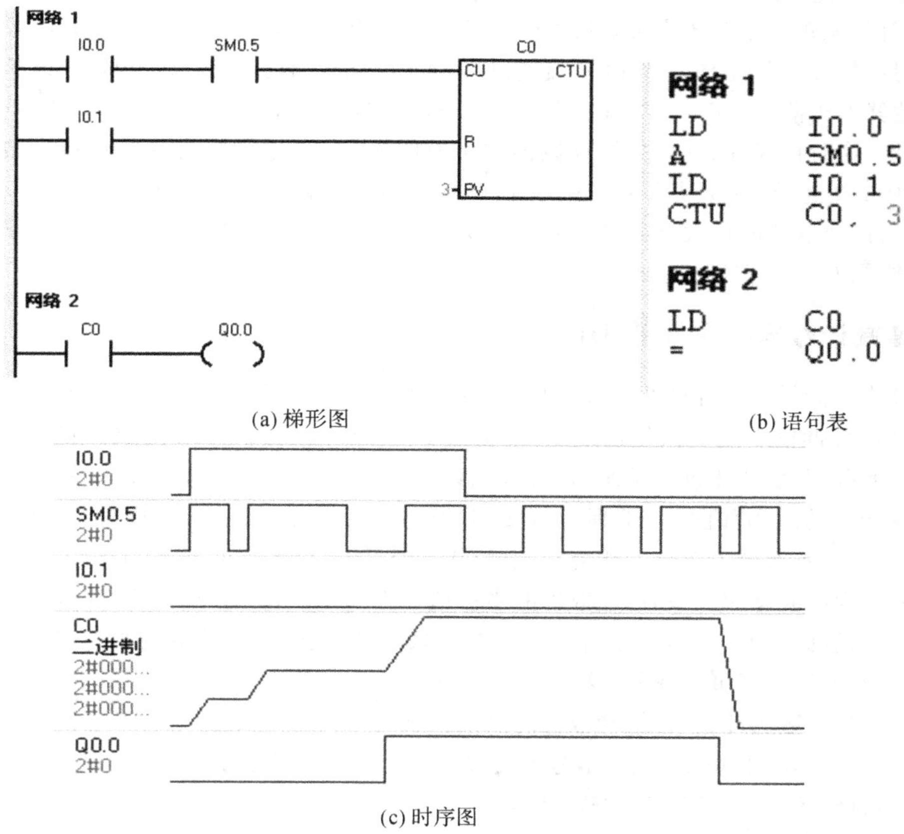

(a) 梯形图　　(b) 语句表

(c) 时序图

图 2-4-2　CTU 指令应用

零，计数器停止工作，其常开触点复位断开，线圈 Q0.0 没有信号流流过。

二、减计数器指令(CTD)

CTD 指令的梯形图如图 2-4-3(a)所示，由减计数器标识符 CTD、计数脉冲输入端 CD、装载输入端 LD、设定值 PV 和计数器编号 Cn 构成。其语句表如图 2-4-3(b)所示，由减计数器操作码 CTD、计数器编号 Cn 和设定值 PV 构成。

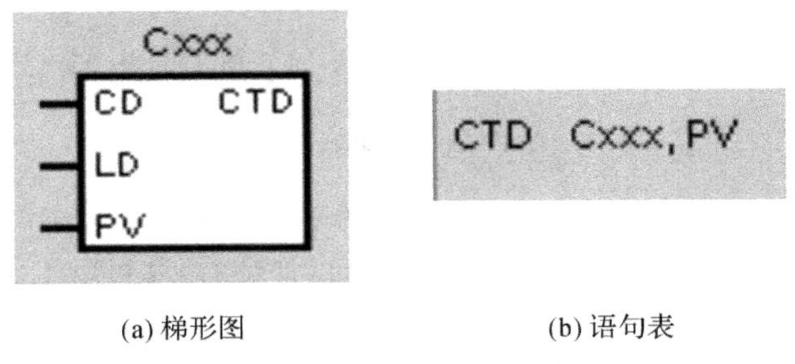

(a) 梯形图　　(b) 语句表

图 2-4-3　减计数器指令 CTD

CTD 指令的应用如图 2-4-4 所示，在装载输入端信号 I0.1 接通时，计数器 C1 的设定值 PV 被装入计数器的当前值寄存器，此时 SV＝PV，计数器不工作。当装载输入端信号 I0.1 断开时，计数器 C1 可以工作。当 I0.0 接通以后，每当一个计数脉冲到来时(即 SM0.5 接通一次)，计数器的当前值 SV＝SV－1。当 SV＝0 时，计数器的常开触点接通，线圈 Q0.0 有信号流流过。这时再来计数脉冲时，计数器的当前值保持 0。这种状态一直保持到装载输入端信号 I0.1 接通，再一次装入 PV 值之后，计数器的常开触点复位断开，线圈 Q0.0 没有信号流流过，计数器才能再次重新开始计数。只有在当前值 SV＝0 时，减计数器的常开触点才接通，线圈 Q0.0 有信号流流过。

三、增减计数器指令(CTUD)

CTUD 指令的梯形图如图 2-4-5(a)所示，由增减计数器标识符 CTUD、增计数脉冲输入端 CU、减计数脉冲输入端 CD、复位端 R、设定值 PV 和计数器编号 Cn 构成。其语句表如图 2-4-5(b)所示，由增减计数器操作码 CTUD、计数器编号 Cn 和设定值 PV 构成。

CTUD 指令的应用如图 2-4-6 所示，CTUD 指令在复位信号 I0.2 接通时，计数器 C48 的当前值 SV＝0，计数器不工作。当复位信号 I0.2 断开时，计数器 C48 可以工作。

每当一个增计数脉冲到来时，计数器的当前值 SV＝SV－1。当 SV≥PV 时，计数器的常开触点接通，线圈 Q0.0 有信号流流过。这时再来增计数脉冲，计数器的当前值仍不断地累加，直到 SV＝＋32767 时，停止计数。

每当一个减计数脉冲到来时，计数器的当前值 SV＝SV－1。当 SV＜PV 时，计数器的常开触点复位断开，线圈 Q0.0 没有信号流流过。这时再来减计数脉冲，计数器的当前值仍不断地递减，直到 SV＝-32767 时，停止计数。

复位信号 I0.2 接通时，计数器的 SV 复位清零，计数器停止工作，其常开触点复位断开，线圈 Q0.0 没有信号流流过。

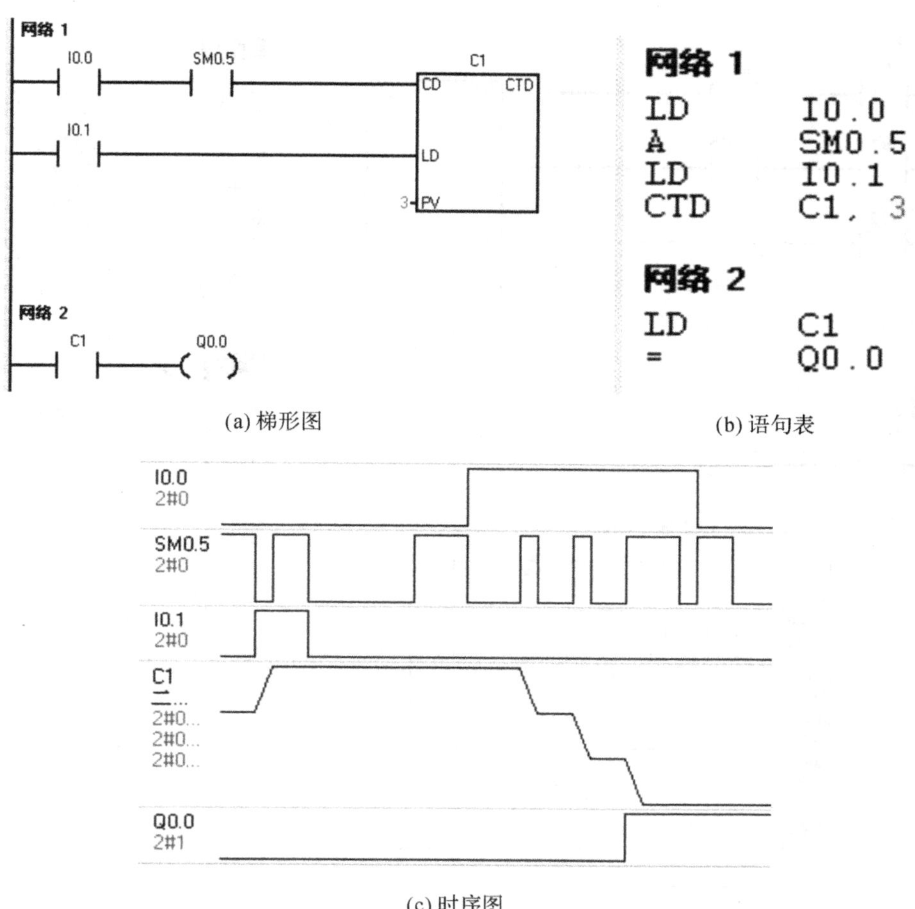

(a) 梯形图　　(b) 语句表

(c) 时序图

图 2-4-4　CTD 指令应用举例

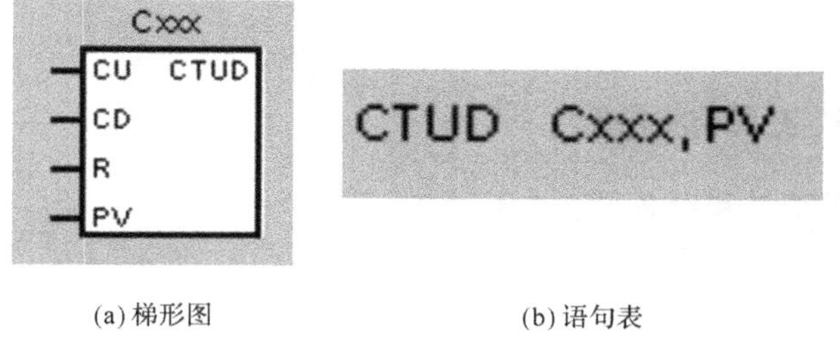

(a) 梯形图　　(b) 语句表

图 2-4-5　增减计数器指令 CTUD

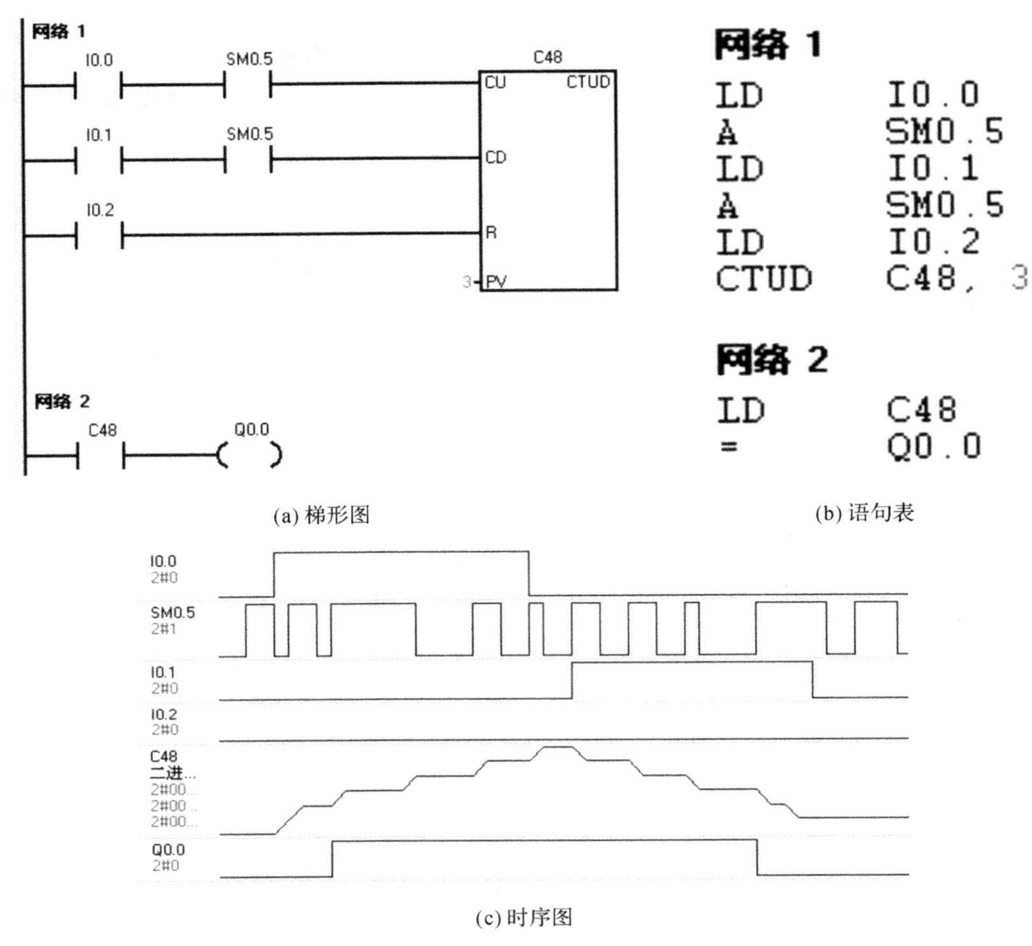

(a) 梯形图　　(b) 语句表

(c) 时序图

图 2-4-6　CTUD 指令应用举例

任务实施

一、准备设备、工具和材料

完成本任务所需工具和设备见表 2-4-1。

表 2-4-1

编号	分类	名称	规格型号	数量	备注
1	工具	电工工具		1 套	
2	设备器材	万用表	MF47 型	1 块	
3		3PLC	S7-200 系列 (CPU224XP)	1 台	
4		计算机	联想家悦或自选	1 台	
5		SETP7 V4.0 编程软件	PPI	1 套	
6		安装绝缘板	600mm×900mm	1 块	
7		空气断路器	Multi9 C65N D20 或自选	1 只	
8		熔断器	RT28-32	2 只	
9		接触器	NC3-09/220 或自选	1 只	
10		按钮	LA4-3H	2 只	
11		限为开关	FTSB1-111 或自选	3 只	
12		控制变压器	JBK300 380/220	1 只	
13		端子	D-20	1 排	
14	材料	多股软铜线	BVR1/1.37mm^2	限量	主电路
15		多股软铜线	BVR1/1.13mm^2	限量	控制电路
16		软线	BVR7/0.75mm^2	限量	
17		紧固件	M4×20 螺钉	若干	
18					
19			M4×12 螺钉	若干	
20			Φ4 平垫圈	若干	
21		异型管		1 米	

二、I/O 分配

根据任务分析,对输入量/输出量进行分配见表 2-4-2。

表 2-4-2　I/O 分配

输入映像寄存器	功　能	输出映像寄存器	功　能
I0.0	开始按钮	Q0.0	指示灯
I0.1	复位按钮		

三、绘制 PLC 硬件接线图

根据任务分析,按照图 2-4-7 所示进行 PLC 硬件接线。

四、编辑符号表

编辑符号表如图 2-4-8 所示。

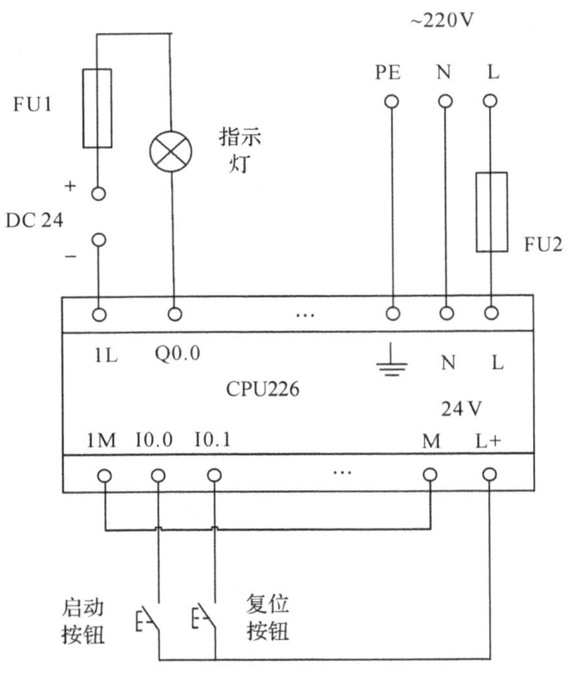

图 2-4-7　PLC 硬件接线

			符号	地址	注释
1			开始按钮	I0.0	
2			复位按钮	I0.1	
3			指示灯	Q0.0	
4					
5					

图 2-4-8　符号表

五、设计梯形图程序

根据控制要求可知本程序不仅需要在闪烁时间上的精确控制，还需要在闪烁次数上的准确统计，我们可从这两个要点入手尝试编写程序，指示灯闪烁计数控制程序如图 2-4-9 所示。

检查评价

根据表 2-4-3 中评分标准内容，对学生任务完成情况及学生在完成任务期间的表现进行评价。

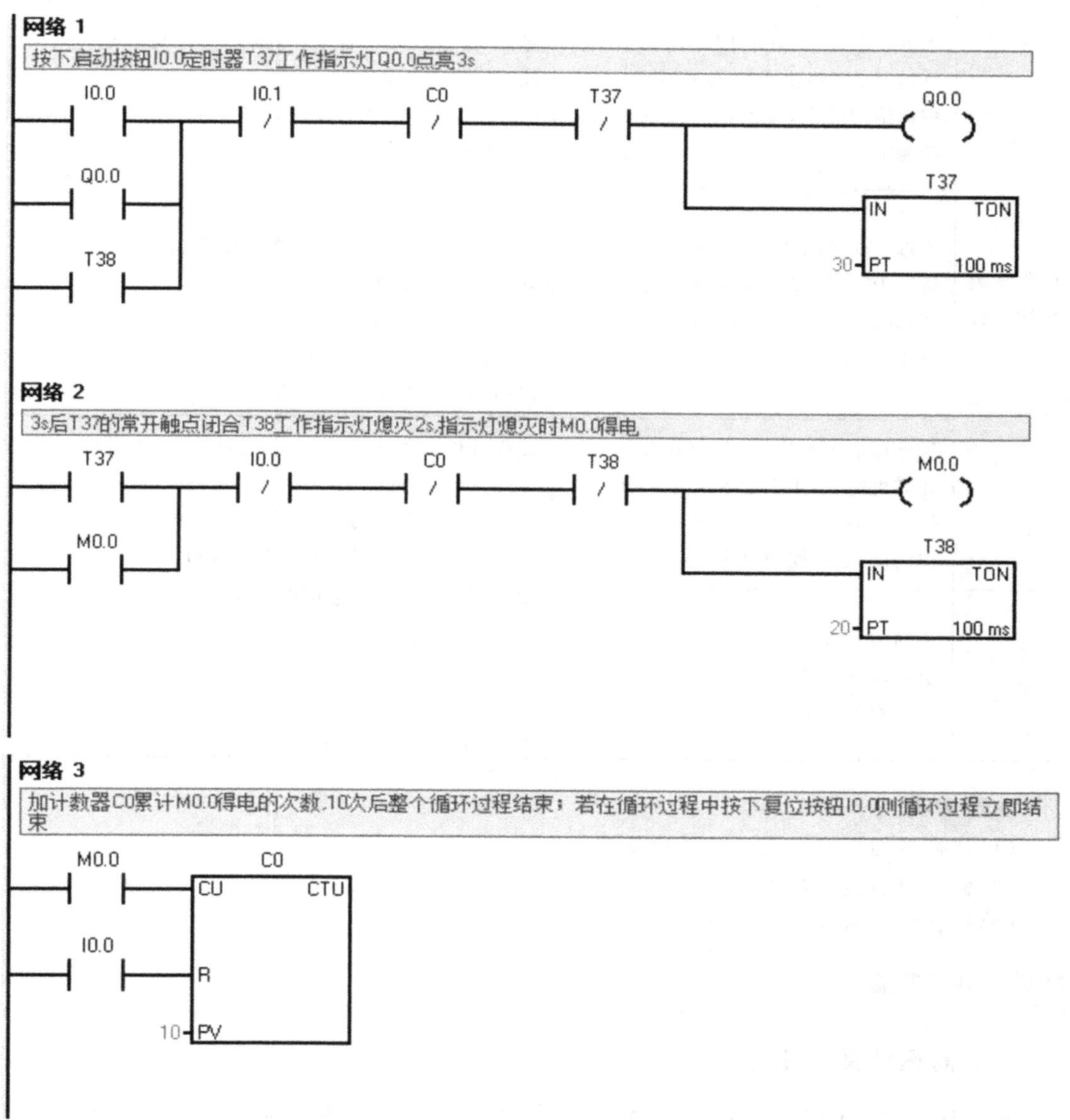

图 2-4-9　指示灯闪烁计数控制程序

表 2-4-3 评分标准

主要内容	考核要求	配分	评分标准	得分
硬件安装程序设计	根据任务要求,分配 PLC 的 I/O 地址,并列出地址分配表。根据给定要求,设计顺序控制功能图。	15	输入/输出分配不合理,每出现一处地址遗漏或错误扣 1 分; 顺序功能图设计不合理或错误,每处扣 2 分,画法不规范,每处扣 1 分。	
	根据 PLC 的 I/O 地址分配表,设计 PLC 外部硬件接线原理图,并能正确安装接线,接线要正确、紧固、美观。	20	PLC 的外部硬件接线原理图设计不正确,每出现一处错误扣 2 分,并按照错误设计进行硬件接线每处加扣 2 分; 接线不紧固、不美观、每处扣 2 分; 连接点松动、遗漏,每处扣 0.5 分; 损伤导线绝缘或线芯,每根扣 0.5 分。	
	设计梯形图程序,并熟练操作计算机输入 PLC 程序;按照被控制设备的动作要求进行模拟调试,达到控制要求。	50	编程软件应用不熟练,不会用删除、插入、修改等指令,每处扣 2 分 程序下载运行后,1 次试车不成功口 8 分,2 次不成功口 15 分,3 次不成功口 30 分	
安全操作文明协作	正确使用工具和无操作不当引起设备损坏,遵守国家相关专业安全文明成产规程。	15	工具操作不当导致损坏设备每出现一处扣 3 分,仪表使用错误扣 3 分,带电插拔导线每出现一次 1 分; 实验操作完毕工位不清洁,工具不清理,每组同学各扣 2 分。	

注意事项:

(1)计数器指令应当是短时脉冲信号。

(2)需要理解边沿触发指令在程序中的作用。

(3)计数器复位信号的选择。

知识拓展

一、高速计数器指令

普通计数器受 CPU 扫描速度的影响,是按照顺序扫描的方式进行工作。在每个扫描周期中,对计数脉冲只能进行一次累加;当脉冲信号的频率比 PLC 的扫描频率高时,如果仍采用普通计数器进行累加,必然会丢失很多输入脉冲信号。在 PLC 中,对比扫描频率高的输入信号的计数可使用高速计数器指令来实现。

在 S7-200 的 CPU22X 中,高速计数器数量及其地址编号如表 2-4-4 所示。

表 2-4-4 高速计数器数量及编号

CPU 类型	CPU221	CPU222	CPU224	CPU226
高速计数器数量	4		6	
高速计数器编号	HC0,HC3～HC5		HC0～HC5	

1. 高速计数器指令

高速计数器的指令包括:定义高速计数器指令 HDEF 和执行高速计数指令 HSC,如表 2-4-5 所示。

表 2-4-5　高速计数器指令

HDEF	HSC
HDEF EN ENO ????-HSC ????-MODE	HSC EN ENO ????-N

(1)定义高速计数器指令 HDEF

HDEF 指令功能是为某个要使用的高速计数器选定一种工作模式。每个高速计数器在使用前,都要用 HDEF 指令来定义工作模式,并且只能用一次。它有两个输入端:HSC 为要使用的高速计数器编号,数据类型为字节型,数据范围为 0～5 的常数,分别对应 HC0～HC5;MODE 为高速计数的工作模式,数据类型为字节型,数据范围为 0～11 的常数,分别对应 12 种工作模式。当准许输入使能 EN 有效时,为指定的高速计数器 HSC 定义工作模式 MODE。

(2)执行高速计数指令 HSC

HSC 指令功能是根据与高速计数器相关的特殊继电器确定控制方式和工作状态,使高速计数器的设置生效,按照指令的工作模式执行计数操作。它有一个数据输入端 N。为高速计数器的编号,数据类型的字型,数据范围为 0～5 的常数,分别对应高速计数器 HC0～HC5,当准许输入 EN 使能有效时,启动 N 号高速计数器工作。

2. 高速计数器的输入端

高速计数器的输入端不像普通输入端那样有用户定义,而是由系统指定的输入点输入信号,每个高速计数器对它所支持的脉冲输入端,方向控制,复位和启动都有专用的输入点,通过比较或中断完成预定的操作。每个高速计数器专用的输入点如表 2-4-6 所示。

表 2-4-6　高速计数器的输入点

高速计数器标号	输入点	高速计数器标号	输入点
HC0	I0.0,I0.1,I0.2	HC3	I0.1
HC1	I0.6,I0.7,I1.0,I1.1	HC4	I0.3,I0.4,I0.5
HC2	I1.2,I1.3,I1.4,I1.5	HC5	I0.4

3. 高速计数器的状态字节

系统为每个高速计数器都在特殊寄存器区 SMB 提供了一个状态字节,为了监视高速计数器的工作状态,执行由高速计数器引用的中断事件,其格式如表 2-4-7 所示。

表 2-4-7　高速计数器的状态字节

HC0	HC1	HC2	HC3	HC4	HC5	描述
SM36.0	SM46.0	SM56.0	SM36.0	SM146.0	SM156.0	不用
SM36.1	SM46.1	SM56.1	SM36.1	SM146.1	SM156.1	
SM36.2	SM46.2	SM56.2	SM36.2	SM146.2	SM156.2	
SM36.3	SM46.3	SM56.3	SM36.3	SM146.3	SM156.3	
SM36.4	SM46.4	SM56.4	SM36.4	SM146.4	SM156.4	
SM36.5	SM46.5	SM56.5	SM36.5	SM146.5	SM156.5	当前计数的状态位:0 为减计数,1 为增计数。
SM36.6	SM46.6	SM56.6	SM36.6	SM146.6	SM156.6	当前值等于设定值的状态位:0 为不等于,1 为等于。
SM36.7	SM46.7	SM56.7	SM36.7	SM146.7	SM156.7	当前值大于设定值得状态位:0 为小于等于,1 为大于。

只有执行高速计数器的中断程序时,状态字节的状态位才有效。

4. 高速计数器的工作模式

高速计数器有 12 种不同的工作模式(0～11),分为 4 类。每个高速计数器都有多种工作模式,可以通过编程的方法,使用定义高速计数器指令 HDEF 来选定工作模式。

各个高速计数器的工作模式:

(1)高速计数器 HC0 是一个通用的增减计数器,工有 8 种模式,可也通过编程来选择不同的工作模式,HC0 的工作模式如表 2-4-8 所示。

表 2-4-8　HC0 的工作模式

<table>
<tr><th>模式</th><th colspan="2">描述</th><th>控制位</th><th>I0.0</th><th>I0.1</th><th>I0.2</th></tr>
<tr><td>0</td><td colspan="2" rowspan="2">内部方向控制的单向增/减计数器</td><td>SM37.3=0,减</td><td rowspan="2">脉冲</td><td rowspan="2"></td><td></td></tr>
<tr><td>1</td><td>1SM37.3=1,增</td><td>复位</td></tr>
<tr><td>3</td><td colspan="2" rowspan="2">外部方向控制的单向增/减计数器</td><td>I0.1=0,减</td><td rowspan="2">脉冲</td><td rowspan="2">方向</td><td></td></tr>
<tr><td>4</td><td>方向 4I0.1=1,增</td><td>复位</td></tr>
<tr><td>6</td><td colspan="2" rowspan="2">增/减计数脉冲输入控制的双向计数器</td><td rowspan="2">外部输入控制</td><td rowspan="2">曾计数脉冲</td><td rowspan="2">减计数脉冲</td><td></td></tr>
<tr><td>7</td><td>复位</td></tr>
<tr><td>9</td><td rowspan="2">A/B 相正交计数器</td><td>A 超前 B,曾计数</td><td rowspan="2">外部输入控制</td><td rowspan="2">A 相脉冲</td><td rowspan="2">B 相脉冲</td><td></td></tr>
<tr><td>10</td><td>B 超前 A,减计数</td><td>复位</td></tr>
</table>

(2)高速计数器 HC1 共有 12 种操作模式如表 2-4-9 所示。

表 2-4-9 HC1 的操作模式

<table>
<tr><th>模式</th><th>描述</th><th>控制位</th><th>I0.6</th><th>I0.7</th><th>I1.0</th><th>I1.1</th></tr>
<tr><td>0</td><td rowspan="3">内部方向控制的单向增/减计数器</td><td rowspan="3">SM47.3=0,减
SM47.3=1,增</td><td rowspan="3">脉冲</td><td rowspan="3"></td><td></td><td rowspan="2"></td></tr>
<tr><td>1</td><td rowspan="2">复位</td></tr>
<tr><td>2</td><td>启动</td></tr>
<tr><td>3</td><td rowspan="3">外部方向控制的单向增/减计数器</td><td rowspan="3">I0.7=0,减
I0.7=1,增</td><td rowspan="3">脉冲</td><td rowspan="3">方向</td><td></td><td rowspan="2"></td></tr>
<tr><td>4</td><td rowspan="2">复位</td></tr>
<tr><td>5</td><td>启动</td></tr>
<tr><td>6</td><td rowspan="3">增/减计数脉冲输入控制的双向计数器</td><td rowspan="3">外部输入控制</td><td rowspan="3">曾计数脉冲</td><td rowspan="3">减计数脉冲</td><td></td><td rowspan="2"></td></tr>
<tr><td>7</td><td rowspan="2">复位</td></tr>
<tr><td>8</td><td>启动</td></tr>
<tr><td>9</td><td rowspan="3">A/B 相正交计数器
A 超前 B,曾计数
B 超前 A,减计数</td><td rowspan="3">外部输入控制</td><td rowspan="3">A 相脉冲</td><td rowspan="3">B 相脉冲</td><td></td><td rowspan="2"></td></tr>
<tr><td>10</td><td rowspan="2">复位</td></tr>
<tr><td>11</td><td>启动</td></tr>
</table>

(3)高速计数器 HC2 共有 12 种操作模式,如表 2-4-10 所示。

表 2-4-10 HC2 的操作模式

模式	描述	控制位	I1.2	I1.3	I1.4	I1.5
0	内部方向控制的单向增/减计数器	SM573=0,减 SM57.3=1,增	脉冲			
1					复位	
2						启动
3	外部方向控制的单向增/减计数器	I1.3=0,减 I1.3=1,增	脉冲	方向		
4					复位	
5						启动
6	增/减计数脉冲输入控制的双向计数器	外部输入控制	曾计数脉冲	减计数脉冲		
7					复位	
8						启动
9	A/B 相正交计数器 A 超前 B,曾计数 B 超前 A,减计数	外部输入控制	A 相脉冲	B 相脉冲		
10					复位	
11						启动

(4)高速计数器 HC3 只有一种操作模式,如表 2-4-11 所示。

表 2-4-11 HC3 的操作模式

模式	描述	控制位	I0.1
0	内部方向控制的单向增/减计数器	SM137.0=0,减 SM137.3=1,增	脉冲

(5)高速计数器 HC4 有 8 操作模式,如表 2-4-12 所示。

表 2-4-12 HC4 的操作模式

模式	描述		控制位	I0.3	I0.4	I0.5
0	内部方向控制的单向增/减计数器		SM147.3=0,减	脉冲		
1			1SM147.3=1,增			复位
3	外部方向控制的单向增/减计数器		I0.1=0,减	脉冲	方向	
4			方向 4I0.1=1,增			复位
6	增/减计数脉冲输入控制的双向计数器		外部输入控制	增计数脉冲	减计数脉冲	
7						复位
9	A/B 相正交计数器	A 超前 B,曾计数	外部输入控制	A 相脉冲	B 相脉冲	
10		B 超前 A,减计数				复位

(6)高速计数器 HC5 只有一种操作模式如表 2-4-13 所示。

表 2-4-13 HC5 的操作模式

模式	描述	控制位	I0.4
0	内部方向控制的单向增/减计数器	SM157.3=0,减 SM157.3=1,增	脉冲

5. 高速计数器的控制字节

系统为每个高速计数器都安排了一个特殊寄存器 SMB 作为控制字,可也通过对控制字节指定位的设置,确定高速计数器的工作模式。S7-200 在执行 HSC 指令前,首先要检查与每个高速计数器相关的控制字节,在控制字节中设置了启动输入信号和复位输入信号的有效电平,正交计数器的计数倍率,计数方向采用内部控制的有效电平,是否允许改变计数方向,是否允许更新设定值,是否允许更新当前值,以及是否允许执行高速计数指令。

表 2-4-14 高数计数器的控制字节

HCO	HC1	HC2	HC3	HC4	HC5	描　述
SM37.0	SM47.0	SM57.0	——	SM147.0	——	复位输入控制电平有效值: 0 为高电平有效,1 为低电平有效。
——	SM47.1	SM57.1	——	——	——	启动输入控制电平有效值: 0 为高电平有效,1 为低电平有效。
SM37.2	SM47.2	SM57.2	——	SM147.2	——	倍率选择:0 为 4 倍率,1 为 1 倍率
SM37.3	SM47.3	SM57.3	SM137.3	SM147.3	SM157.3	计数方向控制:0 为减 1 为增
SM37.4	SM47.4	SM57.4	SM137.4	SM147.4	SM157.4	改变计数方向控制:0 为不改变, 1 为准许改变。
SM37.5	SM47.5	SM57.5	SM137.5	SM147.5	SM157.5	改变设定值控制:0 为不改变, 1 为准许改变。
SM37.6	SM47.6	SM57.6	SM137.6	SM147.6	SM157.6	改变当前值控制:0 为不改变, 1 为准许改变。
SM37.7	SM47.7	SM57.7	SM137.7	SM147.7	SM157.7	高速计数控制:0 为禁止计数, 1 为准许计数。

说明：

(1)在高速计数器的12种工作模式中，模式0、模式3、模式6和模式9，是既无启动输入，又无复位输入的计数器，在模式1、模式4、模式7和模式10中，是只有复位输入，而没有启动输入的计数器；在模式2、模式5、模式8和模式11中，是既有启动输入，又有复位输入的计数器。

(2)当启动输入有效时，允许计数器计数；当启动输入无效时，计数器的当前值保持不变；当复位输入有效时，将计数器的当前值寄存器清零；当启动输入无效，而复位输入有效时，则忽略复位的影响，计数器的当前值保持不变；当复位输入保持有效，启动输入变为有效时，则将计数器的当前值寄存器清零。

(3)在S7-200中，系统默认的复位输入和启动输入均为高电平有效，正交计数器为4倍频，如果想改变系统的默认设置，需要设置如上表中的特殊继电器的第0,1,2位。

各个高速计数器的计数方向的控制，设定值和当前值的控制和执行高速计数的控制，是由表2-4-14中各个相关控制字节的第3位至第7位决定的。

6. 高速计数器的当前值寄存器和设定值寄存器

每个高速计数器都有1个32位的经过值寄存器HC0～HC5，同时每个高速计数器还有1个32位的当前值寄存器和1个32位的设定值寄存器，当前值和设定值都是有符号的整数。为了向高速计数器装入新的当前值和设定值，必须先将当前值和设定值以双字的数据类型装入如表2-4-15所列的特殊寄存器中。然后执行HSC指令，才能将新的值传送给高速计数器。

表2-4-15　高速计数器的当前值和设定值

HC0	HC1	HC2	HC3	HC4	HC5	说明
SMD38	SMD48	SMD58	SMD138	SMD148	SMD158	新当前值
SMD42	SMD52	SMD62	SMD142	SMD152	SMD162	新设定值

7. 高速计数器的初始化

由于高速计数器的HDEF指令在进入RUN模式后只能执行1次，为了减少程序运行时间优化程序结构，一般以子程序的形式进行初始化。下面以HC2为例，介绍高速计数器的各个工作模式的初始化步骤。

(1)用SM0.1来调用一个初始化子程序。

(2)在初始化子程序中，根据需要向SMB47装入控制字。例如，SMB47＝16＃F8，其意义是：准许写入新的当前值，准许写入新的设定值，计数方向为曾计数，启动和复位信号为高电平有效。

(3)执行HDEF指令，其输入参数为：HSC端为2(选择2号高速计数器)，MODE端为0/1/2(对应工作模式0、模式1、模式2)。

(4)将希望的当前技术值装入SMD58(装入0可进行计数器的清零操作)。

(5)将希望的设定值装入SMD62。

(6)如果希望捕获当前值等于设定值的中断事件，编写与中断事件号16相关联的中断服务程序。

(7)如果希望捕获外部复位中断事件，编写与中断事件号18相关联的中断服务程序。

(8)执行 ENI 指令。

(9)执行 HSC 指令。

(10)退出初始化子程序。

取证要点

取证要点见表 2-4-16。

表 2-4-16 取证要点

理论知识考核要点		技能操作考核要点	
PLC 基础知识的考核	1. PLC 的特点 2. PLC 扫描周期的含义 3. 计数指令的应用场合	电路设计的技能考核	1. PLC 的 I/O 接线图的规范画法 2. PLC 梯形图程序的正确表述 3. 指令语句表的正确转换
编程指令应用知识的考核	加计数器、减计数器、加减计数器的应用场合的各自特点	安装与接线的技能考核	1. 接线要紧固美观 2. 应按照接线图接线
		程序输入及调试的技能考核	1. 熟练操作计算机 2. 熟悉常用的 STEP7 编程软件功能 3. 正确录入程序

1. S7-200 的计数指令包括加计数器、减计数器、加减计数器。
2. 当计数脉冲输入端和复位输入端都有效时,优先执行复位命令。
3. 计数指令在执行中,当前值大于或等于预置值,计数器的位为 ON。
4. 增计数器指令中,预设值最大能设置到32767。
5. 应用 PLC 控制三台电动机的启动和停止。

控制要求:

(1)当急停按钮 SB3 断开时,正常启动电动机。第一次按启动按钮 SB1,M1 启动正常运行;第二次按启动按钮 SB1,M2 启动正常运行;第三次按启动按钮 SB1,M3 启动正常运行。至此 3 台电动机全部启动正常运转。

(2)这时第一次按停止按钮 SB2,先停止 M3,其他电动机照常运行;第二次按停止按钮 SB2,再停止 M2;第三次按停止按钮 SB2,停止 M1。至此 3 台电动机全部停止运行。

(3)当急停按钮 SB3 接通时,所有电动机都停止运行,启动无效。

任务五 PLC 控制风机监控系统

知识目标:1)利用之前所学指令编写程序完成控制要求;

2)能够独立判断控制目的并选择所用指令。

技能目标:1)合理定制风机监控系统控制程序的 I/O;

2)按照分配好的 I/O 进行电气接线;

3)编辑并下载调试任务程序。

素质目标:1)树立正确的学习目标,培养团结协作的意识;

2)培养和树立安全生产、文明操作的意识。

工作任务

某飞机喷漆车间在喷漆时要保持车间通畅排风,排风系统由三台风机组成,风机工作状态用状态指示灯进行监控。当排风系统中有两台以上风机工作时,指示灯保持连续发光,表示通风状况良好;当只有1台风机工作时,指示灯以0.5Hz频率闪烁报警,表示通风状况不佳,需要检修;当没有风机工作时,指示灯以2Hz频率闪烁报警,报警蜂鸣器发声,车间处于危险状态,需要停工。

相关理论

一、经验设计法简介

所谓经验设计法是依据典型的控制程序和常规的程序设计原则来设计程序,以满足控制系统的要求。这种方法没有普遍的规律可以遵循,具有很大的试探性和随意性,最后的结果不是唯一的,设计所用的时间、设计的质量与设计者的经验有很大的关系,它可以用于较简单的梯形图程序设计。

1. 数字量控制系统的设计方法

数字量控制系统又称开关量控制系统,可以用设计电气控制电路图的方法来设计简单的数字量控制系统的梯形图。即在一些典型程序的基础上,根据被控对象对控制系统的具体要求,不断地修改和完善梯形图。有时需要多次反复地调试和修改梯形图,增加一些中间编程元器件和触点,最后才能得到一个较为满意的结果。

通过前面任务的学习,可总结出3种数字量控制系统的程序设计方法,即采用启保停程序,采用S、R指令设计程序,采用RS触发器指令设计程序。这3种程序设计方法,彼此之间可以相互转换,都可以完成控制要求。

2. 经验设计法中一些典型的控制程序

(1)延时接通/断开程序

如图2-5-1所示为延时接通/断开程序,I0.0的常开触点接通后,T37开始定时,9s后T37的常开触点接通,Q0.1线圈有信号流流过。I0.0为ON时其靠闭触点断开,使T38不工作。

I0.0变为OFF后T38开始定时,7s后T38的常闭触点断开,Q0.1线圈没有信号流流过,T38也停止工作。

(2)闪烁程序

如图2-5-2所示为闪烁程序,其中I0.0的常开触点接通后,T37的IN端为1状态,T37开始定时。2s后到达定时时间,T37的常开触点接通,使Q0.0线圈有信号流流过,同时T38开始定时。3s后T38到达定时时间,T38常闭触点断开,使T37的IN端变为0状态,T37的常开触点断开,使Q0.0线圈没有信号流流过;同时使T38的IN端变为0状态,其常闭触点接通,T37又开始定时。以后Q0.0的线圈将这样周期性地“通电”和“断电”,直到I0.0变为OFF,Q0.0线圈“通电”和“断电”的时间分别等于T38和T37的设定值。

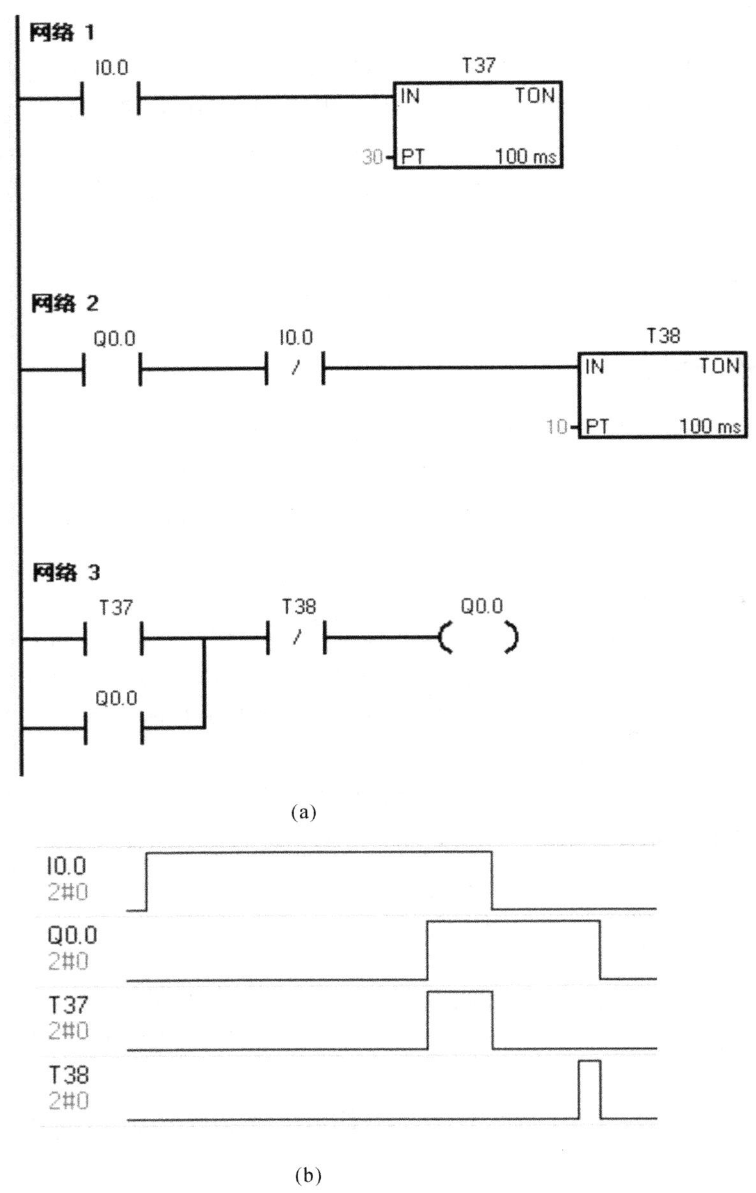

(a)

(b)

图 2-5-1 延时接通/断开程序

图 2-5-2　闪烁程序

闪烁程序相当于一个具有正反馈的振荡电路，T37 和 T38 的输出信号通过它们的触点分别控制对方的线圈，形成了正反馈。

特殊存储器位 SM0.5 的常开(或常闭)触点可提供周期为 1s、占空比为 0.5 的脉冲信号，可以用它来驱动需要闪烁的指示灯。

3. 实际生产线上的程序设计

在企业的实际生产线上，经常会用到各种控制信号，它们之间的联锁关系非常复杂，并且有些场合也不允许输入控制信号直接控制输出对象，必须经过一些中间量的转换，来协调这些复杂的联锁关系，这时可以借助位存储器。

二、PLC 的特点

PLC 之所以被广泛使用，是由于其突出的特点及优越的性能。归纳起来，PLC 主要具有以下特点：

1. 可靠性高

PLC 采用了微电子技术，大量的开关动作由无触点的半导体电路来完成。目前 PLC 的整机平均无故障工作时间一般可达，甚至更高。尤其是近年来开发出的多机冗余系统和表决系统，更进一步增加了 PLC 的可靠性。

2. 环境适应性强

PLC 具有良好的环境适应性，可应用在十分恶劣的工业现场。在电源瞬间断电的情况下，仍可正常工作，具有很强的抗空间电磁干扰的能力，可以抗峰值高达 1000V、脉宽 10μs 的矩形空间电磁干扰，具有良好的抗震能力和抗冲击能力。一般对环境温度要求不高，在环境温度为 20～65℃、相对湿度为 35%～85%情况下均可正常工作。

3. 灵活通用

PLC 产品已经系列化，结构形式多种多样，在机型上有很大的选择余地。其次，同一机型的 PLC 其硬件构成具有很大的灵活性，用户可以根据不同任务的要求，选择不同类型的输入模块/输出模块或特殊功能模块组成不同硬件结构的控制装置。再者，PLC 是利用应用程序实现控制的，在应用程序编制上有较大的灵活性。

在实现不同的控制任务时，PLC 具有良好的通用性。相同的硬件构成的 PLC 用不同的软件可以完成不同的任务。在被控对象的控制逻辑需要改变时，利用 PLC 可以很方便地实现新的控制要求，而利用一般继电器控制却很难实现。

4. 使用方便、维护简单

PLC 控制的输入模块/输出模块、特殊功能模块都具有即插即卸的功能，连接十分容易。

对于逻辑信号，输入/输出均采用开关方式，不需要进行电平转换和驱动放大；对于模拟信号，输入/输出均采用传感器、仪表和驱动设备的标准信号。各个输入/输出模块与外部设备的连接十分简单。整个连接过程仅需要一把螺丝刀即可完成。

PLC 的用户界面十分友好，使用方便。PLC 提供标准通信接口，可以方便地构成 PLC—PLC 网络或计算机—PLC 网络。

PLC 应用程序的编制和调试非常方便，PLC 的编程语言常用的有 3 种，其中梯形图与电气控制电路图很相似，即使不熟悉计算机知识的人也很容易掌握。

PLC 具有监控功能。利用编程器或监视器可以对 PLC 的运行状态、内部数据进行监控或修改。PLC 控制系统的维护非常简单。利用 PLC 的诊断功能和监控功能，可以迅速地查找到故障点，大多数故障都可以及时予以排除。

任务实施

一、准备设备

完成本任务所需工具和设备见表 2-5-1。

表 2-5-1

编号	分类	名称	规格型号	数量	备注
1	工具	电工工具		1 套	
2	设备器材	万用表	MF47 型	1 块	
3		3PLC	S7-200 系列（CPU224XP）	1 台	
4		计算机	联想家悦或自选	1 台	
5		SETP7 V4.0 编程软件	PPI	1 套	
6		安装绝缘板	600mm×900mm	1 块	
7		空气断路器	Multi9 C65N D20 或自选	1 只	
8		熔断器	RT28-32	2 只	
9		接触器	NC3-09/220 或自选	1 只	
10		按钮	LA4-3H	2 只	
11		限为开关	FTSB1-111 或自选	3 只	
12		控制变压器	JBK300 380/220	1 只	
13		端子	D-20	1 排	

续表

编号	分类	名称	规格型号	数量	备注
14	材料	多股软铜线	BVR1/1.37mm²	限量	主电路
15		多股软铜线	BVR1/1.13mm²	限量	控制电路
16		软线	BVR7/0.75mm²	限量	
17		紧固件	M4×20 螺钉	若干	
18			M4×12 螺钉	若干	
19			Φ4 平垫圈	若干	
20					
21		异型管		1 米	

二、I/O 分配

为了实现控制，系统至少需要 3 个输入与 2 个输出，假设所确定对应的输入/输出地址如表 2-5-2 所示。

表 2-5-2　I/O 分配表

输入映像寄存器	功　能	输出映像寄存器	功　能
I0.1	风机 1 工作	Q0.1	报警指示灯
I0.2	风机 2 工作	Q0.2	报警蜂鸣器
I0.3	风机 3 工作		

三、绘制 PLC 硬件接线图

根据任务分析，按照图 2-5-3 所示进行 PLC 硬件接线。

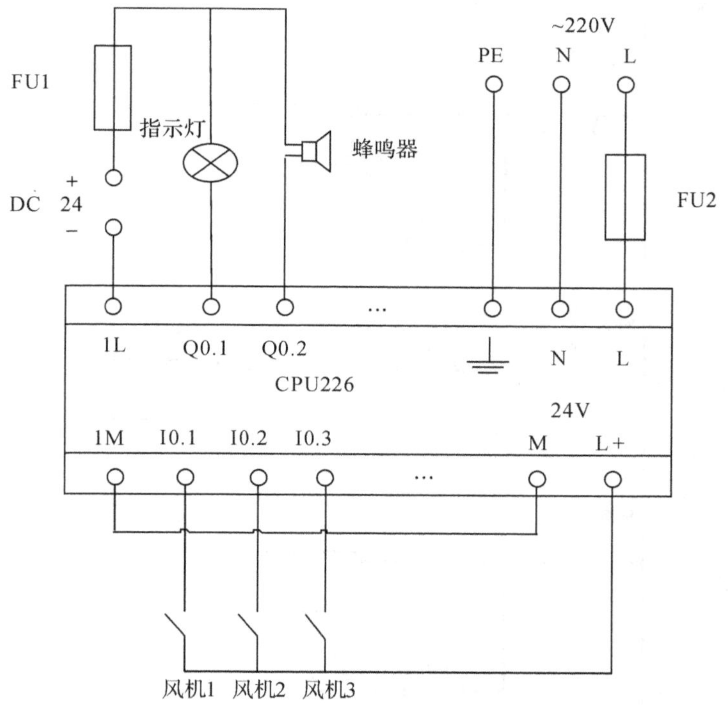

图 2-5-3　PLC 硬件接线图

四、编辑符号表

编辑符号表如图 2-5-4 所示。

			符号	地址	注释
1			风机1工作	I0.1	
2			风机2工作	I0.2	
3			风机3工作	I0.3	
4			报警指示灯	Q0.1	
5			报警蜂鸣器	Q0.2	
6					

图 2-5-4　符号表

五、设计梯形图程序

根据控制要求，利于运用基本控制程序，可以将控制程序分为指示灯闪烁信号生成程序、风机工作状态检测程序、指示灯输出程序和蜂鸣器输出程序。

1. 闪烁信号生成程序

本控制要求中有 2Hz、0.5Hz 两种频率闪烁信号，如图 2-5-5 所示，定时器 T33、T34、

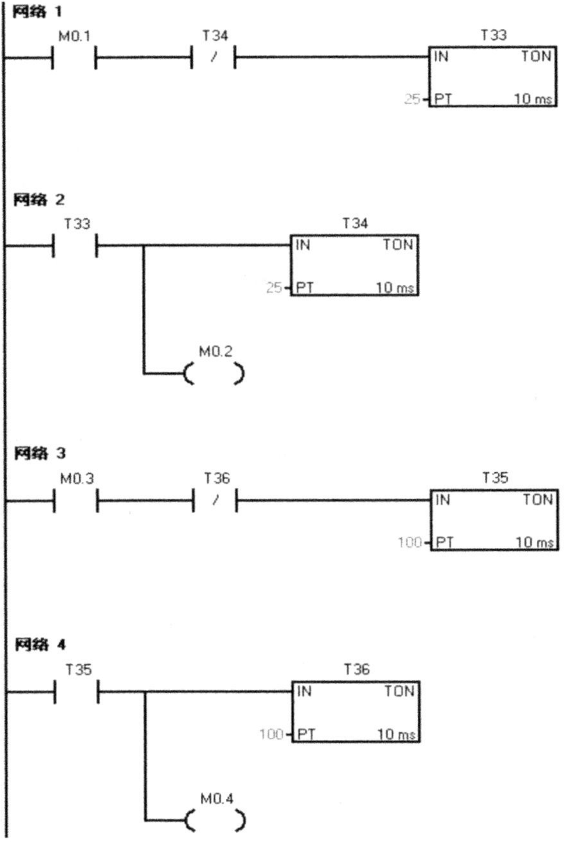

图 2-5-5　闪烁信号程序

T35、T36 的计时单位均为 10ms，定时器 T33、T34 设定为 250ms（PT 设定值为 25），产生 2Hz 频率闪烁信号；定时器 T35、T36 设定为 1s（PT 设定值为 100），产生 0.5Hz 频率闪烁信号。M0.1 为 2Hz 频率闪烁启动信号，M0.2 为 2Hz 频率闪烁输出，M0.3 为 0.5Hz 频率闪烁启动信号，M0.4 为 0.5Hz 频率闪烁输出。

2. 风机工作状态检测程序

风机工作状态检测程序可根据已知条件及 I/O 地址表，分别对两台以上风机运行、只有 1 台风机运行、没有风机运行三种情况进行编程，三种情况对应内部标志位存储器M0.0、M0.3、M0.1，可以得到程序图，如图 2-5-6 所示。

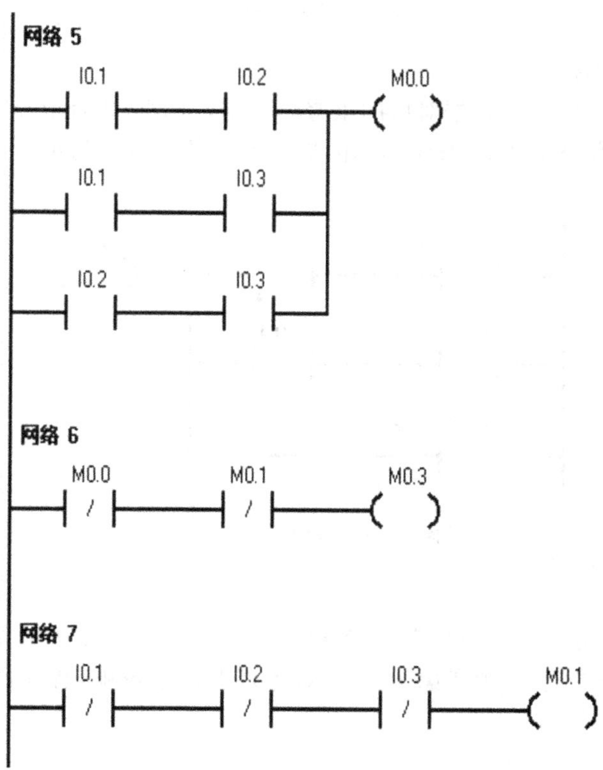

图 2-5-6　风机工作状态检测程序

3. 指示灯输出程序

指示灯输出程序只需要根据风机的运行状态与对应的报警灯要求，将以上两部分程序的输出信号进行合并，并按照规定的输出地址控制输出即可。指示灯输出程序如图 2-5-7 所示。M0.1、M0.3 分别是 M0.2、M0.4 的启动条件，因此利用 M0.2 直接代替 M0.1 与 M0.2“与”运算支路；M0.4 直接代替 M0.3 与 M0.4 的“与”运算支路也可以得到同样的结果。此外，M0.0、M0.3、M0.1 不可能有两个或两个以上同时为“1”的可能性，程序设计时没有再考虑输出程序中的“互锁”条件。

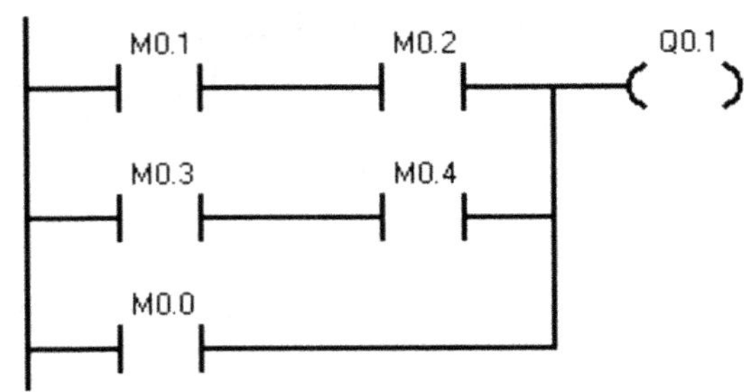

图 2-5-7　指示灯输出程序

4. 蜂鸣器输出程序

蜂鸣器如图 2-5-8 所示。根据对应的报警灯要求，由 M0.2 启动蜂鸣器输出 Q0.2 并自锁，实现连续蜂鸣报警，M0.1 是 2Hz 频率闪烁启动信号，M0.2 得电时，M0.1 闭合。

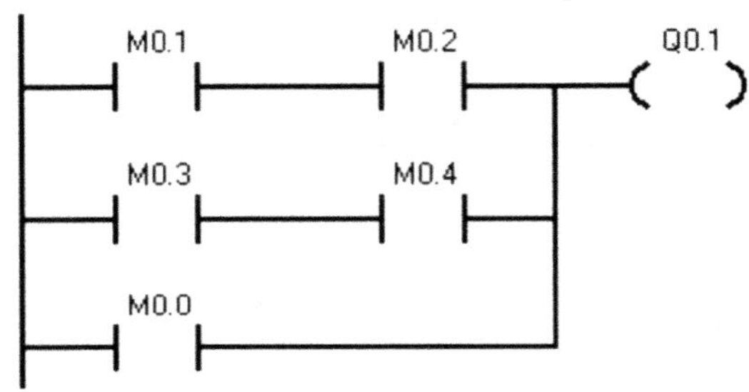

图 2-5-8　蜂鸣器输出程序

5. 完善程序

作为本控制要求的完整实现程序，只需要将以上 4 部分梯形图合并即可，如图 2-5-9 所示。对于指示灯信号来说，无须考虑 1 个 PLC 循环时间的影响，程序的先后次序对实际动作不产生影响。

实例分析：

设计某飞机喷漆车间排风系统状态监控程序时，首先分析系统控制条件，然后根据控制条件将控制程序分为指示灯闪烁信号生成程序、风机工作状态检测程序、指示灯输出程序和蜂鸣器输出程序等四部分，这一些小程序可以方便地用基本或典型控制程序灵活组合。因此，对于一些基本或典型控制程序，需要熟练掌握，并用它们编写一些控制程序，对编程初学者来说是非常重要的。

根据表 2-5-3 中评分标准内容，对学生任务完成情况及学生在完成任务期间的表现进行评价。

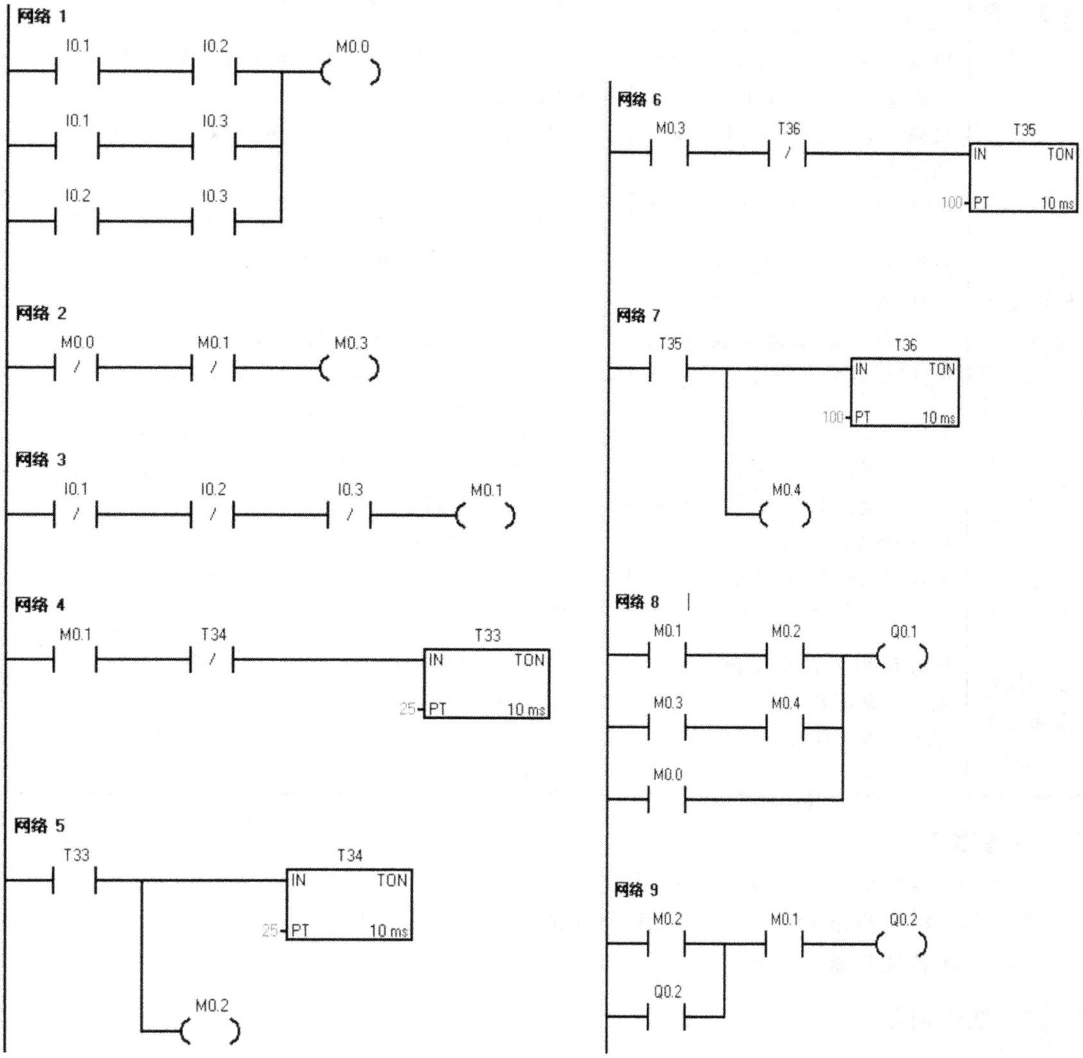

图 2-5-9　风机监控系统控制程序

检查评价

表 2-5-3 评分标准

主要内容	考核要求	配分	评分标准	得分
硬件安装程序设计	根据任务要求,分配 PLC 的 I/O 地址,并列出地址分配表。根据给定要求,设计顺序控制功能图。	15	输入/输出分配不合理,每出现一处地址遗漏或错误扣 1 分; 顺序功能图设计不合理或错误,每处扣 2 分,画法不规范,每处扣 1 分。	
	根据 PLC 的 I/O 地址分配表,设计 PLC 外部硬件接线原理图,并能正确安装接线,接线要正确、紧固、美观。	20	PLC 的外部硬件接线原理图设计不正确,每出现一处错误扣 2 分,并按照错误设计进行硬件接线每处加扣 2 分; 接线不紧固、不美观、每处扣 2 分; 连接点松动、遗漏,每处扣 0.5 分; 损伤导线绝缘或线芯,每根扣 0.5 分。	
	设计梯形图程序,并熟练操作计算机输入 PLC 程序;按照被控制设备的动作要求进行模拟调试,达到控制要求。	50	编程软件应用不熟练,不会用删除、插入、修改等指令,每处扣 2 分; 程序下载运行后,1 次试车不成功口 8 分,2 次不成功口 15 分,3 次不成功口 30 分。	
安全操作文明协作	正确使用工具和无操作不当引起设备损坏,遵守国家相关专业安全文明成产规程。	15	工具操作不当导致损坏设备每出现一处扣 3 分,仪表使用错误扣 3 分,带电插拔导线每出现一次 1 分; 实验操作完毕工位不清洁,工具不清理,每组同学各扣 2 分。	

注意事项:

(1)计数器指令应当是短时脉冲信号。

(2)需要理解边沿触发指令在程序中的作用。

(3)计数器复位信号的选择。

知识拓展

PLC 控制系统的总体设计是进行 PLC 应用设计时至关重要的第一步。首先应当根据被控对象的要求,确定 PLC 控制系统的类型。

一、PLC 控制系统的类型

以 PLC 为主控制器的控制系统,有 4 种控制类型。

1. 单机控制系统

这种系统是由 1 台 PLC 控制 1 台设备或 1 条简易生产线,如图 2-5-10 所示。

单机系统构成简单,所需要的 I/O 点数较少,存储器容量小,可任意选择 PLC 的型号。

注意:无论目前是否有通信联网的要求,都应当选择有通信功能的 PLC,以适应将来系统功能扩充的需要。

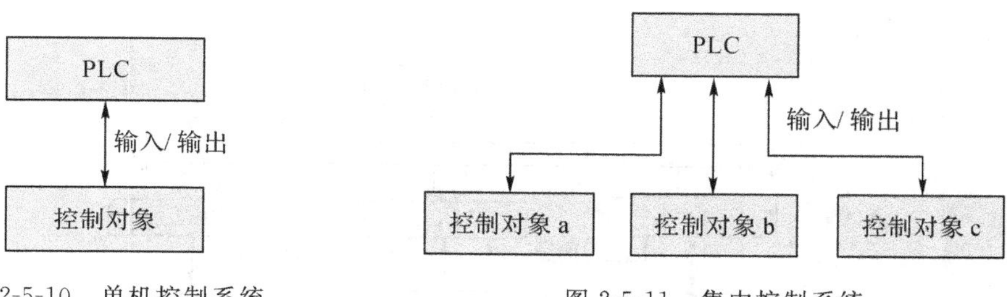

图 2-5-10 单机控制系统

图 2-5-11 集中控制系统

2. 集中控制系统

这种系统是由 1 台 PLC 控制多台设备或几条简易生产线，如图 2-5-11 所示。

集中控制系统的特点是多个被控对象的位置比较接近，且相互之间的动作有一定的联系。由于多个被控对象通过同一台 PLC 控制，因此各个被控对象之间的数据、状态的变化不需要另设专门的通信线路。

集中控制系统的最大缺点是如果某个被控对象的控制程序需要改变或 PLC 出现故障时，整个系统都要停止工作。对于大型的集中控制系统，可以采用冗余系统来克服这个缺点，此时要求 PLC 的 I/O 点数和存储器容量有较大的余量。

3. 远程 I/O 控制系统

这种控制系统是集中控制系统的特殊情况，也是由一台 PLC 控制多个被控对象，但是却有部分 I/O 系统远离 PLC 主机，如图 2-5-12 所示。

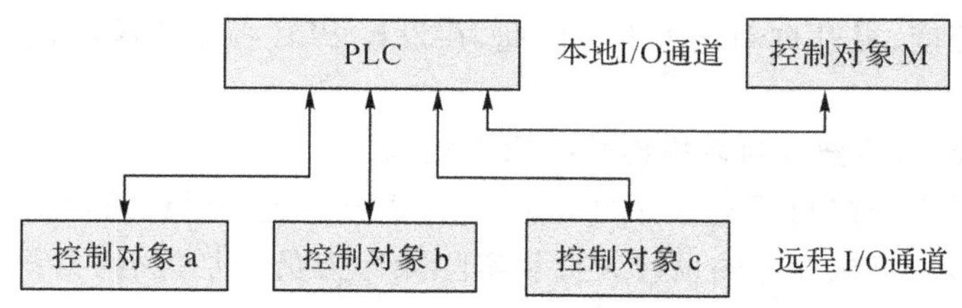

图 2-5-12 远程 I/O 控制系统

远程 I/O 控制系统适用于具有部分被控对象远离集中控制室的场合。PLC 主机与远程 I/O 通过同轴电缆传递信息，不同型号的 PLC 所能驱动的同轴电缆的长度不同，所能驱动的远程 I/O 通道的数量也不同，选择 PLC 型号时，要重点考察驱动同轴电缆的长度和远程的通道的数量。

4. 分布式控制系统

这种系统有多个被控对象，每个被控对象由 1 台具有通信功能的 PLC 控制，由上位机通过数据总线与多台 PLC 进行通信，各个 PLC 之间也有数据交换，如图 2-5-13 所示。

分布式控制系统的特点是多个被控对象分布的区域较大，相互之间的距离较远，每台 PLC 可以通过数据总线与上位机通信，也可以通过通信电缆与其他的 PLC 交换信息。分布式控制系统的最大好处是，某个被控对象或 PLC 出现故障时，不会影响其他的 PLC。

PLC 控制系统的发展是非常快的，从简单的单机控制系统，到集中控制系统，到分布式控制系统，目前又提出了 PLC 的 EIC 综合化控制系统，即将电气控制(Electric)，仪表控制

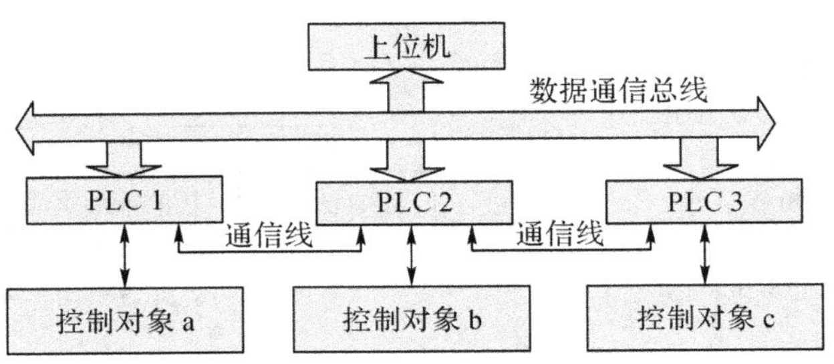

图 2-5-13 分布式控制系统

(Instrumentation)和计算机(Computer)控制集成于一体,形成先进的 EIC 控制系统。基于这种控制思想,在进行 PLC 控制系统的总体设计时,要考虑到如何同这种先进性相适应,并有利于系统功能的进一步扩展。

二、PLC 控制系统设计的基本原则

不同的设计者有着不同风格的设计方案,然而,系统的总体设计原则是不变的。PLC 控制系统的总体设计原则是:根据控制任务,在最大限度的满足生产机械或生产工艺对电气控制要求的前提下,运行稳定、安全可靠、经济实用、操作简单、维护方便。

任何一个电气控制系统所要完成的控制任务,都是为满足被控对象(生产控制设备、自动化生产线、生产工艺过程等)提出的各项性能指标,提高劳动生产率、保证产品质量、减轻劳动强度和危害程度、提升自动化水平。因此,在设计 PLC 控制系统时,应遵循的基本原则如下:

1. 最大限度地满足被控对象提出的各项性能指标

为明确控制任务和控制系统应有的功能,设计人员在进行设计前,就应深入现场进行调查研究,搜集资料,与机械部分的设计人员和实际操作人员密切配合,共同拟定电气控制方案,以便协同解决在设计过程中出现的各种问题。

2. 确保控制系统的安全可靠

电气控制系统的可靠性就是生命线,不能安全可靠工作的电气控制系统,是不可能长期投入生产运行的。尤其是在以提高产品数量和质量,保证生产安全为目标的应用场合,必须将可靠性放在首位。

3. 力求控制系统简单

在能够满足控制要求和保证可靠工作的前提下,不失先进性,应力求控制系统结构简单。只有结构简单的控制系统才具有经济性、实用性的特点,才能做到使用方便和维护容易。

4. 留有适当的余量

考虑到生产规模的扩大,生产工艺的改进,控制任务的增加,以及维护方便的需要,要充分利用 PLC 易于扩充的特点,在选择 PLC 的容量(包括存储器的容量、机架插槽数、I/O 点数等)时,应留有适当的余量。

三、PLC 控制系统的设计步骤

用 PLC 进行控制系统设计的一般步骤可参考图 2-5-14 所给出的流程。

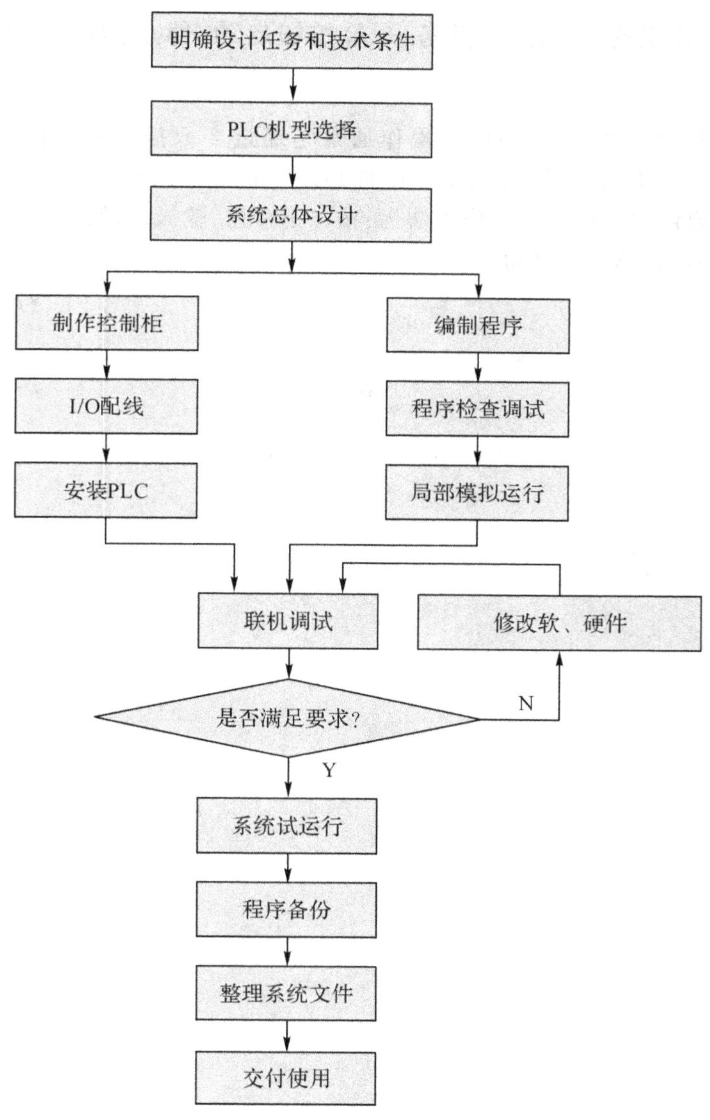

图 2-5-14　PLC 控制系统设计步骤

取证要点

一、应知、应会部分

1. 所谓经验设计法是依据典型的控制程序和常规的程序设计原则来设计程序，以满足控制系统的要求。

2. PLC突出的特点主要包括可靠性高、环境适应性强、灵活通用、使用方便维护简单。

3. 继电控制系统又称开关量控制系统，可以用设计电气控制电路图的方法来设计简单的数字量控制系统的梯形图。

二、技能操作部分（项目一 任务一 单按钮启动/停止控制程序设计）

控制要求：

在大多数控制设备中，启动和停止操作通常是通过2只按钮分别控制的。如果1台PLC控制多个这种具有启停操作的设备时，势必占用很多输入点。为了节省输入点，要求编写一个单按钮启停控制程序。操作方法为：按一下按钮，输入启动信号，再按一下按钮，输入的则是停止信号，即单数为启动，双数为停止。

项目三　PLC 功能指令及应用

随着 PLC 的广泛应用，PLC 发展出了许多的功能指令，这些功能指令使得 PLC 能方便地实现多位数据的处理、过程控制、程序流控制、通信等功能。从而满足客户的各种特殊需要，极大地拓宽了 PLC 的应用范围，增加了 PLC 编程的灵活性。

功能指令(Function Instruction)是指令系统中应用于复杂控制的指令，S7-200PLC 的功能指令主要包括数据传送、数据比较、数据移位、数据转换、数据运算、逻辑运算、通信、高速处理、中断、时钟等指令。本项目通过相关任务介绍以上各数据处理方面的功能指令。

任务一　PLC 在液体混合控制装置中的应用

知识目标：1)掌握单一数据传送指令；
2)熟悉数据块传送指令。

能力目标：1)依据要求合理制定液体混合控制装置的 I/O 分配；
2)学会应用数据传送指令进行编程，并进行电气接线、运行、调试。

素质目标：1)树立正确的学习目标，培养团结协作的意识；
2)培养和树立安全生产、文明操作的意识。

工作任务

如图 3-1-1 所示是两种液体混合装置的示意图，两种待混合的液体 A 和 B，分别由进料电磁阀 YV1 和 YV2 控制，混合后液体 C 由放料电磁阀 YV3 控制，电机 M 作为液体搅拌器。储罐由下而上设置为三个液位传感器，其中 L2 和 L3 被液面淹没时接通，实现两种液体的配比。在液体混合后放料时，L1 监控放料电磁阀 YV3 的停止工作。在液体混合控制中，液体搅拌所需时间有两种选择，分别是 1min 和 0.5min。

初始状态，储料罐内放空。电磁阀 YV1、YV2、YV3 均为关闭状态；传感器 L1、L2、L3 为 OFF 状态，搅拌电机 M 未启动。

(1)按下 A 阀启动按钮 SB1(B 阀启动按钮 SB2)，电磁阀 YV1(电磁阀 YV2)打开，液体 A(液体 B)开始注入储料罐容器内，经过一定时间，液体达到低位液面，传感器 L1 接通为 ON，继续往容器内注入液体 A(液体 B)。

(2)当液体到达中位液面处时，传感器 L2 接通为 ON，此时电磁阀 YV1(电磁阀 YV2)关闭，电磁阀 YV2(电磁阀 YV1)打开，液体 A(液体 B)停止注入，液体 B(液体 A)开始往储料罐容器内注入。

(3)当液体到达高位液面时，传感器 L3 接通为 ON，电磁阀 YV2(电磁阀 YV1)关闭，液

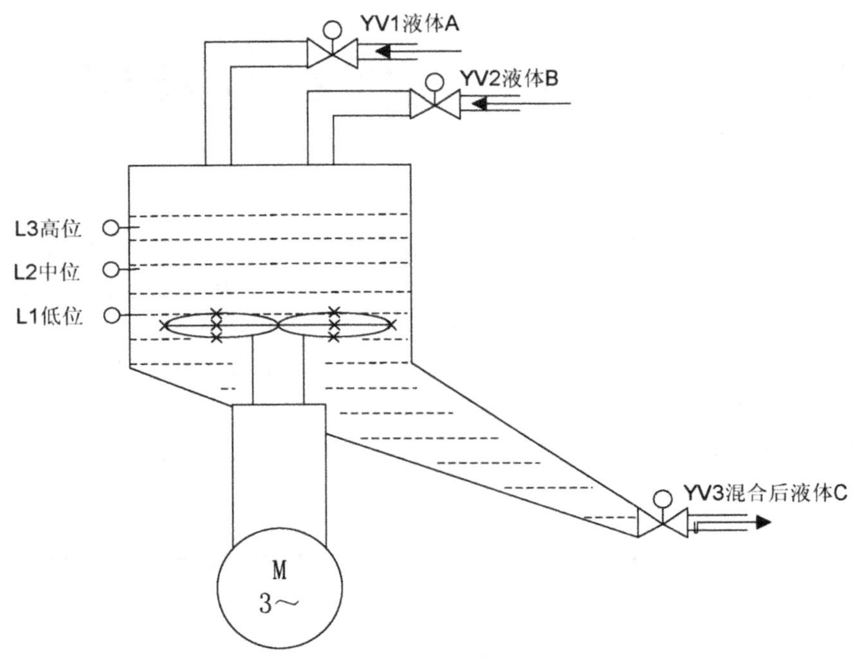

图 3-1-1　液体混合装置示意图

体 B(液体 A)停止注入,同时搅拌电机 M 启动运行,对注入的两种液体进行搅拌。

(4)搅拌 1min(0.5min)后,电机 M 停止搅拌,电磁阀 YV3 打开,放出混合液体 C。

(5)当储料罐内液体低于低位液面时,传感器 L1 变为 OFF,延时 10s 后,容器内的液体 C 全部放完,电磁阀 YV3 关闭,接着开始执行下一个循环。

若中途按下停止按钮 SB3,液体混合装置不能立刻停止工作,待处理完当前工作周期的剩余工作后(即容器内的液体 C 全部放空后),系统停止在初始状态,等待下一次启动的开始。

相关理论

数据传送指令的作用是把常数或某存储器中的数据传送到另一存储器中,传送过程中数据值保持不变。它包括单一数据传送及数据块传送两大类。另外对于这两种传送指令,按其传送的数据类型又有字节、字和双字之分,对于单一数据传送的数据类型还可以是实数。

一、单一数据传送指令

单一数据传送指令可用来进行一个数据的传送,该类指令包含:字节传送指令(MOVB)、字传送指令(MOVW)、双字传送指令(MOVD)和实数传送指令(MOVR)四条指令,其指令的梯形图和语句表如图 3-1-2 所示。

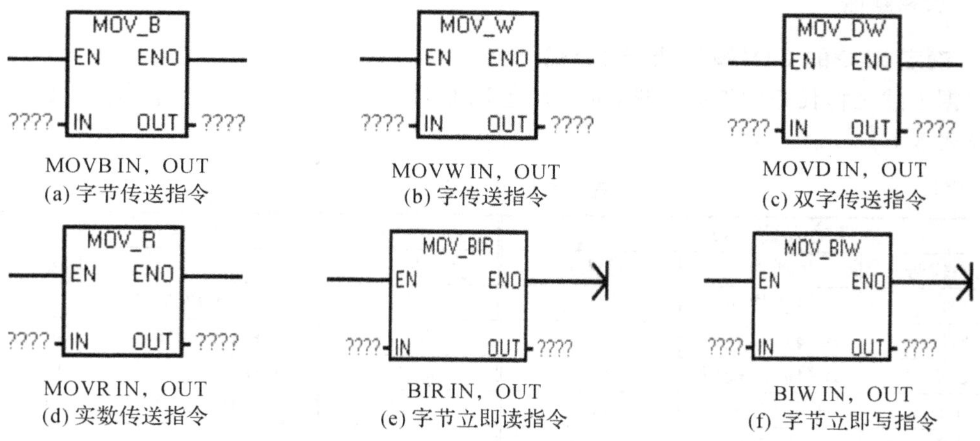

图 3-1-2　单一数据传送指令

对于字节传送指令、字传送指令、双字传送指令以及实数传送指令，其功能是当使能输入端有效时(EN＝1)，分别将一个字节、字、双字或实数从 IN 传送到 OUT 所指示的存储单元中。在传送过程中数据的大小不被改变，传送后输入存储器 IN 中的内容也不改变。

字节立即读指令(BIR)在使能输入有效时，立即读取当前物理输入存储区中由 IN 指定的字节，并将其传送到 OUT 所指定的存储单元中，但不更新输入映像寄存器，字节立即写指令(BIW)在使能输入有效时，从 IN 所指定的存储单元中读取 1 个字节的数据并写入物理输出 OUT 所指定的输出地址，同时刷新对应的输出映像寄存器。要特别注意的是字节立即传送指令不能访问扩展模块。

二、数据块传送指令

数据块传送指令包括字节块传送指令(BMB)、字块传送指令(BMW)和双字块传送指令(BMD)。该类指令一次可以进行多(1～255)个数据的传送。其指令的梯形图和语句表如图 3-1-3 所示。

当使能输入有效，将从输入地址 IN 开始的 N 个连续数据(字节、字或双字)传送到输出地址 OUT 指定的地址开始的 N 个存储单元中。

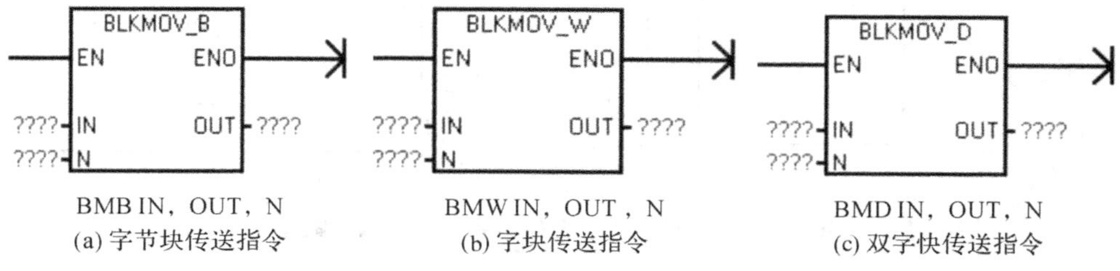

图 3-1-3　数据块传送指令

任务实施

1. 确定 PLC 的 I/O(输入/输出)分配

根据上述工作任务的控制要求，可以确定 PLC 需要 5 个输入点，4 个输出点，其 I/O 分配表见表 3-1-1。

表 3-1-1　I/O 分配表

输入量(IN)			输出量(OUT)		
元件代号	功能	输入点	元件代号	功能	输出点
SB1	停止按钮	I0.0	YV1	A 阀门电磁阀	Q0.0
SB2	A 阀启动按钮	I0.1	YV2	B 阀门电磁阀	Q0.1
SB3	B 阀启动按钮	I0.2	M	搅拌电动机	Q0.2
L1	低位传感器	I0.3	YV3	C 阀门电磁阀	Q0.4
L2	中位传感器	I0.4			
L3	高位传感器	I0.5			

2. 设计、绘制接线原理图

根据工作任务的控制要求进行分析，并绘制 PLC 系统接线原理图，如图 3-1-4 所示。

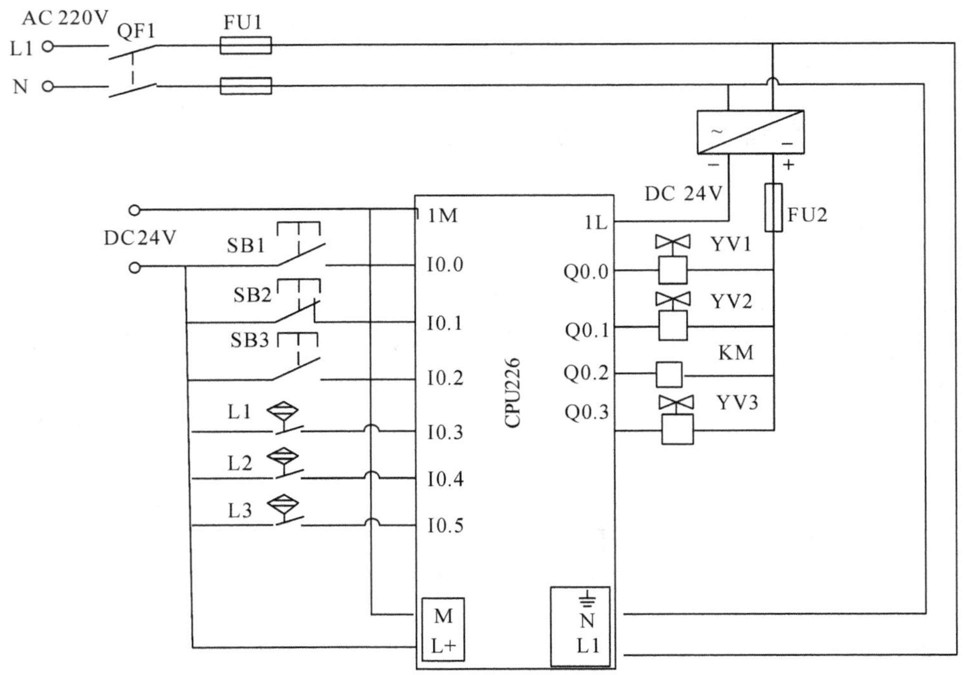

图 3-1-4　PLC 液体混合控制系统接线原理图

3. 分析任务的工作过程，确定控制流程图

液体混合控制流程图见图 3-1-5。画控制流程图就是将整个系统的控制分解为若干步，并确定每一步的转换条件，以便易于用相关功能指令编写梯形图程序。

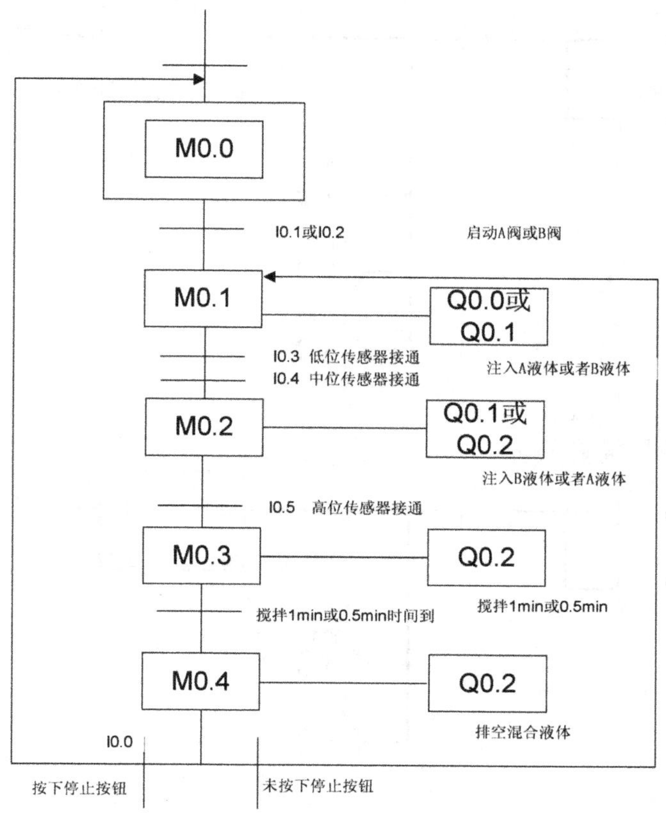

图 3-1-5 两种液体混合控制流程

4. 画出梯形程序图

根据两种液体混合控制流程图,画出 PLC 液体混合控制的梯形图程序如图 3-1-6 所示。

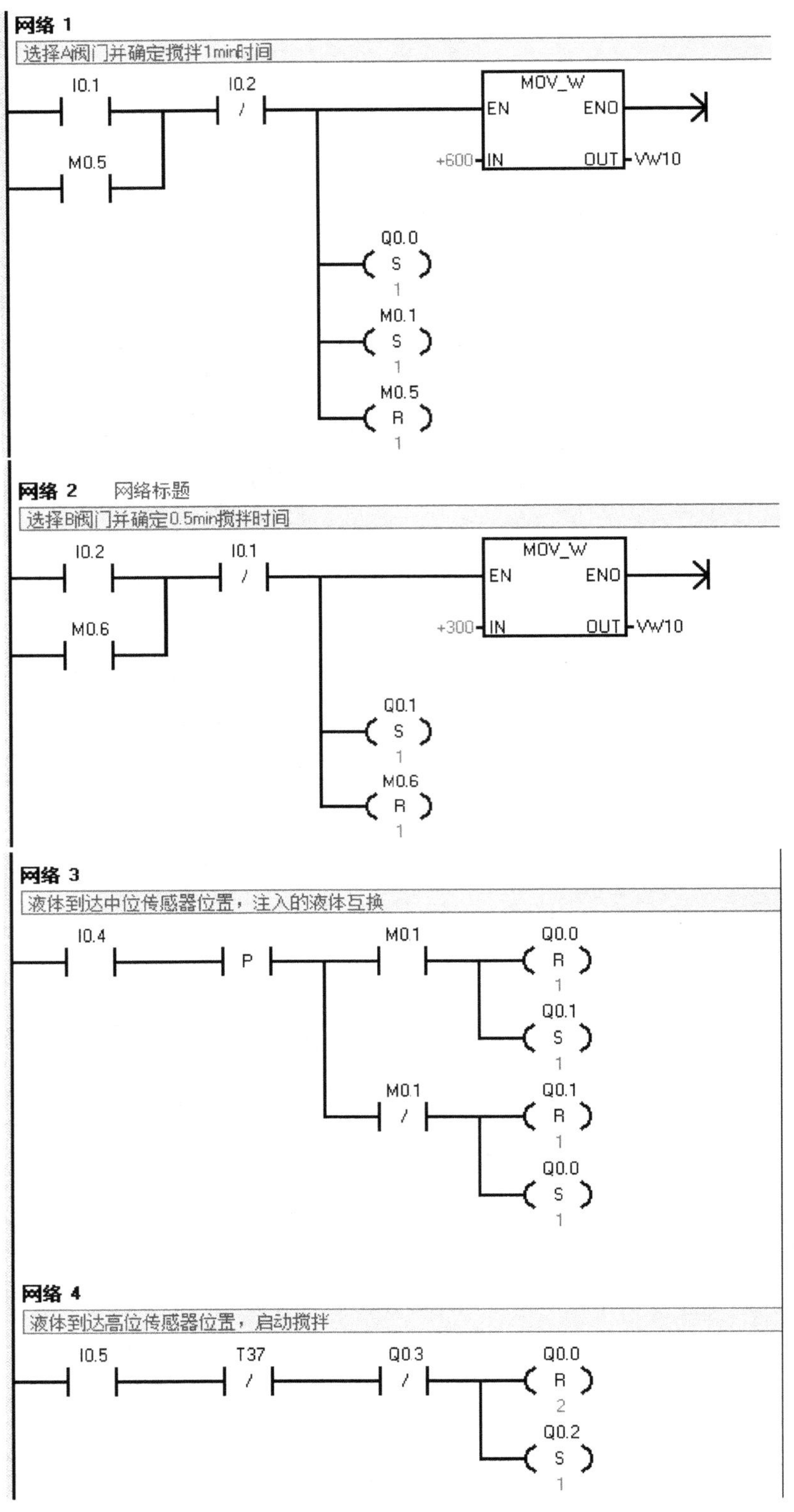
网络 1
选择A阀门并确定搅拌1min时间
I0.1
I0.2
MOV_W
EN
ENO
M0.5
+600
IN
OUT
VW10
Q0.0
S
1
M0.1
S
1
M0.5
R
1
网络 2 网络标题
选择B阀门并确定0.5min搅拌时间
I0.2
I0.1
MOV_W
EN
ENO
M0.6
+300
IN
OUT
VW10
Q0.1
S
1
M0.6
R
1
网络 3
液体到达中位传感器位置，注入的液体互换
I0.4
P
M0.1
Q0.0
R
1
Q0.1
S
1
M0.1
Q0.1
R
1
Q0.0
S
1
网络 4
液体到达高位传感器位置，启动搅拌
I0.5
T37
Q0.3
Q0.0
R
2
Q0.2
S
1

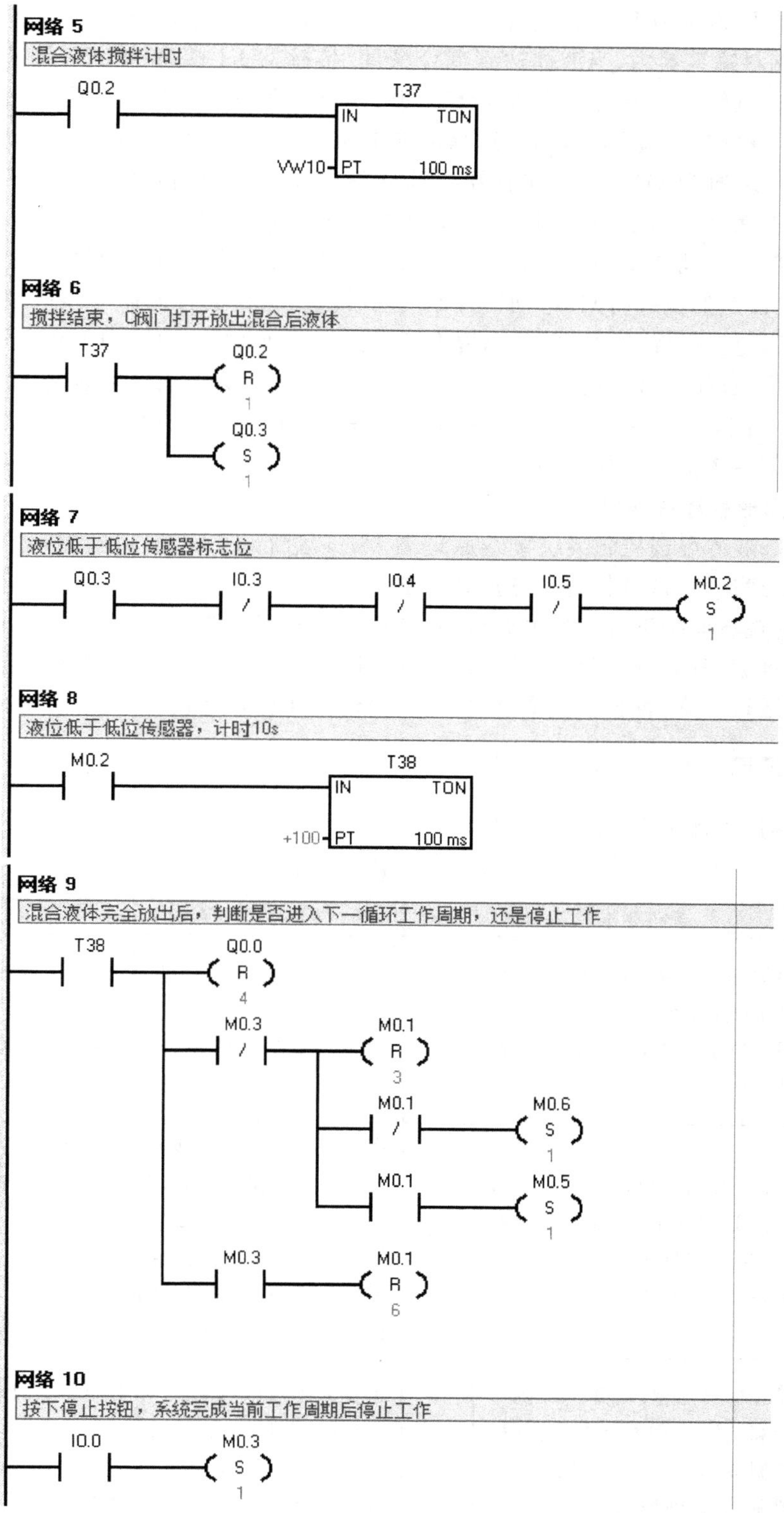

图 3-1-6　两种液体混合控制 PLC 梯形图程序

梯形图中，网络1中I0.1接通即按下A阀门启动按钮SB1，电磁阀YV1打开，选择液体A先注入储料罐容器内，当液体达到低位液面，传感器L1接通为ON，继续往容器内注入液体A，并通过传送指令确定液体混合时间为1min；网络2中I0.2接通即按下B阀门启动按钮SB2，电磁阀YV2打开，则为选择液体B先注入储料罐容器内，当液体达到低位液面，传感器L1接通为ON，继续往容器内注入液体B，并通过传送指令确定搅拌时间为0.5min；网络3表示注入的液体到达中位传感器位置时(L2接通)，则电磁阀A和电磁阀B状态互换，相应注入储料罐内的液体进行互换；网络4表示液体到达高位传感器时(L3接通)，按照预先设定的搅拌时间，电动机开始对两种液体进行混合搅拌；网络5和网络6表示搅拌时间到后，电磁阀YV3打开，放出混合后的液体C；网络7～网络10表示液体排放低于低位传感器(L1断开)，启动定时器延时，10秒钟后，储料罐容器内的混合液体C全部放完，电磁阀YV3关闭，若是系统工作期间按下停止按钮，则系统完成当前工作周期后，停止工作，反之进入下一个循环工作周期。

5. 下载梯形程序并运行调试

按照PLC液体混合控制系统接线原理图3-1-4，进行PLC端口硬件接线，并将编辑的梯形图程序下载运行，调试符合任务控制要求。

在教师的现场监护下进行通电调试，验证程序运行是否符合控制要求。如果运行出现异常，每组负责编程同学应积极调试，重新运行，同时负责硬件安装接线同学应积极配合检查，直到系统运行正常，符合控制要求，接受教师任务评价和验收。

检查评价

完成工作任务评价表(见表3-1-2)。

表3-1-2 工作任务评价表

主要内容	考核要求	配分	评分标准	得分
硬件安装程序设计	根据任务要求，分配PLC的I/O地址，并列出地址分配表。根据给定要求，设计顺序控制功能图。	15	输入/输出分配不合理，每出现一处地址遗漏或错误扣1分； 顺序功能图设计不合理或错误，每处扣2分，画法不规范，每处扣1分。	
	根据PLC的I/O地址分配表，设计PLC外部硬件接线原理图，并能正确安装接线，接线要正确、紧固、美观。	20	PLC的外部硬件接线原理图设计不正确，每出现一处错误扣2分，并按照错误设计进行硬件接线每处加扣2分； 接线不紧固、不美观、每处扣2分； 连接点松动、遗漏，每处扣0.5分； 损伤导线绝缘或线芯，每根扣0.5分。	
	设计梯形图程序，并熟练操作计算机输入PLC程序；按照被控制设备的动作要求进行模拟调试，达到控制要求。	50	编程软件应用不熟练，不会用删除、插入、修改等指令，每处扣2分； 程序下载运行后，1次试车不成功口8分，2次不成功口15分，3次不成功口30分。	

续表

主要内容	考核要求	配分	评分标准	得分
安全操作文明协作	正确使用工具和无操作不当引起设备损坏，遵守国家相关专业安全文明成产规程。	15	工具操作不当导致损坏设备每出现一处扣3分，仪表使用错误扣3分，带电插拔导线每出现一次1分； 实验操作完毕工位不清洁，工具不清理，每组同学各扣2分。	

工作任务

1. 此任务的梯形图程序中为何采用字传送指令？采用字节传送指令可以吗，为什么？
2. 任务实施环节，进行控制系统硬件接线时，应注意哪些问题？

知识拓展

1. SWAP 字节交换指令

字节交换指令如图 3-1-7 所示。

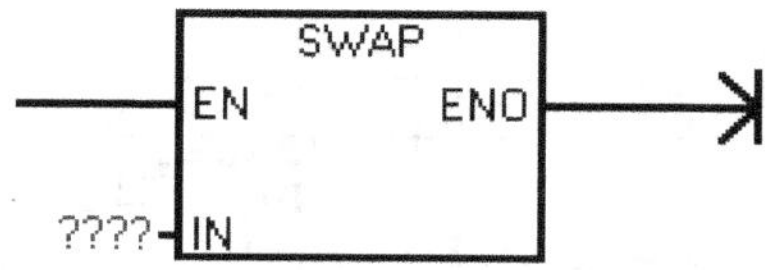

图 3-1-7　字节交换指令

梯形图中 IN 的操作数可以是 VW、IW、QW、MW、SMW、T、C、LW、AC、* VD、* AC、* LD，数据类型为“字”。

当执行 SWAP 指令时，IN 中指定字的上下字节的内容会互相交换。例如在图 3-1-8 的程序中，当 VW10=16 # 2033 时，接通 I0.0 结果得 VW10=16 # 3320。

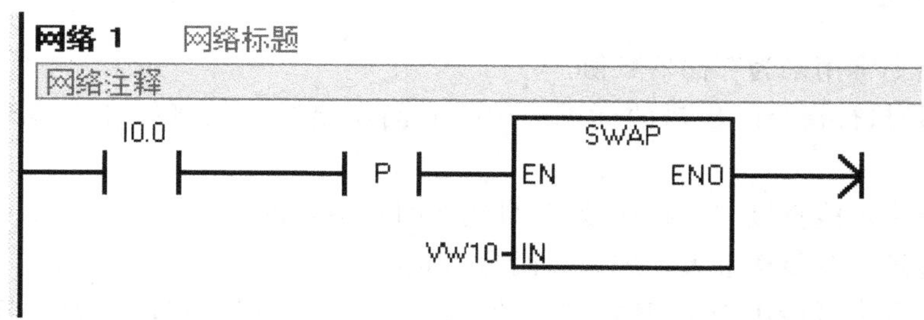

图 3-1-8　字节交换指令示例

在使用字节交换指令 SWAP 时，要注意使用脉冲型，不然很可能得不到需要的结果，除非确保驱动信号只接通一个扫描周期的时间。

2. FILL_N 一点多送指令

一点多送指令如图 3-1-9 所示。

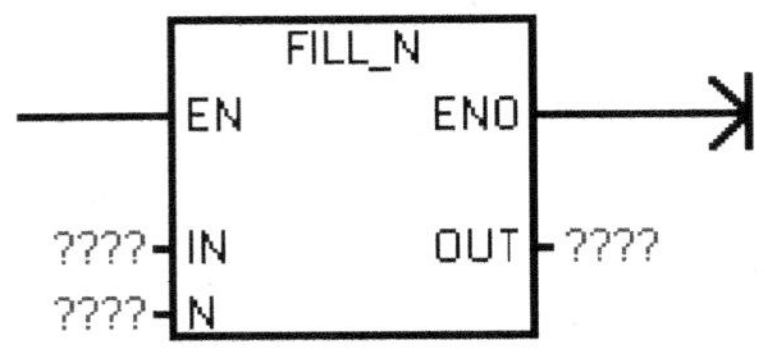

图 3-1-9　一点多送指令

梯形图中 IN 的操作数可以是 VW、IW、QW、MW、SMW、T、C、AIW、LW、AC、常量、*VD、*AC、*LD，数据类型为整数；N 的操作数可以是 VB、IB、QB、MB、SB、SMB、LB、AC、常量、*VD、*AC、*LD，数据类型为"字节"；OUT 的操作数可以是 VW、IW、QW、MW、SMW、T、C、AQW、LW、AC、*VD、*AC、*LD，数据类型为整数。

当执行 FILL_N 指令时，IN 中指定的操作数的数值传送到 OUT 指定的开始地址连续 N 中指定多个(1～255)字中。图 3-1-10 所示程序中如果 VW10＝0，则 I0.0 的上升沿执行 FILL_N 指令，使 VW100～VW108 都复位为 0。

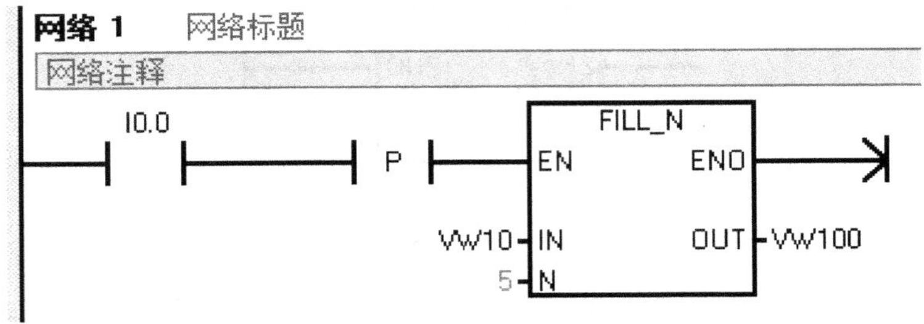

图 3-1-10　一点多送指令示例

取证要点

1. 传送指令常用来为存储器赋值。

2. ENO 是执行指令时出错的标志。运行时间超出或是间接寻址出错时，ENO 端都为 0。

3. 传送指令不能直接与母线连接，与母线之间必须经过触点。　　　　（ √ ）

4. 字节传送指令传送最大十进制数值为 256。　　　　（ × ）

5. 不论哪种类型传送指令，其操作数的寻址范围与指令码一致，比如字节数据传送只能寻址字节型存储器，OUT 不能寻址常数，块传送指令 IN、OUT 皆不能为寻址常数。

6. 字节立即读 MOV_BIR 指令的 IN 只能是IB；字节立即写 MOV_BIW 指令的 OUT 只能是QB。

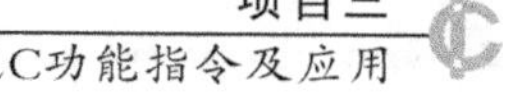

任务二　十字路口交通灯的 PLC 控制

知识目标：1）理解比较指令的比较条件，即运算符的含义；
2）掌握比较指令中操作数的数据类型及范围。

能力目标：1）能依据工作任务要求，进行十字路口交通灯的 PLC I/O 端口分配；
2）学会应用数据比较指令进行编程，并进行电气接线、运行、调试。

素质目标：1）树立正确的学习目标，培养团结协作的意识；
2）培养和树立安全生产、文明操作的意识。

工作任务

随着社会发展和经济飞跃，城市交通指挥变得越来越重要，一个合理、安全、可靠的交通指挥系统是保障道路畅通的前提。本工作任务是西门子 S7-200PLC 在十字路口交通灯中的应用。

如图 3-2-1 所示为一个十字路口交通灯示意图。在该十字路口的东南西北四个方向分别安装有红黄绿三色交通灯，并按照白天和夜间两种情况进行控制。具体过程如下：

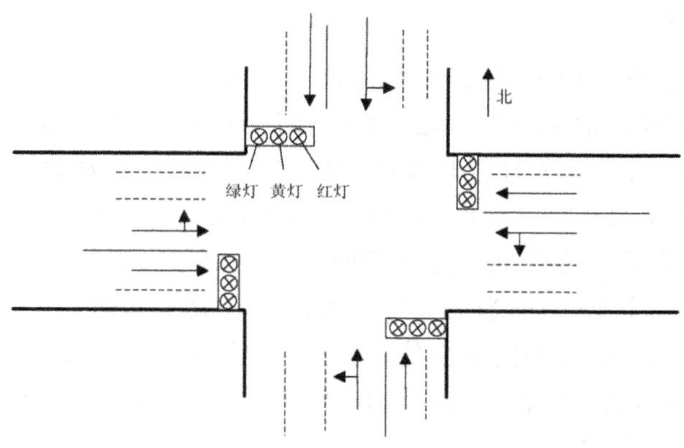

图 3-2-1　十字路口交通灯示意图

当白天操作开关 SA1 合上后，南北红灯亮并维持 25s，在此期间东西绿灯亮 20s 后闪烁 3s，然后东西黄灯亮 2s。再自动切换到东西红灯亮并维持 30s，在此期间南北绿灯亮 25s 后闪烁 3s，然后南北黄灯亮 2s，如此循环往复。具体交通灯工作时序关系见图 3-2-2 所示。

当夜晚来临时，工作人员合上操作开关 SA2，东西和南北方向的黄灯都闪烁，提醒过往车辆缓速通行。另外该系统要求，东南西北四个方向的绿灯不能同时点亮。如果同时点亮表明控制系统出现了故障，报警灯亮。

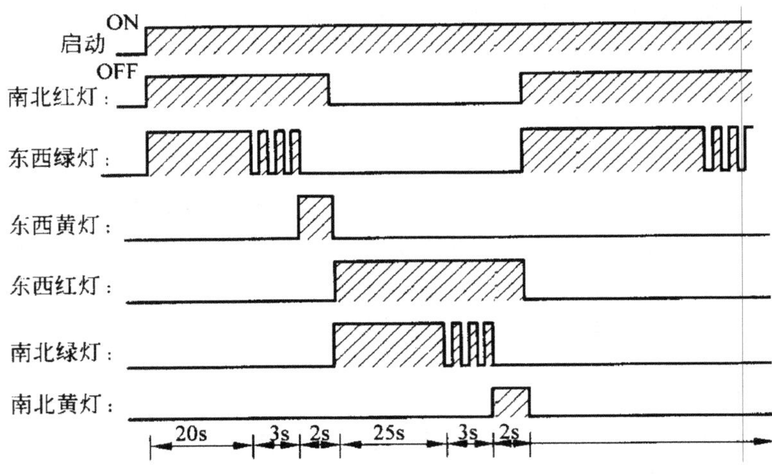

图 3-2-2　十字路口交通灯工作时序图

相关理论

一、定时器指令

各定时器的工作情况前面项目已经学习，在此不再重复，仅复习一些定时器指令概念性相关理论。定时器是 PLC 常用的编程元件之一，S7-200 系列 PLC 有三种类型的定时器，即电通延时定时器（TON）、断电延时定时器（TOF）和有记忆通电延时定时器（TONR），地址范围为 T0～T255，共计 256 个。定时器分辨率（时基或定时精度）可分为三个等级标准：1ms、10ms 和 100ms，各定时器分辨率是由定时器地址编号决定的。

每个定时器均有一个 16 位的当前值寄存器用以存放当前值（16 位符号整数）；一个 16 位的预置值寄存器用以存放时间的设定值；还有一位状态位，反映其触点的状态。最小计时单位为时基脉冲的宽度；从定时器输入有效到状态为输出有效，经过的时间为定时时间，即定时时间＝预置值（PT）X 时基。

二、比较指令

比较指令将两个操作数（IN1 和 IN2）按指定的比较关系进行比较，比较关系成立时则比较触点闭合，因此比较指令实际上也是一种位指令。在实际应用中，使用比较指令为上、下限控制以及数值条件判断提供了方便。

1. 指令格式

由于比较指令是以触点形式出现在梯形图及指令表中，因此它只能通过取指令 LD、逻辑与指令 A、逻辑或指令 O 三种基本形式进行编程。比较指令的指令格式如表 3-2-1 所示。

表 3-2-1　比较指令格式

STL	LAD	说明
LD□xx IN1 IN2	IN1 XX □ IN2	比较触点接起始母线
LD bit A□xx IN1 IN2	bit　IN1 XX □ IN2	比较触点的“与”
LD bit O□xx IN1 IN2	bit IN1 XX □ IN2	比较触点的“或”

说明:“xx”为比较运算符,表示操作数 IN1 和 IN2 的比较条件:= = 等于、< 小于、> 大于、< = 小于等于、> = 大于等于、< > 不等于。

“□”表示操作数 IN1 和 IN2 的数据类型和范围:

B(Byte):字节比较(无符号整数),如 LDB == IB0 VB0。

I(INT)/W(Word):整数比较(有符号整数)。如 AW > = MW2 VW10。注意:梯形图编程用“I”,语句表编程用“W”。

DW(Double Word):双字比较(有符号整数)如 OD == VD10 MD2。

R(Real):实数比较(有符号的双字浮点数,仅限于 CPU214 以上)。

IN1 和 IN2 操作数的类型包括:I,Q,M,SM,V,S,L,AC,* VD,* LD,* AC,常数。

2. 指令说明

在梯形图中,比较指令是以动合触点的形式编程的,在动合触点中间注明比较参数和比较运算符。当两个操作数的比较结果为真时,该动合触点闭合。使用比较指令时,操作数 IN1 和 IN2 的数据类型要匹配。

3. 编程应用示例

如图 3-2-3 所示,当比较数 C10 和比较数 3 的关系符合比较条件时,比较触点闭合,后面的电路 Q0.0 被接通;否则比较触点断开,后面的电路 Q0.0 不接通。换句话说,比较触点相当于一个有条件的常开触点,当比较关系成立时,即增计数器 C10 的当前值大于等于 3,触点闭合;反之触点断开。

(1)确定 PLC 的 I/O(输入/输出)分配。根据上述工作任务的控制要求,可以确定 PLC 需要 2 个输入点,7 个输出点。其 I/O 分配表见表 3-2-2。

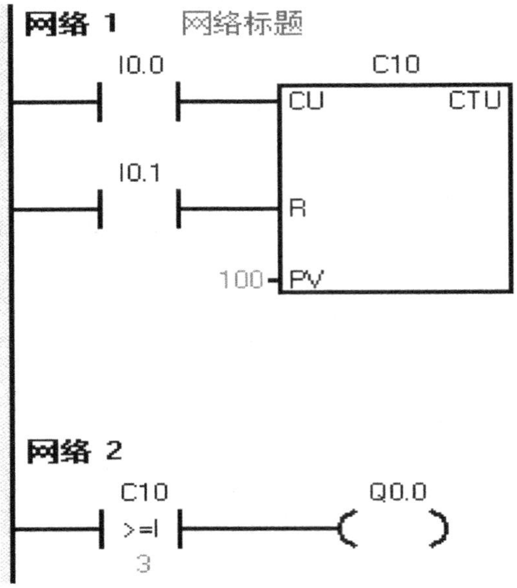

网络 1　　网络标题

I0.0　C10　CU　CTU

I0.1　R

100　PV

网络 2

C10　>=I　3　Q0.0

图 3-2-3　比较指令应用示例

表 3-2-2　I/O 分配表

输入量(IN)			输出量(OUT)		
元件代号	功能	输入点	元件代号	功能	输出点
SA1	白天控制开关	I0.0	HL1	南北红灯	Q0.0
SA2	夜间控制开关	I0.1	HL2	南北黄灯	Q0.1
			HL3	南北绿灯	Q0.2
			HL4	东西红灯	Q0.3
			HL5	东西黄灯	Q0.4
			HL6	东西绿灯	Q0.5
			HL7	故障指示灯	Q0.6

(2)设计、绘制接线原理图。根据工作任务的控制要求进行分析,并绘制 PLC 系统接线原理图,如图 3-2-4 所示。

(3)分析任务的工作过程,确定控制流程图。十字路口交通 PLC 控制流程图见下图 3-2-5。画控制流程图就是将整个系统的控制分解为若干步,并确定每一步的转换条件,以便于用相关功能指令编写梯形图程序。

(4)根据十字路口交通灯 PLC 控制流程图,画出的梯形图程序,具体如图 3-1-6 所示。

梯形图程序中,网络 1 为交通灯启动操作,合上 I0.0 控制开关,交通灯控制系统进入白天工作状态,合上 I0.1 控制开关,交通灯控制系统进入夜间工作状态;网络 2 表示交通灯白天工作状态时,东西方向绿灯点亮 20 秒及其闪烁 3 秒;网络 3 表示东西方向黄灯点亮 2 秒及其夜间闪烁状态;网络 4 表示为南北方向禁行时,南北红灯点亮状态;网络 5 表示交通灯白天工作状态时,南北方向绿灯点亮 25 秒及其闪烁 3 秒;网络 6 表示南北方向黄灯点亮 2

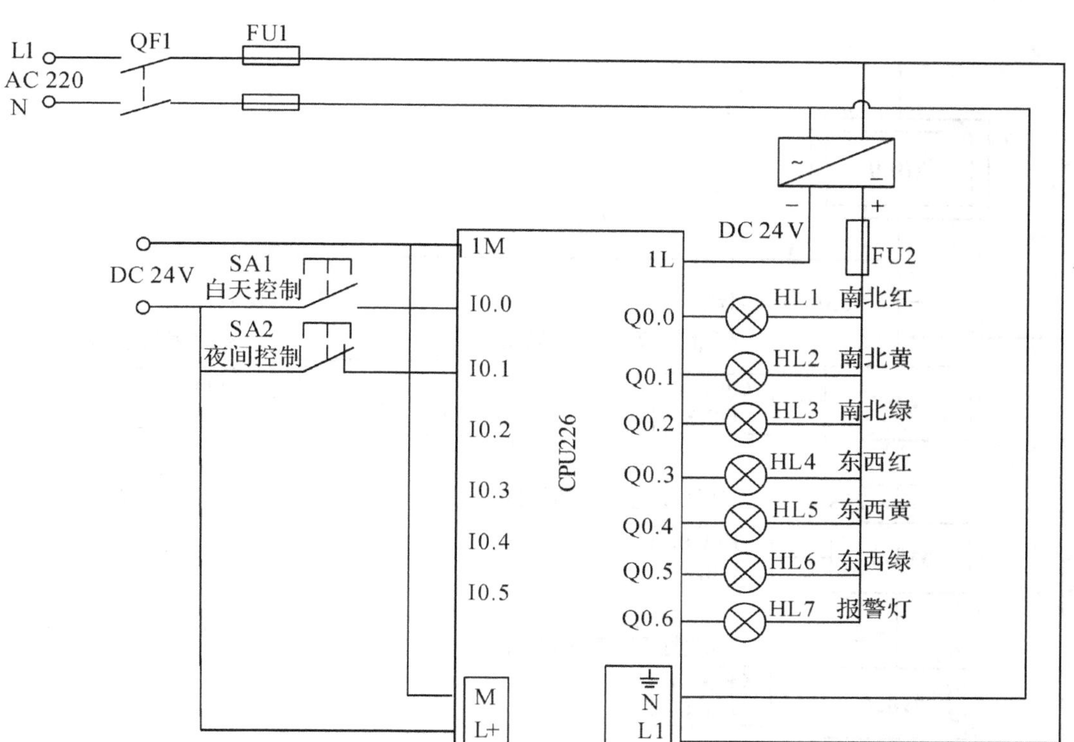

图 3-2-4　十字路口交通灯 PLC 控制接线原理图

秒及其夜间闪烁状态；网络 7 表示为东西方向禁行时，东西红灯点亮状态；网络 8 表示交通灯控制系统出现故障，东南西北绿灯都点亮了，故障指示灯提示报警。

(5)按照十字路口交通灯控制系统接线原理图 3-2-4，进行 PLC 端口硬件接线，并将编辑的梯形图程序下载运行，调试符合任务控制要求。

教师现场监护，学生分组进行通电调试，验证程序运行是否符合控制要求。如果运行出现异常，每组负责编程同学应积极调试，重新运行，同时负责硬件安装接线同学应积极配合检查，直到系统运行正常，符合控制要求，接受教师任务评价和验收。

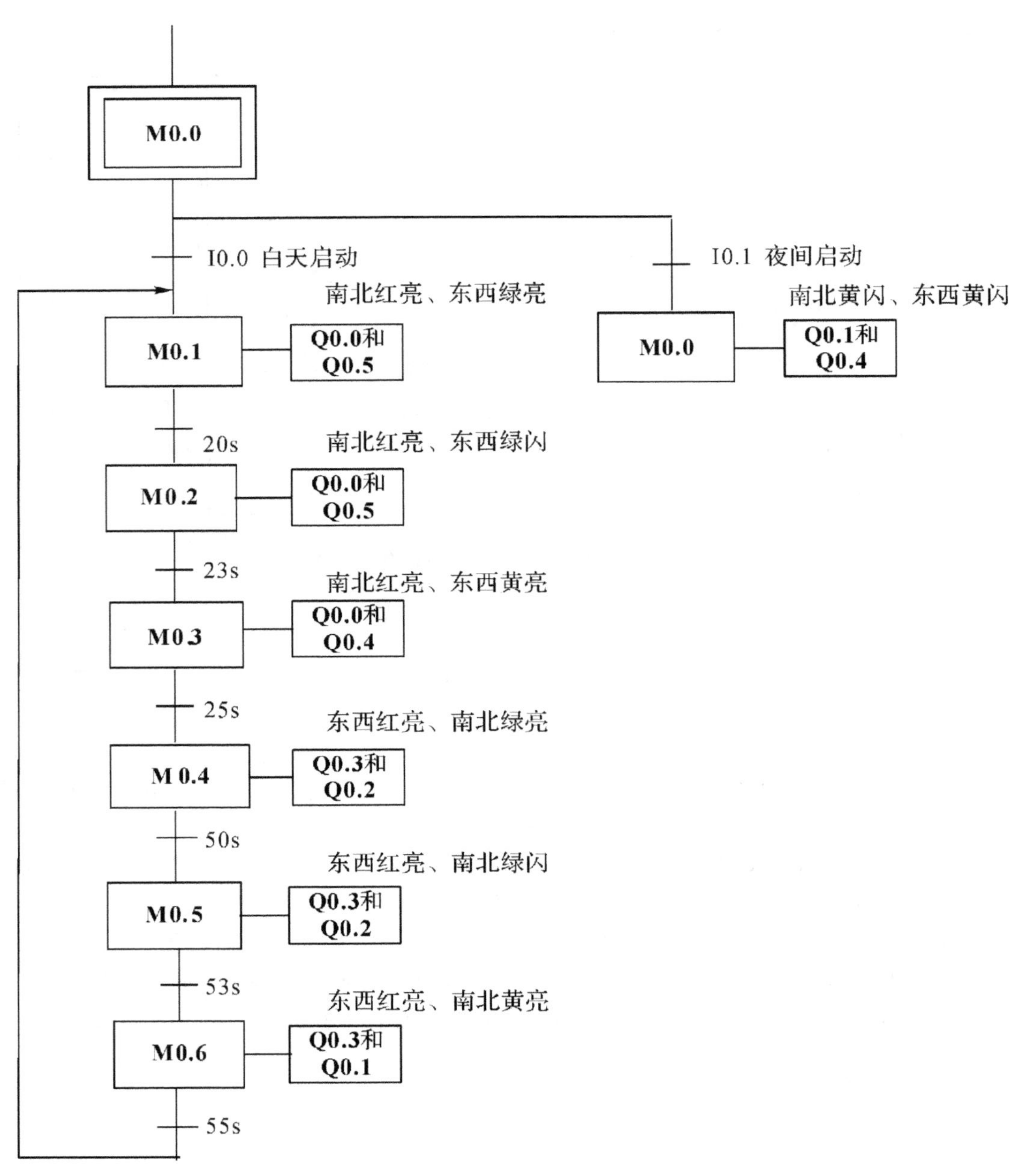

图 3-2-5　十字路口交通灯 PLC 控制流程图

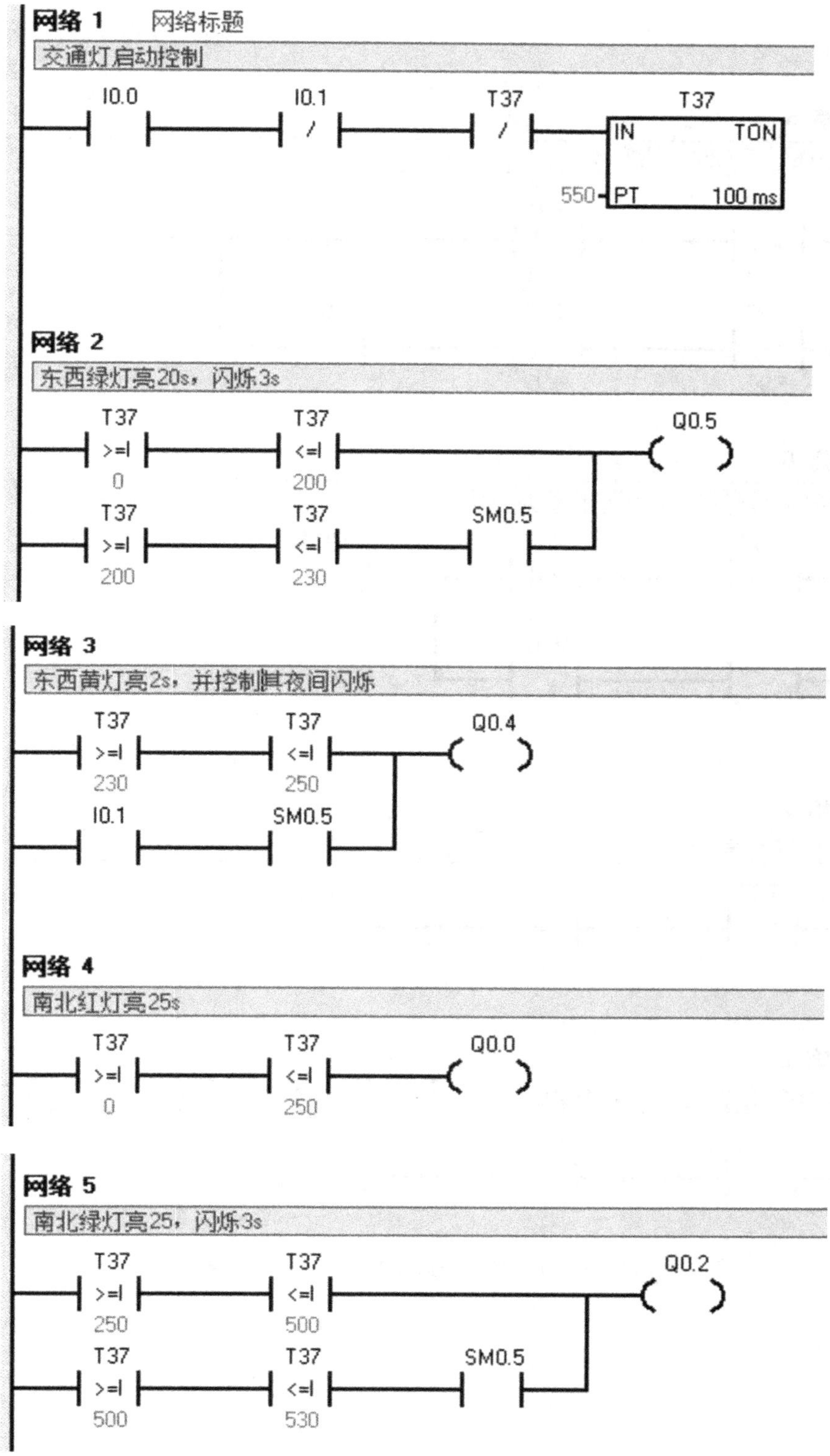

网络 1　网络标题

交通灯启动控制

I0.0　I0.1　T37　T37
IN　TON
550-PT　100 ms

网络 2

东西绿灯亮20s，闪烁3s

T37 >=I 0　T37 <=I 200　Q0.5
T37 >=I 200　T37 <=I 230　SM0.5

网络 3

东西黄灯亮2s，并控制其夜间闪烁

T37 >=I 230　T37 <=I 250　Q0.4
I0.1　SM0.5

网络 4

南北红灯亮25s

T37 >=I 0　T37 <=I 250　Q0.0

网络 5

南北绿灯亮25，闪烁3s

T37 >=I 250　T37 <=I 500　Q0.2
T37 >=I 500　T37 <=I 530　SM0.5

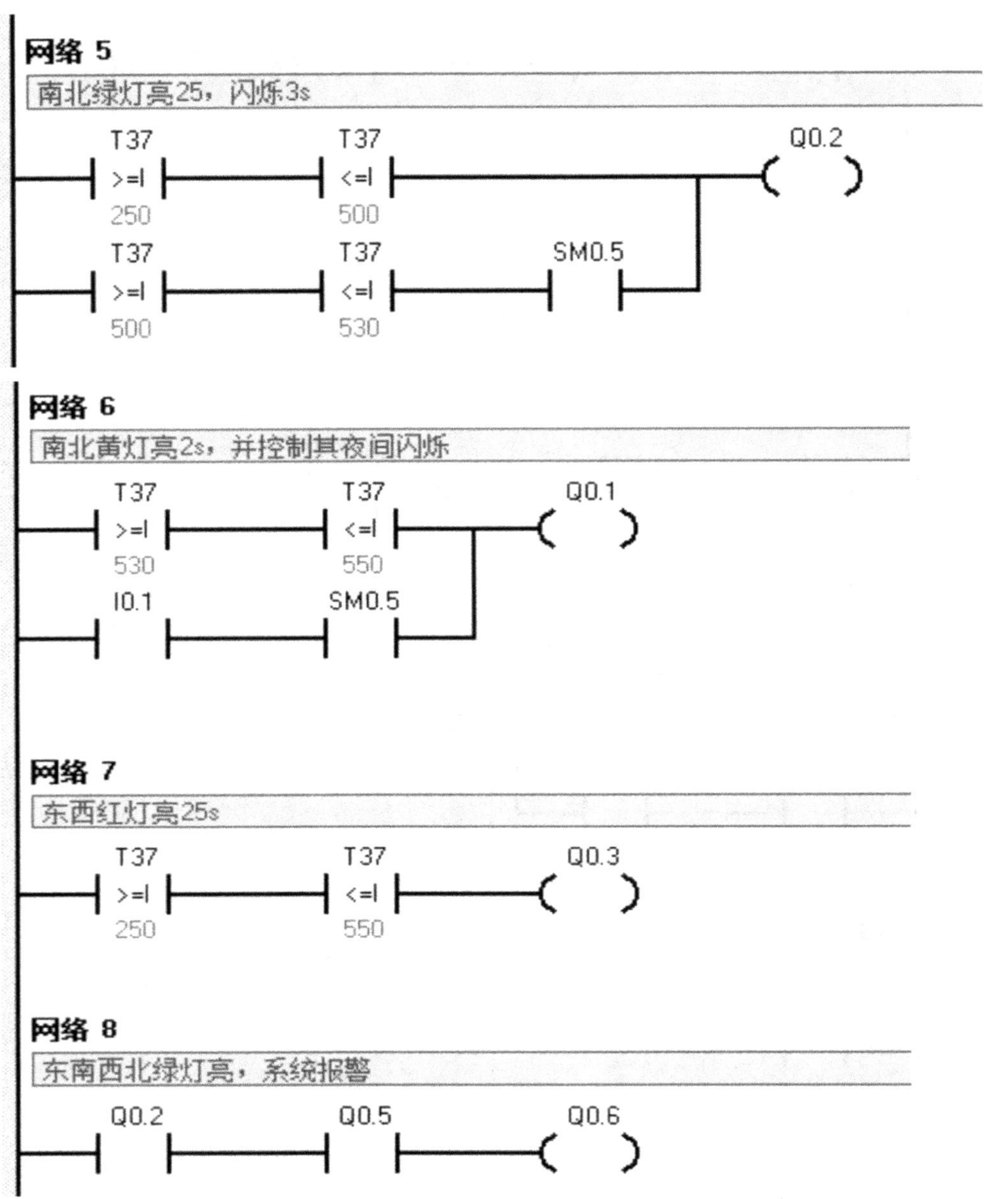

图 3-1-6　十字路口交通灯 PLC 控制梯形图程序

检查评价

完成工作任务评价表(见表 3-2-3)：

表 3-2-3　工作任务评价表

主要内容	考核要求	配分	评分标准	得分
硬件安装程序设计	根据任务要求，分配 PLC 的 I/O 地址，并列出地址分配表。根据给定要求，设计顺序控制功能图。	15	输入/输出分配不合理，每出现一处地址遗漏或错误扣 1 分； 顺序功能图设计不合理或错误，每处扣 2 分，画法不规范，每处扣 1 分。	
	根据 PLC 的 I/O 地址分配表，设计 PLC 外部硬件接线原理图，并能正确安装接线，接线要正确、紧固、美观。	20	PLC 的外部硬件接线原理图设计不正确，每出现一处错误扣 2 分，并按照错误设计进行硬件接线每处加扣 2 分； 接线不紧固、不美观、每处扣 2 分； 连接点松动、遗漏，每处扣 0.5 分； 损伤导线绝缘或线芯，每根扣 0.5 分。	
	设计梯形图程序，并熟练操作计算机输入 PLC 程序；按照被控制设备的动作要求进行模拟调试，达到控制要求。	50	编程软件应用不熟练，不会用删除、插入、修改等指令，每处扣 2 分； 程序下载运行后，1 次试车不成功口 8 分，2 次不成功口 15 分，3 次不成功口 30 分。	
安全操作文明协作	正确使用工具和无操作不当引起设备损坏，遵守国家相关专业安全文明成产规程。	15	工具操作不当导致损坏设备每出现一处扣 3 分，仪表使用错误扣 3 分，带电插拔导线每出现一次 1 分； 实验操作完毕工位不清洁，工具不清理，每组同学各扣 2 分。	

思考练习

1. 此任务梯形图程序中采用的比较指令数据类型为何是 16 位整数？采用其他数据类型可以吗，为什么？

2. 任务实施环节，进行控制系统硬件接线时，应注意哪些问题？

知识拓展

S(String)：字符串比较。该比较指令时用来比较 ASCII 字符的字符串相同与否，字符串的长度不能超过 254 个字符，超过 254 个字符或非法间接地址或字符串的起始地址和长度无法放入一个指定的内存区都为严重错误，会使 S7-200 立即停止执行程序。字符串比较指令的比较关系只有＝ ＝等于或＜ ＞ 不等于。

取证要点

1. 比较指令的基本形式有两个数值比较和字符串比较两种指令。

2. 字节比较是两个无符号数进行比较，16 位整数、32 位整数和小数比较是两个有符号数进行比较。

3. 由于比较指令是以触点形式出现在梯形图及指令表中，因此有“LD”、“A”、“O”3 种基本形式。

4. 比较指令实际上就是一种位指令。（√）

5. 数值比较指令和字符串比较指令的运算符都有 6 种（×）

任务三　PLC 在校牌彩灯控制中的应用

知识目标：1）掌握数据移位指令的应用；

2）掌握数据循环指令的应用；

3）了解移位寄存器指令。

能力目标：1）能依据工作任务要求，进行由 PLC 控制的校牌彩灯 I/O 端口分配；

2）学会应用数据移位指令和数据循环指令进行编程，并进行电气接线、运行、调试，实现校牌彩灯控制。

素质目标：1）学生分组进行任务式学习，培养团结协作的意识；

2）培养和树立安全生产、文明操作的职业素质；

3）培养学生独立思考、发明创新的工作意识。

工作任务

在彩灯的应用中，装饰灯、广告灯、布景灯的变化多种多样。但就其工作模式，可分为三种主要类型：长明灯、流水灯及变幻灯。长明灯的特点是只要灯投入工作，负载即长期接通，一般在彩灯中用以照明或衬托底色，没有频繁的动态切换过程，因此可用开关直接控制，不需经过 PLC 控制。流水灯负载变化频率高，变换速度快，使人有眼花缭乱之感，分为多灯流动、单灯流动等情形。变幻灯则包括字形变化、色彩变化、位置变化等，其主要特点是在整个工作过程中周期性地花样变化，但频率不高。流水灯及变幻灯均适宜采用 PLC 控制，本工作任务介绍 PLC 在校牌彩灯控制中的应用，灯的亮灭、闪烁时间及流动方向的控制均通过 PLC 来控制。

设校牌的校名由八个字组成，如图 3-3-1 的中间部分“天津劳动经济学校”为学校的名称。校名的上下有两排彩灯，分别由 1～8 标号。设计方案为校名每秒移动两个字点亮，重复 3 次后，校名全部点亮 12 秒；上下彩灯分别先亮 4 盏，每秒钟移动 1 盏。校名移动时彩灯按逆时针顺序点亮，而全部亮时彩灯点亮顺序为顺时针移动。

1	2	3	4	5	6	7	8
天	津	劳	动	经	济	学	校
1	2	3	4	5	6	7	8

图 3-3-1　校牌彩灯示意图

校牌“天津劳动经济学校”8个字的亮灭由Q0.0～Q0.7控制。校名上下1～8号两排彩灯由QB1控制，Q1.0同时控制上下1号两盏灯，Q1.1同时控制上下2号两盏灯，以此类推。

接通I0.0启动控制系统，并向QB0送进数据3点亮校名中的前两个字，向QB1送进数据15点亮上下两排中的1～4号彩灯。系统启动后计数器C6开始计数，以SM0.5作为计数脉冲，即每秒钟计1个数。达到其设定值12时，C6接通，计数继续进行。与此同时C9也在继续计数，当达到C9的设定值时，C6和C9同时复位。这样C6的前12秒为断开，后12秒为接通。

当C6接通时校牌彩灯每秒移动两个字，点亮，重复3次之后C6接通，把255送进QB0中，校名全部点亮12秒。上下彩灯分别先亮4盏，在C6未接通时每秒逆时针移动1盏，当C6接通时每秒顺时针移动1盏。

相关理论

移位指令在PLC控制中是比较常用的功能指令。根据移位的数据长度可以分为字节型移位、字移位和双字型移位；根据移位的方向可分为左移、右移、循环左移、循环右移指令。

1. 左移和右移指令

(1)左移和右移指令格式

左移和右移指令格式见表3-3-1所示。

表3-3-1　左移和右移指令格式

<table>
<tr><th>指令名称（助记符）</th><th>梯形图</th><th>语句表</th><th>操作数范围</th><th>N的范围</th><th>功能</th></tr>
<tr><td>字节左移
SHL-B</td><td>SHL_B
EN ENO
????-IN OUT-????
????-N</td><td>SLB OUT，N</td><td rowspan="2">IN：VB、IB、QB、MB、SB、SMB、LB、AC、* VD、* AC、* LD、常数
OUT：VB、IB、QB、MB、SB、SMB、LB、AC、* VD、* AC、* LD</td><td rowspan="2">≤8</td><td>当EN＝1时，将字节型数据左移N位送到OUT</td></tr>
<tr><td>字节右移
SHR-B</td><td>SHR_B
EN ENO
????-IN OUT-????
????-N</td><td>SRB OUT，N</td><td>当EN＝1时，将字节型数据右移N位送到OUT</td></tr>
</table>

续表

指令名称（助记符）	梯形图	语句表	操作数范围	N的范围	功能
字左移 SHL-W	SHL_W：EN ENO；????-IN OUT-????；????-N	SLW OUT,N	IN：VW、IW、QW、MW、SW、SMW、LW、AC、T、C、*VD、*AC、*LD、常数 OUT：VW、IW、QW、MW、SW、SMW、LW、AC、T、C、*VD、*AC、*LD	≤16	当EN=1时，将字型数据左移N位送到OUT
字右移 SHR-W	SHR_W：EN ENO；????-IN OUT-????；????-N	SRW OUT,N			当EN=1时，将字型数据右移N位送到OUT
双字左移 SHL-DW	SHL_DW：EN ENO；????-IN OUT-????；????-N	SLD OUT,N	IN：VD、ID、QD、MD、SD、SMD、AC、HC、常数 OUT：VD、ID、QD、MD、SMD、LD、AC	≤32	当EN=1时，将双字型数据左移N位送到OUT
双字右移 SHR-DW	SHR_DW：EN ENO；????-IN OUT-????；????-N	SRD OUT,N			当EN=1时，将双字型数据右移N位送到OUT

1）左移位指令SHL(Shift Left)：使能输入有效时，将输入的字节、字或双字IN左移N位后（右端补0），将结果输出到OUT指定的存储单元中，最后一次移出位保存在SM1.1。

2）右移位指令SHR(Shift Left)：使能输入有效时，将输入的字节、字或双字IN右移N位后（左端补0），将结果输出到OUT指定的存储单元中，最后一次移出位保存在SM1.1。

(2)指令特点

左移和右移指令的功能是将输入数据IN左移或右移N位后，把结果送到OUT。

1）被移位的数据是无符号的。

2）在移位时，存放被移位数据的编程元件的移出端与特殊存储器SM1.1连接，移出位

进入 SM1.1(溢出),另一端自动补 0。

3)移位次数 N 与移位数据的长度有关,如果 N 小于实际的数据长度,则执行 N 次的移位;如果 N 大于数据长度,则执行移位的次数实际数据长度的位数。

4)移位指令影响的特殊存储器位:SM1.0(零);SM1.1(溢出)。如果移位操作使数据变为 0,则零存储器位(SM1.0)自动置位;SM1.1(溢出)的状态由每次移出位的状态决定。

5)移位次数 N 为字节型数据。

6)影响允许输出 ENO 正常工作的出错条件为 SM4.3(运行时间),0006(间接寻址)。

2. 循环左移和循环右移指令

根据所循环移位的数据长度不同,循环左移和循环右移指令可以分为字节型、字型和双字型。

(1)循环左移和循环右移指令格式

循环左移和循环右移指令格式见表 3-3-2。

表 3-3-2 循环左移和循环右移指令格式功能

指令名称(助记符)	梯形图	语句表	操作数范围	N的范围	功能
字节循环左移 ROL-B	ROL_B EN ENO ????-IN OUT-???? ????-N	RLB OUT,N	IN:VB、IB、QB、MB、SB、SMB、LB、AC、*VD、*AC、*LD、常数 OUT:VB、IB、QB、MB、SB、SMB、LB、AC、*VD、*AC、*LD	≤8	当 EN = 1 时,将字节型数据循环左移 N 位送到 OUT
字节循环右移 ROR-B	ROR_B EN ENO ????-IN OUT-???? ????-N	RRB OUT,N			当 EN = 1 时,将字节型数据循环右移 N 位送到 OUT
字循环左移 ROL-W	ROL_W EN ENO ????-IN OUT-???? ????-N	RLW OUT,N	IN:VW、IW、QW、MW、SW、SMW、LW、AC、T、C、*VD、*AC、*LD、常数 OUT:VW、IW、QW、MW、SW、SMW、LW、AC、T、C、*VD、*AC、*LD	≤16	当 EN = 1 时,将字型数据循环左移 N 位送到 OUT
字循环右移 ROR-W	ROR_W EN ENO ????-IN OUT-???? ????-N	RRW OUT,N			当 EN = 1 时,将字型数据循环右移 N 位送到 OUT

续表

指令名称（助记符）	梯形图	语句表	操作数范围	N的范围	功能
双循环字左移 ROL-DW	ROL_DW EN ENO ????-IN OUT-???? ????-N	RLD OUT,N	IN：VD、ID、QD、MD、SD、SMD、LD、AC、HC、* VD、* AC、* LD、常数 OUT：VD、ID、QD、MD、SD、SMD、LD、AC、* VD、* AC、* LD	≤32	当 EN = 1 时，将双字型数据循环左移 N 位送到 OUT
双字循环右移 ROR-DW	ROR_DW EN ENO ????-IN OUT-???? ????-N	RRD OUT,N			当 EN = 1 时，将双字型数据循环右移 N 位送到 OUT

（2）指令特点

1）被移位的数据是无符号的。

2）在移位时，存放被移位数据的编程元件的移出端既与另一端连接，同时又与特殊存储器 SM1.1（溢出）连接，因此最后被移出的位在被移到另一端的同时也进入 SM1.1（溢出）。SM1.1 始终存放最后一次被移出的位。如在循环右移时，移位数据的最右端位移入最左端，同时又进入 SM1.1。SM1.1 始终存放最后一次被移出的位。

3）移位次数 N 与移位数据的长度有关，如果 N 小于实际的数据长度，则执行 N 次移位；如果 N 大于数据长度，则执行移位的次数为 N 除以实际数据长度的余数。

4）如果移位操作使数据变为 0，则零存储器位（SM1.0）自动置位。

5）移位指令影响的特殊存储器位：SM1.0（零）；SM1.1（溢出）。

6）使能输出 ENO 断开的出错条件：SM4.3（运行时间）。

7）移位指令影响的特殊存储器位：SM1.0（零），SM1.1（溢出）。如果移位操作使数据变为 0，则零存储器位（SM1.0）自动置位；SM1.1（溢出）的状态由每次移出位的状态决定。

8）移位次数 N 为字节型数据。

9）影响允许输出 ENO 正常工作的出错条件为 SM4.3（运行时间），0006（间接寻址）。

3. 移位及循环指令应用示例

控制要求：按下启动按钮，8 个彩灯从左到右以 1s 的速度依次点亮，保持任意时刻只有一个指示灯亮，到达最右端后，再从左到右依次点亮，如此循环；按下停止按钮后，循环彩灯停止。

任务分析：8 个彩灯分别接 Q0.0～Q0.7，可以用字节的循环移位指令进行循环移位控制。设置彩灯的初始状态为 QB1=1，即左边第一盏灯亮；接着灯从左到右以 1s 的速度依次点亮，即要求字节 QB0 中的 1 用循环左移位指令每 1s 移动一位，因此须在 ROL_B 指令的 EN 端接一个 1s 的移位脉冲。具体梯形图程序如图 3-3-2 所示。

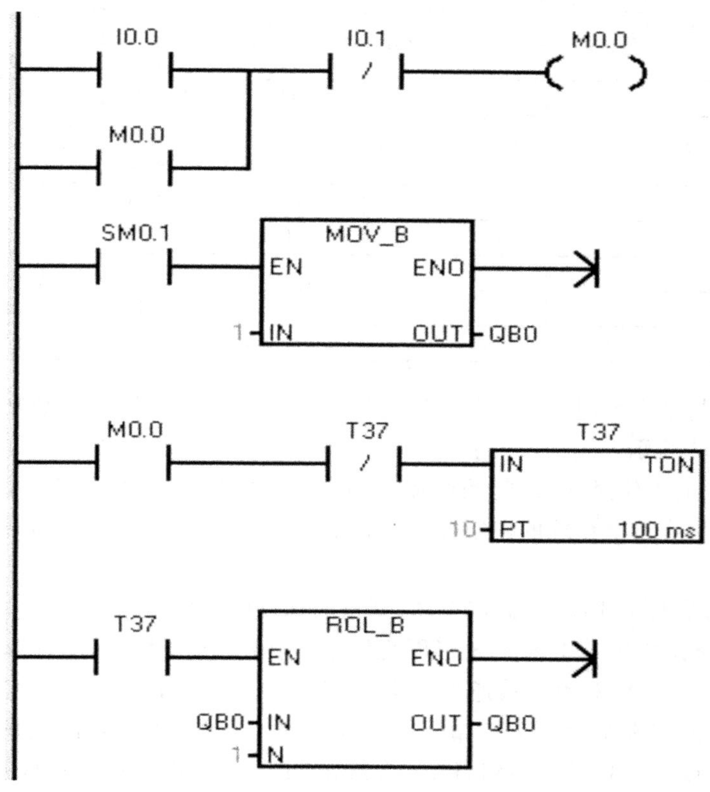

图 3-3-2　彩灯控制梯形图程序

任务实施

(1)确定 PLC 的 I/O(输入/输出)分配。根据上述工作任务的控制要求,可以确定 PLC 需要 2 个输入点,7 个输出点。其 I/O 分配表见表 3-3-3。

表 3-3-3　I/O 分配表

输入量(IN)			输出量(OUT)		
元件代号	功能	输入点	元件代号	功能	输出点
SB1	启动信号	I0.0	HL1	校牌“天”字信号灯	Q0.0
SB2	停止信号	I0.1	HL2	校牌“津”字信号灯	Q0.1
			HL3	校牌“劳”字信号灯	Q0.2
			HL4	校牌“动”字信号灯	Q0.3
			HL5	校牌“经”字信号灯	Q0.4
			HL6	校牌“济”字信号灯	Q0.5
			HL7	校牌“学”字信号灯	Q0.6

续表

输入量(IN)			输出量(OUT)		
元件代号	功能	输入点	元件代号	功能	输出点
			HL8	校牌“校”字信号灯	Q0.7
			HL9	校牌上下循环灯 1	Q1.0
			HL10	校牌上下循环灯 2	Q1.1
			HL11	校牌上下循环灯 3	Q1.2
			HL12	校牌上下循环灯 4	Q1.3
			HL13	校牌上下循环灯 5	Q1.4
			HL14	校牌上下循环灯 6	Q1.5
			HL15	校牌上下循环灯 7	Q1.6
			HL16	校牌上下循环灯 8	Q1.7

(2)设计、绘制接线原理图。根据工作任务的控制要求进行分析,并绘制 PLC 系统接线原理图,如图 3-3-3 所示。

(3)分析任务的工作过程,确定控制流程图。校牌彩灯 PLC 控制流程图见下图 3-3-4。画控制流程图就是将整个系统的控制分解为若干步,每一步的转换条件为时间量,以便易于编写梯形图程序。

(4)根据校牌彩灯的 PLC 控制流程图,画出的梯形图程序,具体如图 3-3-5 所示。

在图 3-3-5 校牌彩灯 PLC 控制梯形图程序中,网络 1 为校牌彩灯的启动/停止操作,按下 SB1 启动按钮,I0.0 状态触点接通为 ON,校牌彩灯控制系统进入启动工作状态,同时在网络 2 程序控制下,校牌彩灯进入初始化状态,即校牌“天津”两字点亮、校牌上下两排 1、2、3、4 循环灯点亮,按下 SB2 停止按钮,I0.1 状态触点断开为 OFF,校牌彩灯控制系统停止在当前显示状态;网络 3 和网络 4 程序实现校牌字和校牌上下循环灯的移动控制;网络 5 程序实现校牌字每秒移动两个字依次点亮;网络 6 程序实现后半个工作周期,校牌字全部点亮的状态;网络 7 表示校牌彩灯完成一个工作周期,初始化校牌“天津”两字点亮,以便进入循环工作状态;网络 8 表示校牌彩灯在后半工作周期,以 1 秒钟为间隔顺时针移动点亮 4 对上下循环灯;网络 9 表示校牌彩灯在前半工作周期,以 1 秒钟为间隔逆时针移动点亮 4 对上下循环灯。校牌彩灯启动后如此循环往复工作,直至操作停止按钮,校牌彩灯控制系统停止运行。

(5)按照校牌彩灯的 PLC 控制系统接线原理图图 3-3-3,进行 PLC 端口硬件接线,并将编辑的梯形图程序下载运行,调试符合任务控制要求。

学生分组进行通电调试,教师现场监护并进行巡查、答疑,各组验证程序运行是否符合控制要求。如果运行出现异常,每组负责编程同学应积极调试,重新运行,同时负责硬件安装接线同学应积极配合检查,直到系统运行正常,符合控制要求,接受教师任务评价和验收。

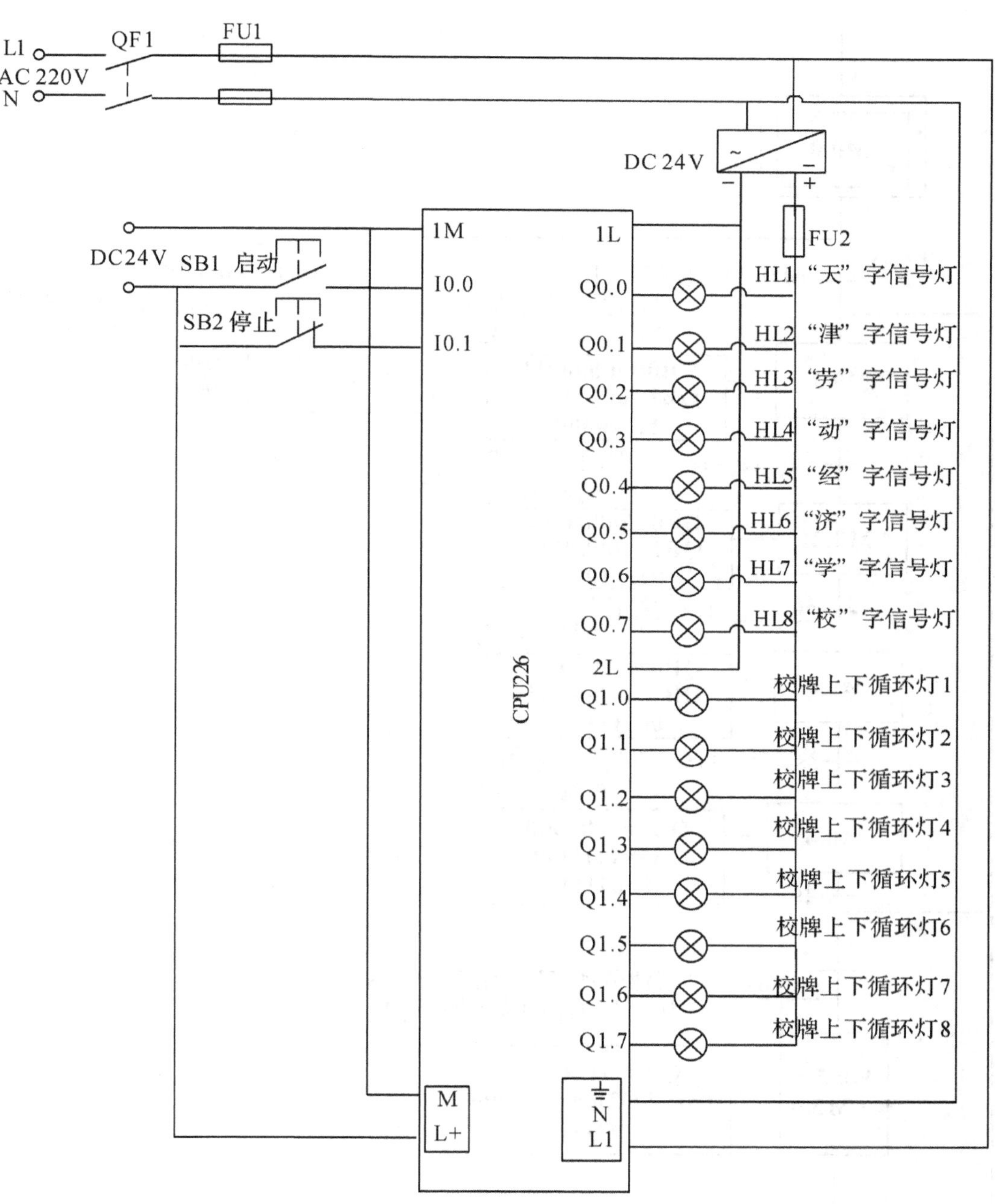

图 3-3-3 校牌彩灯 PLC 控制接线原理图

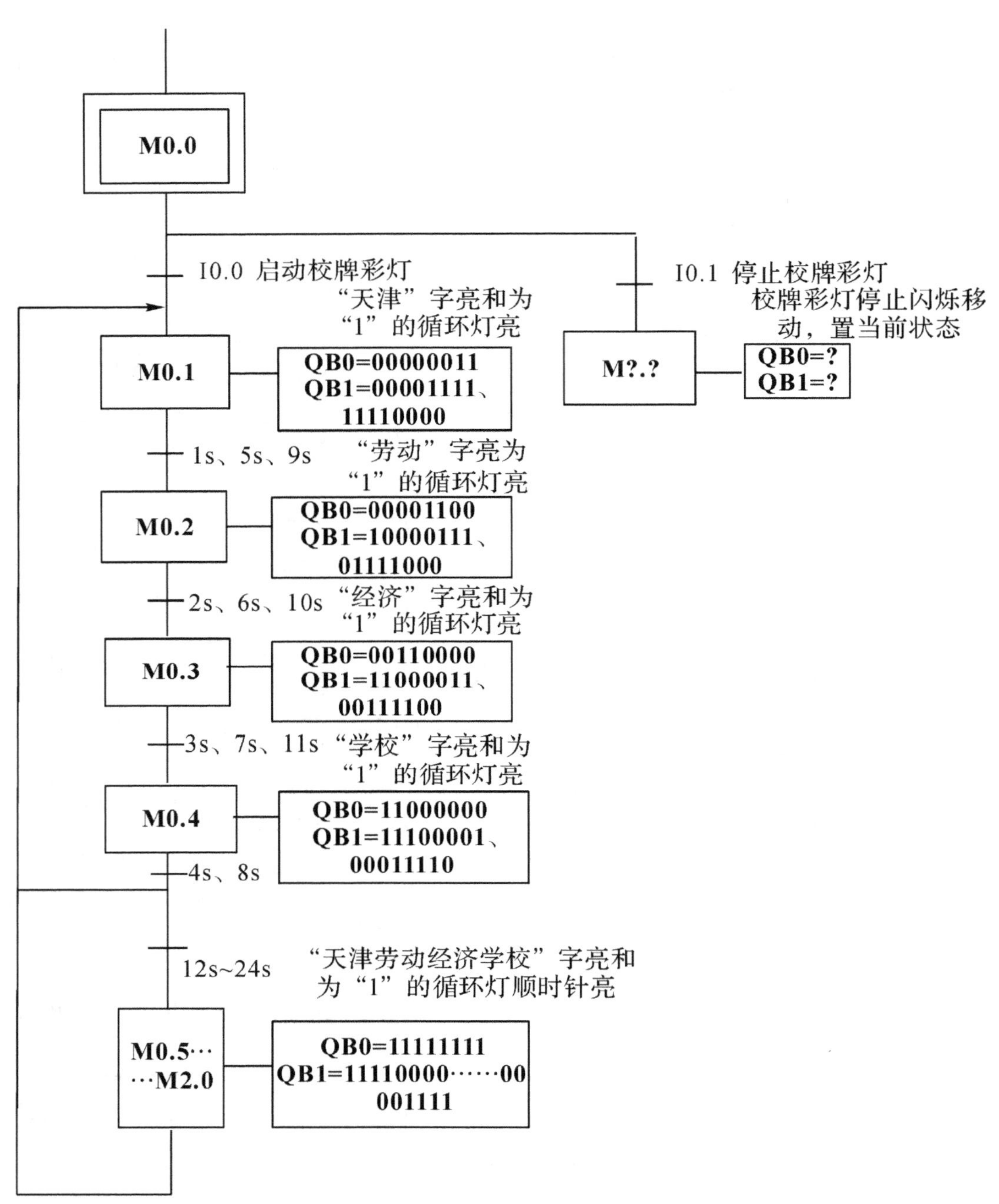

图 3-3-4　校牌彩灯 PLC 控制流程图

网络 1　网络标题

启、保、停控制

I0.0　I0.1　M0.0
M0.0

网络 2

启动校牌彩灯，初始化校牌"天津"字亮、上下1、2、3、4号循环灯亮

I0.0　P
MOV_B　EN　ENO　3-IN　OUT-QB0
MOV_B　EN　ENO　15-IN　OUT-QB1

网络 3

校牌字和上下循环灯移动计时

M0.0　SM0.5　C6　CU　CTU
C9　R
I0.1　12-PV

网络 4

校牌字和上下循环灯移动计时

M0.0　SM0.5　C9　CU　CTU
C9　R
I0.1　24-PV

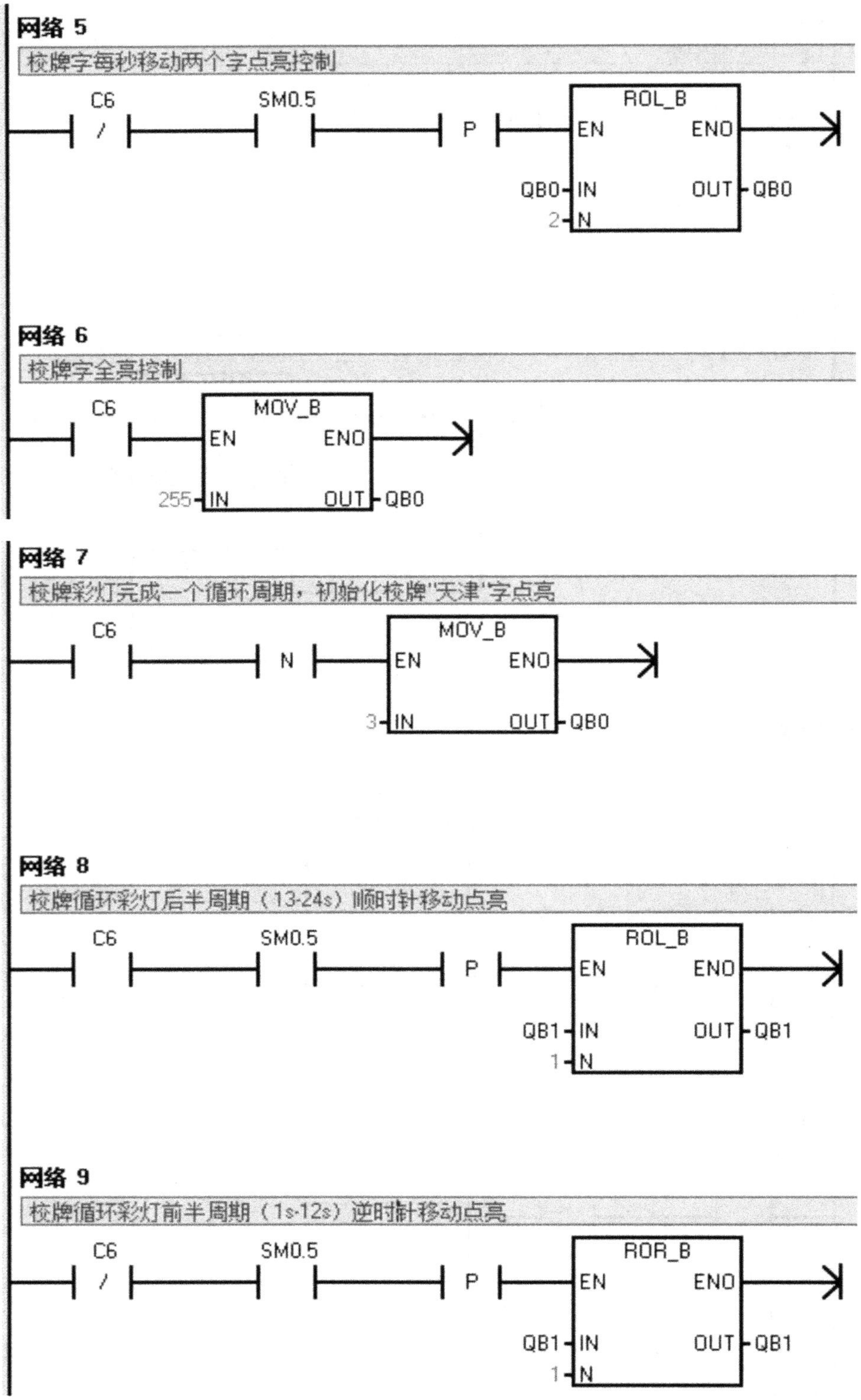
网络 5
校牌字每秒移动两个字点亮控制
C6
SM0.5
P
ROL_B
EN
ENO
QB0
IN
OUT
QB0
2
N
网络 6
校牌字全亮控制
C6
MOV_B
EN
ENO
255
IN
OUT
QB0
网络 7
校牌彩灯完成一个循环周期，初始化校牌'天津'字点亮
C6
N
MOV_B
EN
ENO
3
IN
OUT
QB0
网络 8
校牌循环彩灯后半周期（13-24s）顺时针移动点亮
C6
SM0.5
P
ROL_B
EN
ENO
QB1
IN
OUT
QB1
1
N
网络 9
校牌循环彩灯前半周期（1s-12s）逆时针移动点亮
C6
SM0.5
P
ROR_B
EN
ENO
QB1
IN
OUT
QB1
1
N

图 3-3-5　校牌彩灯 PLC 控制梯形图程序

检查评价

完成工作任务评价表：

表 3-3-4　工作任务评价表

主要内容	考核要求	配分	评分标准	得分
硬件安装程序设计	根据任务要求，分配 PLC 的 I/O 地址，并列出地址分配表。根据给定要求，设计顺序控制功能图。	15	输入/输出分配不合理，每出现一处地址遗漏或错误扣 1 分；顺序功能图设计不合理或错误，每处扣 2 分，画法不规范，每处扣 1 分。	
	根据 PLC 的 I/O 地址分配表，设计 PLC 外部硬件接线原理图，并能正确安装接线，接线要正确、紧固、美观。	20	PLC 的外部硬件接线原理图设计不正确，每出现一处错误扣 2 分，并按照错误设计进行硬件接线每处加扣 2 分；接线不紧固、不美观、每处扣 2 分；连接点松动、遗漏，每处扣 0.5 分；损伤导线绝缘或线芯，每根扣 0.5 分。	
	设计梯形图程序，并熟练操作计算机输入 PLC 程序；按照被控制设备的动作要求进行模拟调试，达到控制要求。	50	编程软件应用不熟练，不会用删除、插入、修改等指令，每处扣 2 分；程序下载运行后，1 次试车不成功口 8 分，2 次不成功口 15 分，3 次不成功口 30 分。	
安全操作文明协作	正确使用工具和无操作不当引起设备损坏，遵守国家相关专业安全文明成产规程。	15	工具操作不当导致损坏设备每出现一处扣 3 分，仪表使用错误扣 3 分，带电插拔导线每出现一次 1 分；实验操作完毕工位不清洁，工具不清理，每组同学各扣 2 分。	

思考练习

左、右移位指令和循环左右移位指令有何区别？

知识拓展

在相关理论的应用示例中，编程采用的 ROLB 字节左移指令来实现的 8 个彩灯的移位其指令格式如图 3-3-6 所示。移位寄存器指令(SHRB)是既可以指定移位寄存器的长度又可以指定移位方向的移位指令。

该指令在梯形图中有 3 个数据输入端：DATA 为数据输入端，将该位的值移入移位寄存器；S_BIT 为移位寄存器的最低位端；N 指定移位寄存器的长度，N 的值可以为正数也可以为负数。N 为正数表示左移，将输入数据(DATA)的状态移入移位寄存器的最低位(S_BIT)，并移出移位寄存器的最高位，移出的数据放在 SM1.1 中。N 为负数表示右移，将输入数据(DATA)的状态移入移位寄存器的最高位中，并移出最低位，移出的数据放在 SM1.1 中。移位寄存器的其他位按照 N 指定的方向向左或向右依次串行移位。

移位寄存器的数据类型有字节型、字型、双字型之分，移位寄存器的长度 N(≦ 64)由程

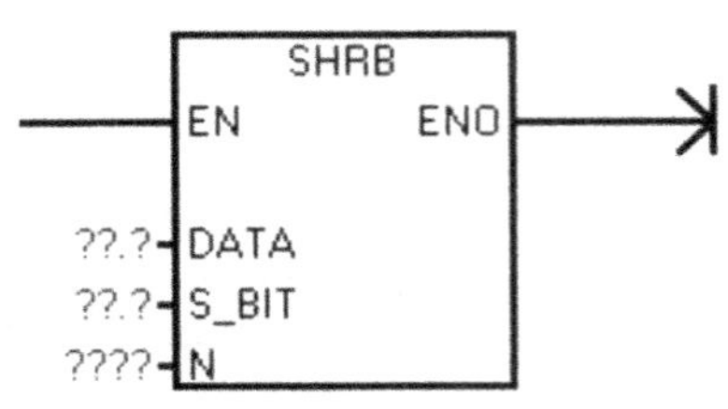

图 3-3-6　移位寄存器梯形图指令格式

序决定。移位寄存器的最低位就是 S_BIT，而最高位的计算方法为 MSB=[|N|−1+(S_BIT 的位号)]/8=商+余数，式中的“8”表示一个字节有 8 位。其中最高位的字节号是 MSB 的商+S_BIT 的字节号，最高位的位号是 MSB 的余数。例如：S_BIT=V10.0，N=5，则 MSB=[5−1+0]/8=0+4，即最高位的字节号 10，位号为 4，因此最高位为 V10.4。

移位寄存器指令应用示例：在输入触点 I0.0 的上升沿，从 VB10 的低 4 位由低位向高位移位，I0.1 移入最低位，其梯形图、时序图如图 3-3-7(a)(b)所示。

取证要点

1. 移位指令按移位数据的长度可分为字节型、字型和双字型 3 种，按移位方向可分为左移位指令和右移位指令。

2. 移位寄存器指令的长度在指令中进行指定的，可指定的最大长度为 64 位。

3. 如果移位次数设定值大于移位数据的位数，则执行循环移位前，系统先对设定值取以数据长度为底的模，用小于数据长度的结果作为实际循环移位的次数。

4. 移位指令中移位次数与移位数据的长度无关。　（×）

5. 移位指令最后移出的位被放到 SM1.1 中，另一端自动补 0。　（√）

6. 移位指令中被移位的数据是无符号的。　（√）

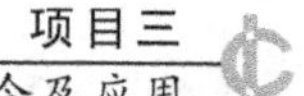

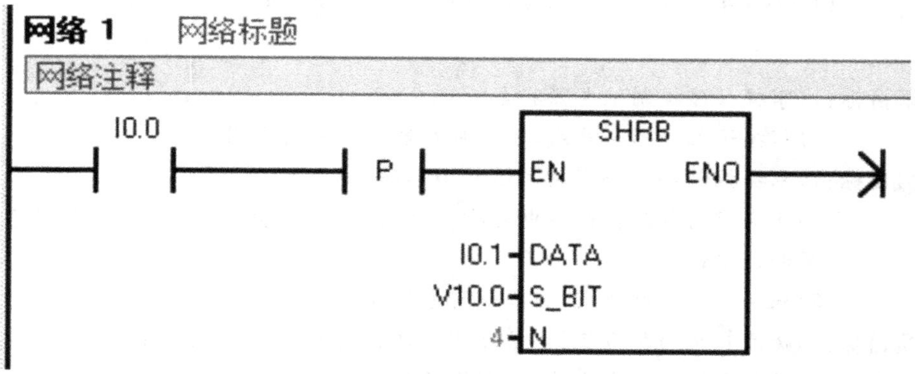

(a) 梯形图

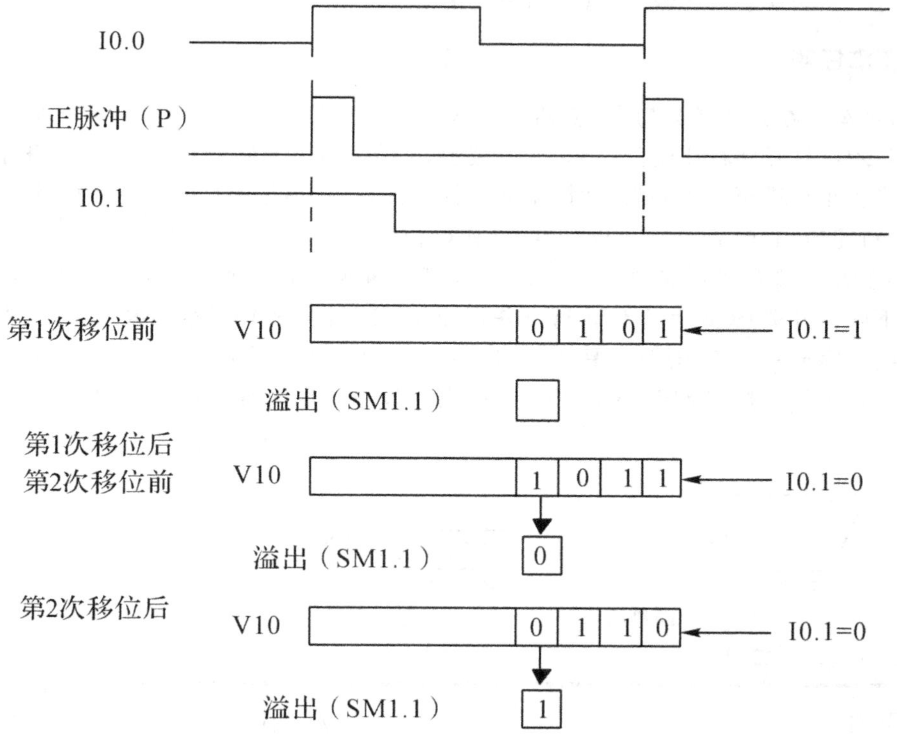

（b）时序图

图 3-3-7　梯形图与时序图

任务四　PLC 控制运料小车自动往返运行

知识目标:1)掌握顺序控制继电器指令;
2)掌握子程序指令格式,了解带参数子程序的调用。

能力目标:1)依据控制要求合理制定运料小车的 I/O 分配;
2)学会应用顺序控制继电器指令进行编程,并会建立子程序,并能够正确编写和调用;
3)根据任务控制要求,正确进行电气接线、运行、调试。

素质目标:1)树立正确的学习目标,培养团结协作的意识;
2)培养和树立安全生产、文明操作的意识;
3)学会简化程序,培养创新思想。

工作任务

运料小车停在如图 3-4-1 所示初始位置,限位开关 SQ1 处于压下为“ON”的状态。按下起动按钮 SB1,打开储料斗闸门,小车开始装料,6 秒钟后关闭储料斗闸门,小车开始载料向前行驶,当小车行进至第 1 卸料处时,压下限位开关 SQ3,小车停止并打开底门卸料,4 秒钟后小车卸料完毕,底门关闭返回至装料处(初始位置)。当压下限位开关 SQ1,储料斗门打开又为小车装料,6 秒钟后储料斗门关闭,小车载料再次向前行驶。当小车行进至第 2 卸料处时,压下限位开关 SQ2,小车停止行进并打开底门卸货,4 秒钟后小车底门关闭,返回至初始位置停止,完成一个工作周期,具体动作过程如下图 3-4-2 所示。运料小车在完成一个工作周期后,按下停止按钮 SB2 小车停止工作,若不按下停止按钮 SB2,小车继续循环运行。

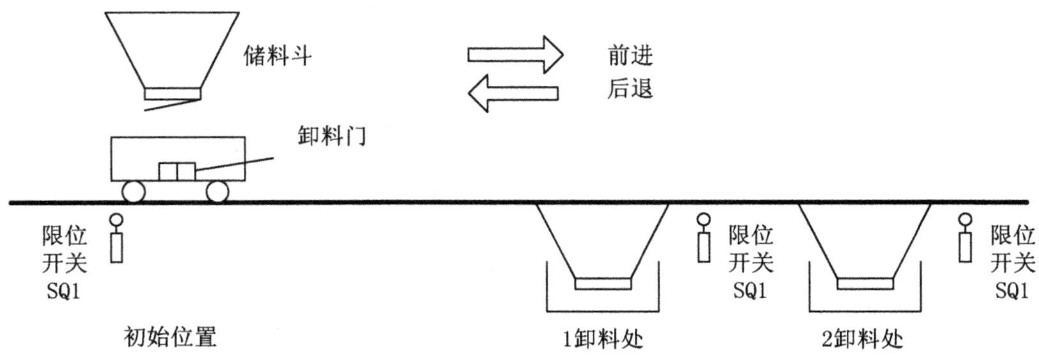

图 3-4-1　运料小车示意图

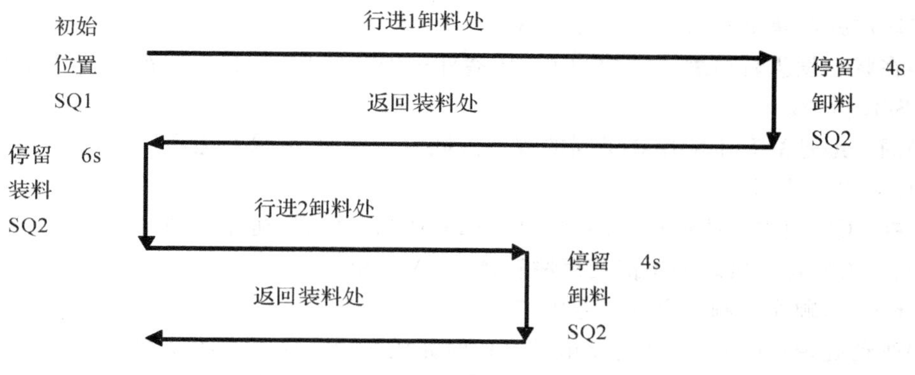

图 3-4-2 运料小车的动作过程

相关理论

一、顺序控制继电器指令

顺序控制继电器指令可使功能图编程简单化和规范化。顺序控制程序设计包含两部分。一是定义顺序段(又称工步:一个较稳定的状态,由开始、结束和转移组成),二是设计各种顺序结构。S7-200PLC 的顺序控制继电器指令由一组指令构成,它们分别为顺序段开始指令 SCR、顺序段转移指令 SCRT 及顺序段结束指令 SCRE,其梯形图分别为图 3-4-3(a)、(b)、(c)所示:

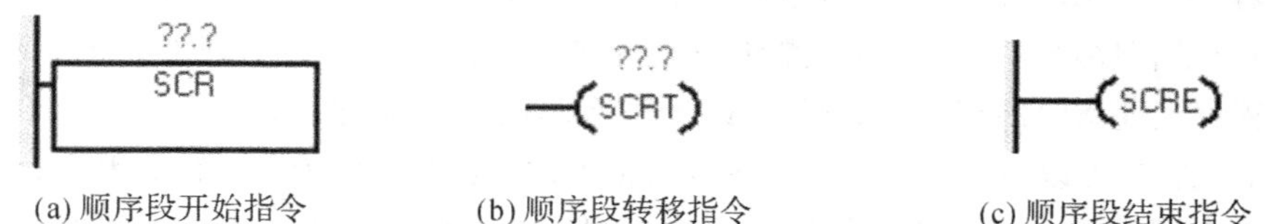

(a) 顺序段开始指令　(b) 顺序段转移指令　(c) 顺序段结束指令

图 3-4-3 顺序控制继电器指令梯形图

顺序段开始指令(SCR):定义一个顺序控制段开始。S bit 为顺序控制继电器指令的地址编号,也称为标号。S7-200 系列 PLC 的 S bit 为 S0.0～S31.7。当 S n=1 时(标志该段的状态元件为 1),执行该顺序段,其他顺序段之间的所有程序都不能被执行。顺序段从 SCR n 开始,到 SCRE 指令结束。

顺序段转移指令(SCRT):使能输入有效时,将本顺序段的顺序控制继电器位清零,下一步顺序控制继电器位置 1。换言之,顺序段转移指令是把程序的执行权从本顺序控制段转出到 SCRT 上面编号的顺序控制程序段,当执行 SCRT 指令时,要转到的顺序段开始指令 SCR 的地址位置位为 1,同时被转移顺序段开始指令 SCR 的地址位 S bit 复位为 0。

顺序段结束指令(SCRE):用来表示一个顺序控制段的结束,它使程序退出一个激活的 SCR 程序步,SCR 程序步必须由 SCRE 指令结束。顺序控制段的具体程序应放在 SCR 和 SCRE 之间。

顺序控制继电器指令在应用时应注意以下几个事项：

(1)顺序控制指令只对状态元件S有效。

(2)在状态发生转移后，SCR段中的元器件一般会复位，如特殊情况输出需要保持时，可使用S/R指令。

(3)同一编号的S不能用在不同的程序区域中。例如，如果在主程序中使用S0.4，则不能在子程序中再使用。

(4)在SCR段中不能使用程序循环指令FOR和NEXT，也不能使用结束指令END。

(5)在SCR程序段之间不能使用跳转指令JMP和LBL。

由此可见，顺序控制继电器指令中应包含三个要素：

(1)驱动处理：即在该步状态继电器有效时完成对应程序段中的动作。

(2)指定转移条件和目标：在满足转移条件后，活动步转移到目标所指的下一步。

(3)转移源自动复位功能：发生转移后，使下一步变为活动步的同时，自动复位原步。

二、子程序指令

S7-200PLC把程序主要分为三大类：主程序(OB1)、子程序(SBR n)和中断程序(INT n)。在实际应用中，有些程序内容可能被反复使用，对于这些可能被反复使用的程序，往往把它编成一个单独的程序块，存放在程序的某一个区域中。执行程序时，可以随时调用这些程序块。这些程序块可以带一些参数，也可以不带参数，这类程序块叫做子程序。

1. 建立子程序

建立子程序是通过编程软件完成的，可以在"编辑"菜单，选择插入(Insert)→子程序(Subroutine)；或者在"指令树"，用鼠标右键点击"程序块"图标，并从弹出菜单选择插入(Insert)→子程序(Subroutine)；或在"程序编辑器"窗口，用鼠标右键点击并从弹出菜单选择插入(Insert)→子程序(Subroutine)。操作完成后在指令树窗口就会出现新建的子程序图标，其默认的程序名是SBR_n(n的编号是从0开始按加1的顺序递增的)。S7-200PLC中除CPU 226XM最多可以有128个子程序外，其他CPU最多可以有64个子程序。子程序的程序名可以在图标上直接修改。编辑子程序时可直接在指令树窗口双击其图标即可进行。

2. 子程序的调用和子程序的返回

主程序可以按要求用子程序调用指令来调用指定的某个子程序，而子程序执行完必须返回主程序中。

子程序调用(CALL)当使能输入有效时，主程序把控制权交给子程序SBR n。子程序调用时可以带参数，也可不带参数。程序条件返回指令是指当使能输入有效时，结束子程序执行，并返回到主程序中调用该子程序处的下一条指令继续执行。其梯形图指令符号如图3-4-4(a)、(b)所示。

梯形图表示：子程序调用指令由子程序调用当子程序调用允许时，调用指令将程序控制转移给子程序(SBR_n)，程序扫描将转到子程序入口处执行。当执行子程序时，子程序将执行全部指令直至满足返回条件才返回，或者执行到子程序末尾而返回。当子程序返回时，返回到原主程序出口的下一条指令执行，继续往下扫描程序。

3. 子程序编程示例

子程序指令的使用如图3-4-5所示。主程序仅有一段程序，该段程序的功能是当输入

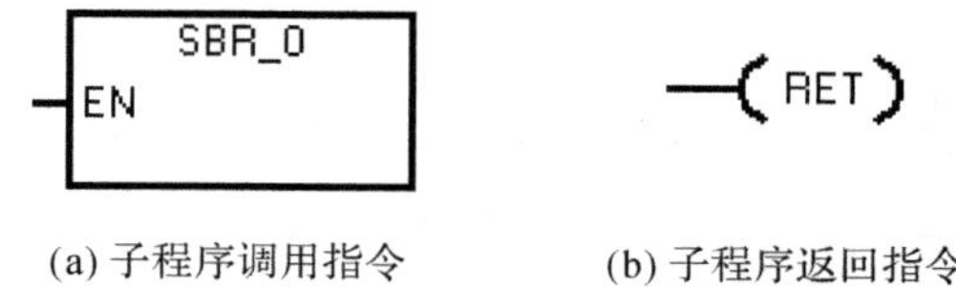

(a) 子程序调用指令　　(b) 子程序返回指令

图 3-4-4　子程序指令梯形图

端 I0.0＝1 时，调用并执行子程序 SBR_0，执行完子程序中第一条指令后，在第二条指令开始初，如果 I0.2＝1，则立即返回，否则执行到子程序末尾返回。

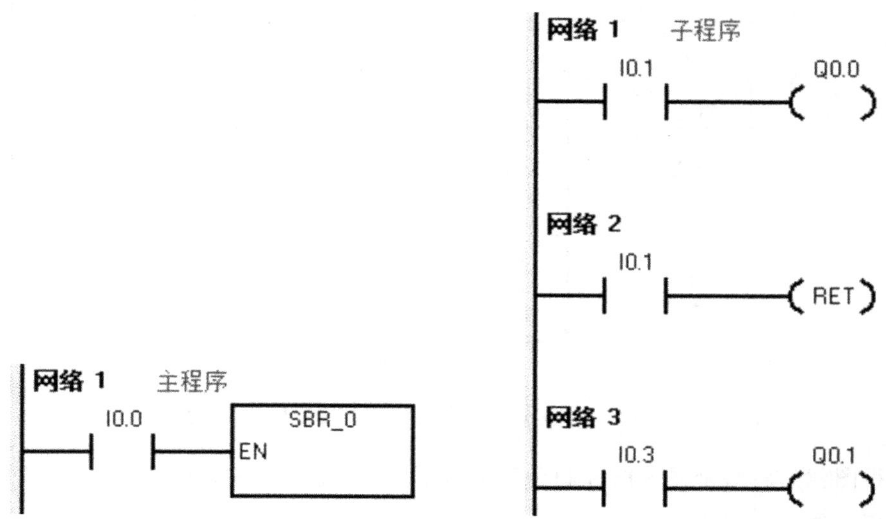

图 3-4-5　子程序指令编程示例

任务实施

(1)确定 PLC 的 I/O(输入/输出)分配。根据上述工作任务的控制要求，可以确定 PLC 需要 5 个输入点，4 个输出点。其 I/O 分配表见表 3-4-1。

表 3-4-1　I/O 分配表

输入量(IN)			输出量(OUT)		
元件代号	功能	输入点	元件代号	功能	输出点
SB1	起动按钮	I0.0	KM1	料车前进	Q0.0
SB2	停止按钮	I0.1	KM2	料车后退	Q0.1
SQ1	装料限位	I0.2	KM3	储料斗门打开	Q0.2
SQ2	第一卸料处限位	I0.3	KM4	料车卸料	Q0.3
SQ3	第二卸料处限位	I0.4			

(2)设计、绘制接线原理图。根据工作任务的控制要求进行分析，并绘制 PLC 系统接线原理图，如图 3-4-6 所示。

(3)分析任务的工作过程，确定控制流程图。运料小车控制流程图见下图 3-4-7 所示。

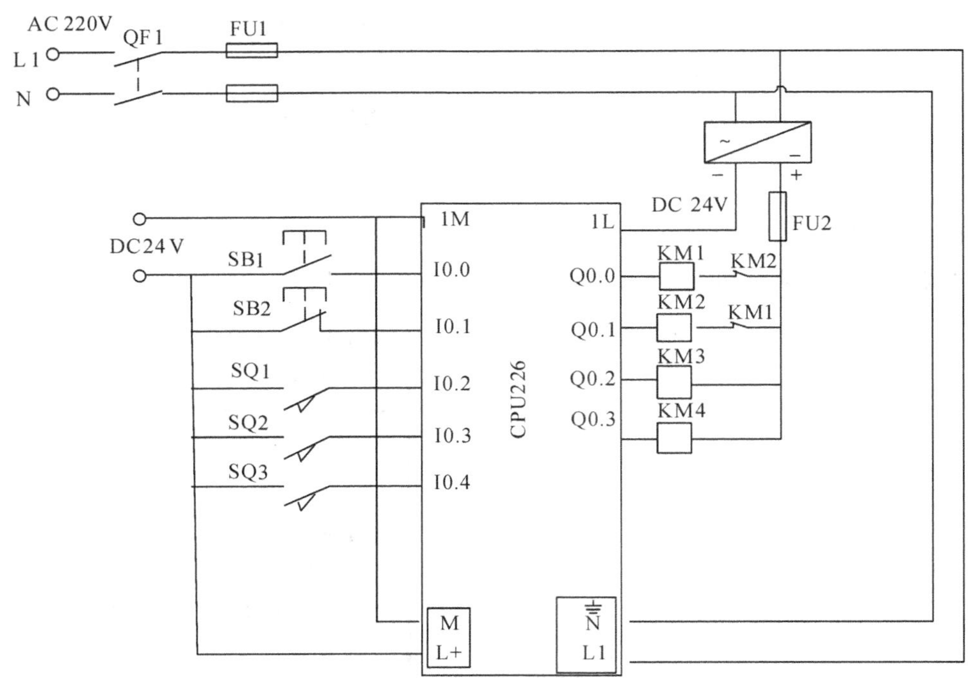

图 3-4-6 PLC 控制运料小车自动往返运行硬件接线原理图

画控制流程图就是将整个系统的控制分解为若干步，并确定每一步的转换条件，以便易于用相关功能指令编写梯形图程序。

(4)根据前面设计的运料小车自动往返运行控制流程图，画出 PLC 控制运料小车自动往返的梯形图程序如图 3-4-8 所示。

梯形图中，网络 1 由 SM0.0 常通状态来调用小车卸料子程序，该子程序卸料标志位 M3.0 为 ON，开始 4 秒钟的卸料；网络 2 表示运料小车在装料处，并且按下启动按钮 SB1，激活顺序控制程序段 S0.0，其顺序段程序内容为网络 3～网络 5，主要完成小车 6 秒钟的装料工作，装料结束后转移到顺序控制段 S0.1 或顺序控制段 S0.3；S0.1 顺序段由网络 6～网络 8 构成，主要任务完成小车的送料工作，当小车到第 1 卸料处停止前进，执行卸料子程序，待卸料结束后转移顺序控制程序段 S0.2；S0.2 顺序段由网络 9～网络 11 构成，主要完成小车返回装料处的工作，在此程序段置位第二卸料处的标志位 M3.1，为小车再次送料做准备，并且转移到 S0.0 程序段，继续开始装料；网络 12～网络 14 表示小车再次送料，当行至第 2 卸料处小车停止前进，执行卸料子程序，待卸料结束后转移顺序控制程序段 S0.4；S0.4 顺序段由网络 15～网络 17 构成，此程序段小车返回装料处，继续装料循环运行；网络 18 表示小车在装料处若是按下停止按钮 SB2，小车停止运料，反之就自动进入下一个循环工作周期。

(5)按照 PLC 控制运料小车自动运行的硬件接线原理图 3-4-6，进行 PLC 端口部分 I/O 硬件接线，并将编辑的梯形图程序下载运行，调试符合任务控制要求。

在教师的现场监护下进行通电调试，验证程序运行是否符合控制要求。如果运行出现

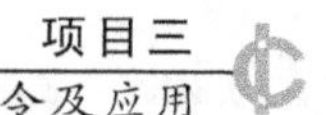

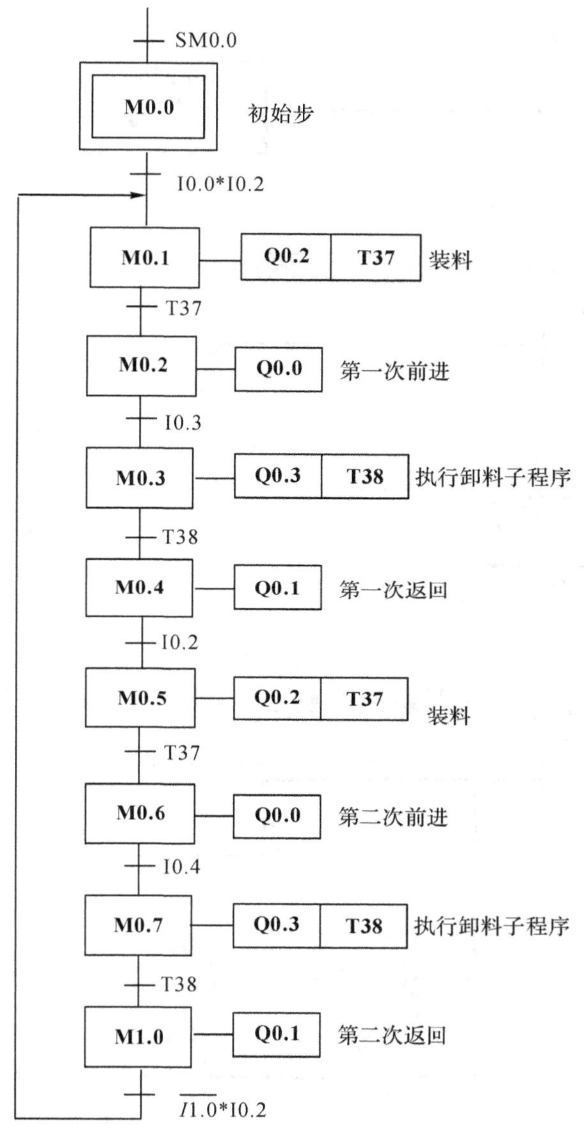

图 3-4-7　PLC 控制运料小车自动往返运行流程图

异常，每组负责编程同学应积极调试，重新运行。同时负责硬件安装接线同学应积极配合检查，直到系统运行正常，符合控制要求，接受教师任务评价和验收。

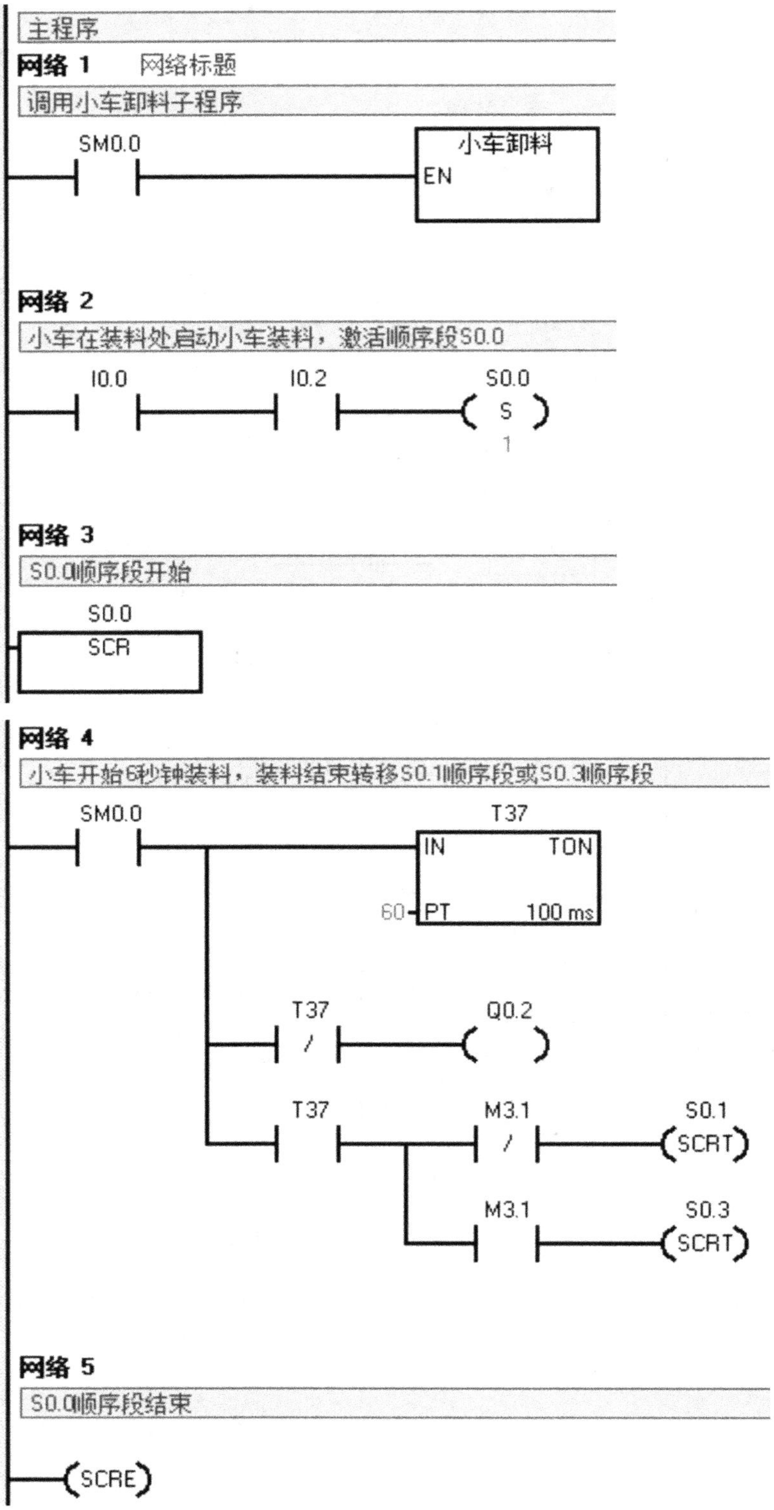

主程序

网络 1　网络标题

调用小车卸料子程序

SM0.0　小车卸料　EN

网络 2

小车在装料处启动小车装料，激活顺序段S0.0

I0.0　I0.2　S0.0　(S)　1

网络 3

S0.0顺序段开始

S0.0　SCR

网络 4

小车开始6秒钟装料，装料结束转移S0.1顺序段或S0.3顺序段

SM0.0　T37　IN　TON　60-PT　100 ms

T37 /　Q0.2 (　)

T37　M3.1 /　S0.1 (SCRT)

M3.1　S0.3 (SCRT)

网络 5

S0.0顺序段结束

(SCRE)

网络 6

S0.1顺序段开始

S0.1
SCR

网络 7

小车向前运行，到卸料1处开始卸料，卸料结束转移S0.2顺序段

SM0.0 I0.3 / Q0.0
I0.3 M3.0 S 1
S0.2 SCRT

网络 8

S0.1顺序段结束

SCRE

网络 9

S0.2顺序段开始

S0.2
SCR

网络 10

小车返回装料处转移S0.0再次装料

SM0.0 M3.0 / I0.2 / Q0.1
M3.1 S 1
I0.2 S0.0 SCRT

网络 11

S0.2顺序段结束

SCRE

网络 12

S0.3顺序段开始

```
S0.3
SCR
```

网络 13

小车再次向前运行，到卸料2处开始卸料，卸料结束转移S0.4顺序段

```
SM0.0        I0.4         Q0.0
-| |----+----|/|---------( )
        |    I0.4         M3.0
        +----| |----+----( S )
                    |      1
                    |     S0.4
                    +----(SCRT)
```

网络 14

S0.3顺序段结束

```
-(SCRE)
```

网络 15

S0.4顺序段开始

```
S0.4
SCR
```

网络 16

小车返回装料处转移S0.0重新装料，继续下一个工作周期

```
SM0.0        M3.0         I0.2         Q0.1
-| |---------|/|----+----|/|----+----( )
                    |           |    M3.1
                    |           +----( R )
                    |                  1
                    |    I0.2         S0.0
                    +----| |---------(SCRT)
```

网络 17

S0.4顺序段结束

```
-(SCRE)
```

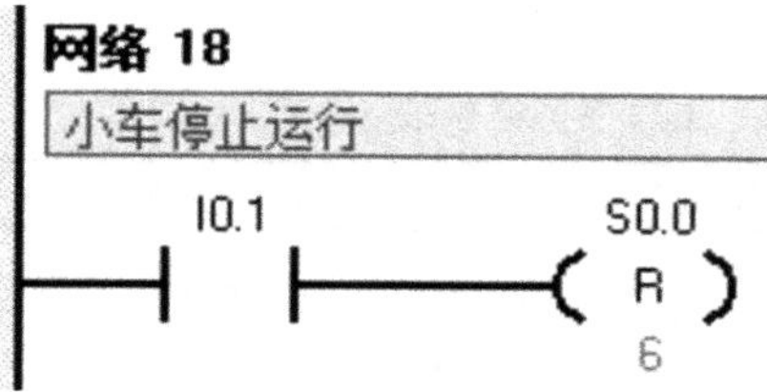

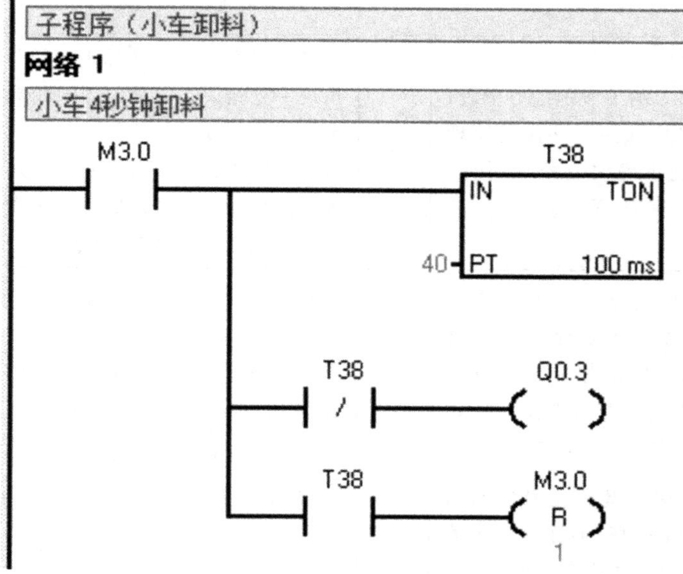

图 3-4-8　PLC 控制运料小车自动往返运行梯形图程序

检查评价

完成工作任务评价表(见表 3-4-2)。

表 3-4-2 工作任务评价表

主要内容	考核要求	配分	评分标准	得分
硬件安装 程序设计	根据任务要求,分配 PLC 的 I/O 地址,并列出地址分配表。根据给定要求,设计顺序控制功能图。	15	输入/输出分配不合理,每出现一处地址遗漏或错误扣 1 分; 顺序功能图设计不合理或错误,每处扣 2 分,画法不规范,每处扣 1 分。	
	根据 PLC 的 I/O 地址分配表,设计 PLC 外部硬件接线原理图,并能正确安装接线,接线要正确、紧固、美观。	20	PLC 的外部硬件接线原理图设计不正确,每出现一处错误扣 2 分,并按照错误设计进行硬件接线每处加扣 2 分; 接线不紧固、不美观、每处扣 2 分; 连接点松动、遗漏,每处扣 0.5 分; 损伤导线绝缘或线芯,每根扣 0.5 分。	
	设计梯形图程序,并熟练操作计算机输入 PLC 程序;按照被控制设备的动作要求进行模拟调试,达到控制要求。	50	编程软件应用不熟练,不会用删除、插入、修改等指令,每处扣 2 分; 程序下载运行后,1 次试车不成功口 8 分,2 次不成功口 15 分,3 次不成功口 30 分。	
安全操作 文明协作	正确使用工具和无操作不当引起设备损坏,遵守国家相关专业安全文明成产规程。	15	工具操作不当导致损坏设备每出现一处扣 3 分,仪表使用错误扣 3 分,带电插拔导线每出现一次 1 分; 实验操作完毕工位不清洁,工具不清理,每组同学各扣 2 分。	

思考练习

(1)应用顺序控制继电器指令编程时,同一地址的 S 位能否应用于不同的程序分区?例如,能否将 S0.2 同时用于主程序和子程序中?

(2)在 SCR 顺序段内不可以使用跳转指令,那么在 SCR 顺序段外可否使用跳转指令呢?

(3)子程序由子程序标号开始,到子程序返回指令结束。若是子程序中没有返回指令,那么能否返回主程序?程序如何执行?

知识拓展

一、顺序控制相关知识

顺序控制是按照生产工艺或工作过程预先规定的顺序,在各个输入信号的作用下,根据内部状态和时间顺序,使生产过程或工作过程中各个执行机构自动而有序地进行工作。目前 PLC 顺序控制除了采用顺序控制继电器(SCR)指令外,还可使用“启动—保持—停止”电

路的编程方法、“置位/复位指令”的编程方法和以转换为中心的编程方法实现。

1. 使用“启动—保持—停止”电路编程实现顺序控制

“启动—保持—停止”电路仅仅使用与触点和线圈有关的指令，无需编程元件做中间环节，各种型号 PLC 的指令系统都有相关指令。加上该电路利用自保持，从而具有记忆功能，且与传统继电器控制电路基本相类似，因此应用“启动—保持—停止”电路编程的应用也非常广泛。

根据顺序功能图编制梯形图时，可以用存储器 M 来代表步。某一步为活动步时，对应的存储器位为 1，某一转换实现时，该转换的后续步变为活动步，前级步变为不活动步。如果顺序功能图中有仅由两步组成的小闭环，用“启动—保持—停止”电路编制的梯形图不能正常工作。所以上述方法仅适用于 3 步及其以上步序的系统，使用时应予以注意。识读“启动—保持—停止”电路的关键是找出其启动条件、保持条件和停止条件。

2. 使用“置位/复位”指令编程实现顺序控制

S7-200 系列 PLC 有置位和复位指令，且对同一个线圈置位和复位指令可分开编程，所以可以实现以转换条件为中心的编程。如图 3-4-9 所示，要实现 Xi 对应的转换必须同时满足两个条件：前级步为活动步（$M_{i-1}=1$）和转换条件满足（$X_i=1$），所以用 M_{i-1} 和 X_i 的常开触点串联组成的电路来表示上述条件。两个条件同时满足时，该电路接通时，此时应完成两个操作：将后续步变为活动步（用 S 指令将 M_i 置位）和将前级步变为不活动步（用 RST M_{i-1} 指令将 M_{i-1} 复位）。这种编程方法很有规律，每一个转换都对应一个 S/R 的电路块，有多少个转换就有多少个这样的电路块。

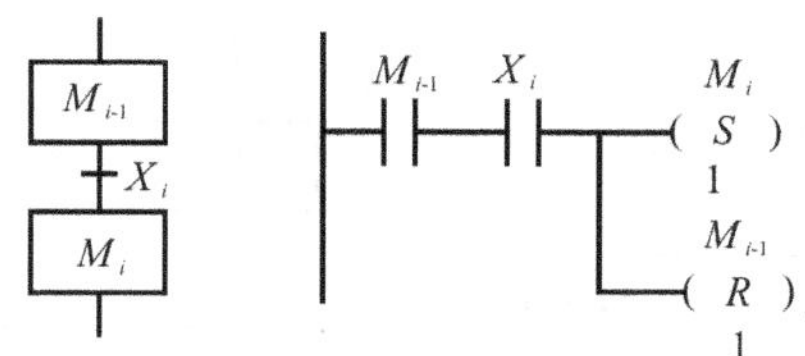

图 3-4-9 采用置位/复位指令编写顺序控制示意图

3. 以转换为中心的顺序控制

顺序控制从结构上来说，除了单序列外，还有选择序列、并行序列、循环序列、符合序列等结构。

(1)单序列结构

本节任务运料小车的工作形式比较简单，属于单序列顺序结构。这种顺序功能图结构没有分支，每一步后面只有一个转换，每个转换后面只有一步；各工步按顺序执行，上一工步执行结束，转换条件成立，则立即开通下一工步，同时关断上一工步。图 3-4-10 所示的为单序列顺序结构。

(2)选择序列结构

选择序列有开始和结束之分。选择序列的开始称为分支，各分支画在水平单线之下，各分支中表示转换的短画线只能画在水平单线之下的分支上。选择序列的结束称为合并，选择序列的合并是指几个选择分支合并到一个公共序列上，各分支也都有各自的转换条件。各分支画在水平单线之上，各分支中表示转换的短画线只能画在水平单线之上的分支上。

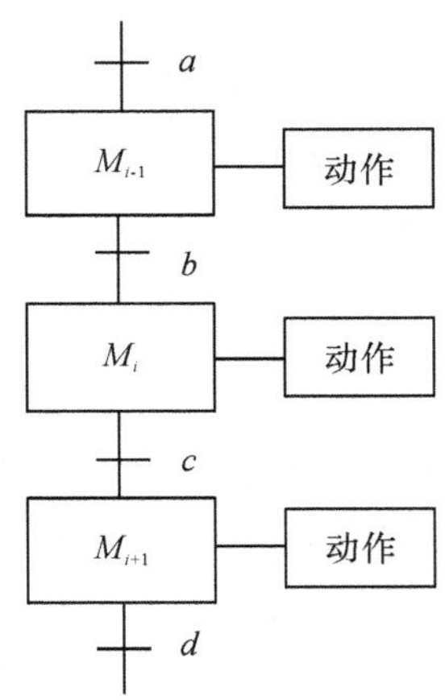

图 3-4-10　单序列顺序结构图

在图 3-4-11 中，假设 3 为活动步，若转换条件 $a=1$，则执行工步 4；若转换条件 $b=1$，则执行工步 5；若转换条件 $c=1$，则执行工步 6，即哪个条件满足，则选择相应的分支，同时关断上一步 3。在图 3-4-12 中，如果工步 7 为活动步，转换条件 $d=1$，则工步 7 向工步 10 转换；如果工步 8 为活动步，转换条件 $e=1$，则工步 8 向工步 10 转换；如果工步 9 为活动步，转换条件 $f=1$，则工步 9 向工步 10 转换。

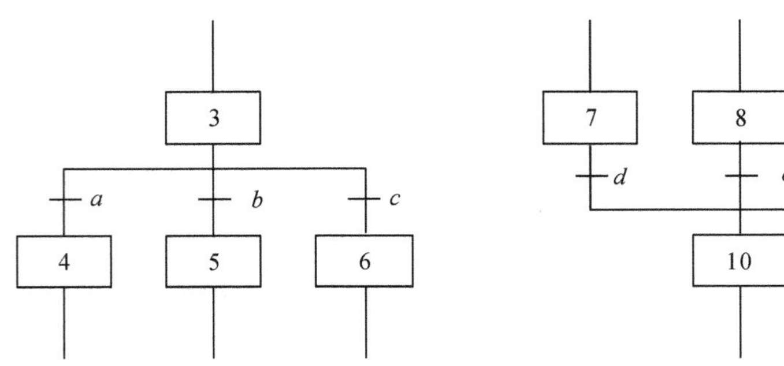

图 3-4-11　选择分支的开始　　　　图 3-4-12　选择分支的合并

(3)并行序列结构

并行序列的开始称为分支(见图 3-4-13)，当转换的实现导致几个序列同时激活时，这些序列称为并行序列。当步 3 是活动的，并且转换条件 $e=1$、4 和 6 这两步同时变为活动步，同时步 3 变为不活动步。为了强调转换的同时实现，水平连线用双线表示。步 4 和步 6 被同时激活后，每个序列中活动步的进展将是独立的。在表示同步的水平双线上，只允许有一个转换符号。并行序列用来表示系统几个同时工作的独立部分的工作情况。

并行序列的结束称为合并(见图 3-4-13)，表示同步的水平双线之下，只允许有一个转换符号。当直接连在双线上的所有前级步(步 5 和步 7)都处于活动状态，并且在转换条件 $i=1$时，才会发生步 5 和步 7 到步 10 的进展，即步 5 和步 7 同时变为不活动步，而步 10 变为活动步。

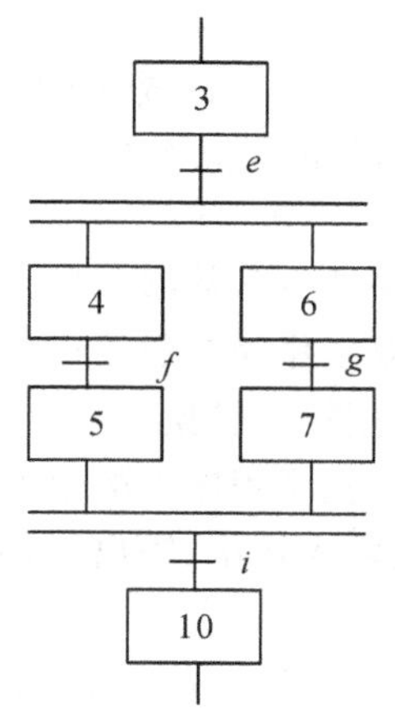

图 3-4-13　并行序列结构

二、带参数子程序

子程序的调用过程如果存在数据的传递，那么在调用指令中应包含相应的参数。带参数的子程序调用增加了调用的灵活性。

1. 子程序参数

子程序最多可以传递 16 个参数。参数包含变量名、变量类型和数据类型等信息，在子程序的局部变量表中加以定义。

(1)变量名

最多用 8 个字符表示，首字符不能使用数字。

(2)变量类型

按变量对应数据的传递方向来划分的，变量类型有传入子程序(IN)、传入和传出子程序(IN/OUT)、传出子程序(OUT)和暂时变量(TEMP)4 种类型。4 种变量类型的参数在变量表中的位置必须按以下先后顺序排列。

1)IN 类型：传入子程序参数。可以是直接寻址数据(如 VB110)、间接寻址数据(如 *AC1)、立即数(如 16＃2343)或数据的地址(如 & VB100)。

2)IN/OUT 类型：传入和传出子程序参数。调用时将指定参数位置的值传到子程序，返回时将从子程序得到的结果返回到同一地址。参数只能采用直接或间接寻址。

3)OUT 类型：传出子程序参数。将从子程序得到的结果返回到指定的参数位置。同 IN/OUT 类型一样，只能采用直接或间接寻址。

4)TEMP 类型：暂时变量参数。在子程序内部暂存数据的，不能用来与调用程序传递参数数据。

(3)数据类型

数据类型有能流、布尔型、字节型、字型、双字型、整数型、双整型或实型。

1)能流：仅允许对位输入操作，是位逻辑运算的结果。在局部变量中布尔能流输入处于所有类型的最前面。

2)布尔型：用于单独的位输入或输出。

3)字节、字和双字型:分别声明一个 1 字节、2 字节、4 字节的无符号输入和输出参数。

4)整数、双整数型:分别声明一个 2 字节、4 字节的有符号输入和输出参数。

5)实型:声明一个 IEEE 标准的 32 位浮点参数。

2. 调用规则

(1)常数必须声明数据类型,如果缺少常数参数的声明,常数可能会被当做不同类型使用。例如,把常数 223344 的无符号双字作为参数传递时,必须用 DW#223344 进行声明。

(2)输入或输出参数没有自动数据类型转换功能。例如,在局部变量表中声明某个参数为实型,而在调用时使用一个双字型,则子程序中的值就是双字。

(3)参数在调用时,必须按输入、输入输出、输出、暂时变量这一顺序进行排列。

3. 程序举例

图 3-4-14 为一个带参数调用的子程序实例,其局部变量分配如表 3-4-3 所示。

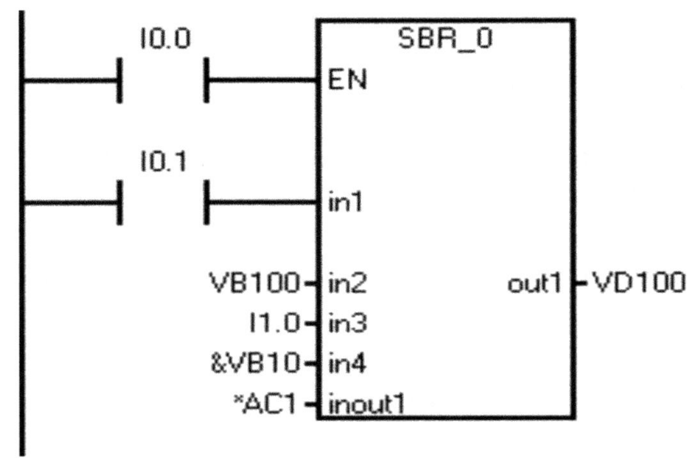

图 3-4-14　带参数子程序调用举例

表 3-4-3　局部变量表

L 地址	参数名	参数类型	数据类型	说　明
——	EN	IN	BOOL	指令使能输入参数,由系统自动分配
L0.0	IN1	IN	BOOL	布尔型,第 1 个输入参数
LB1	IN2	IN	BYTE	字符型,第 2 个输入参数
L2.0	IN3	IN	BOOL	布尔型,第 3 个输入参数
LD3	IN1	IN	DWORD	双字型,第 4 个输入参数
LW7	INOUT1	IN/OUT	WORD	字型,第 1 个输入/输出参数
LD9	OUT1	OUT	DWORD	双字型,第 1 个输出参数

取证要点

1. 顺序控制继电器指令是由一组指令构成,它们分别为顺序段开始指令 SCR、顺序段转移指令 SCRT 及顺序段结束指令 SCRE。

2. S7-200PLC 把程序主要分为三大类：主程序(OB1)、子程序(SBR n)和中断程序(INT n)。

3. 子程序指令使用时可以嵌套，最多可以进行8层子程序的嵌套。

4. S7-200PLC 指令系统中，与子程序相关的操作有：建立子程序、子程序的调用及子程序返回。

5. 累加器的值在子程序调用时既不保存也不恢复。

6. 在 SCR 段中不可以使用 FOR、NEXT 和 END 指令。 (√)

7. 在子程序中不得使用 END(结束)指令。 (√)

8. S7-200PLC 的梯形图指令系统不能自动生成子程序的无条件返回。 (×)

任务五　PLC 运算指令实现停车场车位控制

知识目标：1)熟悉算术运算指令；
2)掌握递增指令和递减指令；
3)了解七段码显示指令。

能力目标：1)依据工作任务要求合理制定停车场车位控制的 PLC 端口 I/O 分配；
2)应用递增指令、递减指令和七段码指令编写停车场车位控制程序；
3)根据任务控制要求，正确进行电气接线、运行、调试。

素质目标：1)树立正确的学习目标，培养团结协作的意识；
2)培养和树立安全生产、文明操作的意识；
3)培养创新思维，思考问题要举一反三。

工作任务

利用 PLC 控制停车的停车场管理系统是一种高效快捷、公正准确、科学经济的停车场管理手段，是停车场对于车辆实行动态和静态管理的综合。从用户的角度看，其服务高效、准确无误；从管理者的角度看，其易于操作维护、自动化程度高、大大减轻管理者的劳动强度；从投资者角度看，杜绝失误及任何形式的作弊，防止停车费用流失，使投资者的回报有了可靠的保证。

本控制系统以 PLC 为信息载体，通过智能传感器记录车辆进出信息，结合工业自动化控制技术控制机电一体化外围设备，从而控制进出停车场的各种车辆。

如图 3-5-1 所示，有一 8 车位的小型停车场，在其入口处有一个接近开关(入口检测传感器)，当有车经过入口的时候，接近开关输出脉冲，经 PLC 采集信号，执行程序，得到输出控制电机的线圈，使电机正转，闸栏开启，让车辆驶入车库，同时车位数量加一，并经过七段数码管显示出来。同理，当停车场出口处接近开关(出库检测传感器)有信号时，表示有车辆出库，车库中车位的数量减一，并经过七段数码管显示。

控制要求：

(1)在入口处装设入口检测传感器，用来检测车辆进入的数目。

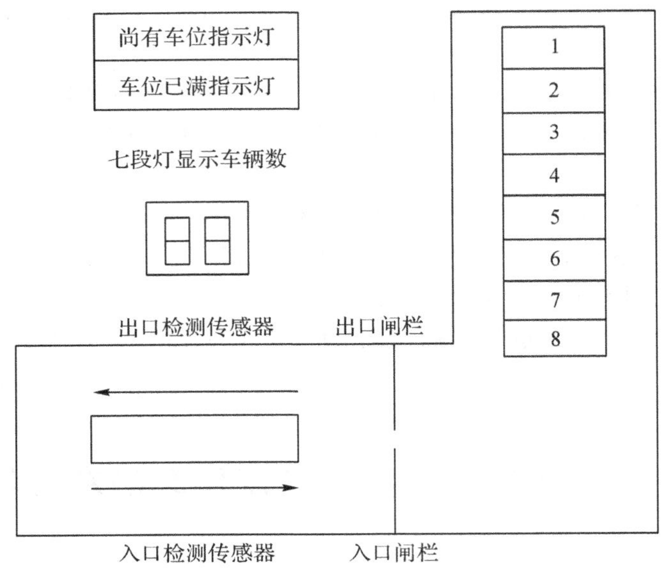

图 3-5-1 停车场车位控制系统示意图

(2)在出口处装设出口检测传感器,用来检测车辆出去的数目。

(3)尚有车位时,入口闸栏可以开启让车辆进入,并有指示灯表示尚有车位。

(4)车位满时,则有指示灯显示车位已满。

(5)可以用七段数码管显示目前车库中车位数量。

相关理论

一、算术运算指令

算术运算指令包括加、减、乘、除运算和数学函数变换。运算指令的应用使 PLC 对数据处理的能力大大提高,并拓宽了 PLC 的应用领域。

1. 加减法运算指令

加减法运算指令按操作数的类型可分为整数加减法、双整数加减法和实数加减法指令。其指令格式如表 3-5-1 所示。

(1)整数加法(ADD-I)和减法(SUB-I)指令的功能是:使能输入有效时,将两个 16 位符号整数相加或相减,并产生一个 16 位的结果输出到 OUT。

(2)双整数加法(ADD-D)和减法(SUB-D)指令的功能是:使能输入有效时,将两个 32 位符号整数相加或相减,并产生一个 32 位结果输出到 OUT。

(3)实数加法(ADD_R)和实数减法(SUB_R)指令的功能是将两个 32 位实数相加或相减,产生一个 32 位实数结果输出到 OUT。

加减法指令的格式如表 3-5-1 所示。当 IN1、IN2 和 OUT 操作数的地址不同时,STL 先用数据传送指令将 IN1 中的数值送入 OUT,然后再执行加、减运算。当 IN1 或 IN2=OUT 时,整数加法语句表指令为:+I IN2,OUT。这样可以节省一条数据传送指令。本原则适用于所有的算术运算指令。

表 3-5-1　加减法指令格式

指令名称（助记符）	梯形图	语句表	操作数范围及数据类型	功　能
整数加法 ADD_I	ADD_I EN ENO IN1 OUT IN2	MOVW IN1,OUT +I IN2,0UT	IN1/IN2：VW，IW，QW，MW，SW，SMW，T，C，AC，LW，AIW，常量，＊VD，＊LD，＊AC。 OUT：VW，IW，QW，MW，SW，SMW，T，C，LW，AC，＊VD，＊LD，＊AC。 IN/OUT 数据类型：整数。	IN1-IN2＝OUT
整数减法 SUB_I	SUB_I EN ENO IN1 OUT IN2	MOVW IN1,OUT -I IN2,0UT		IN1＋IN2＝OUT
双整数加法 ADD_DI	ADD_DI EN ENO IN1 OUT IN2	MOVD IN1,OUT +D IN2,0UT	IN1/IN2：VD，ID，QD，MD，SMD，SD，LD，AC，HC，常量，＊VD，＊LD，＊AC。 OUT：VD，ID，QD，MD，SMD，SD，LD，AC，＊VD，＊LD，＊AC。 IN/OUT 数据类型：双整数。	IN1-IN2＝OUT
双整数减法 SUB_DI	SUB_DI EN ENO IN1 OUT IN2	MOVD IN1,OUT +D IN2,0UT		IN1＋IN2＝OUT
实数加法 ADD_R	ADD_R EN ENO IN1 OUT IN2	MOVD IN1,OUT +R IN2,0UT	IN1/IN2：VD，ID，QD，MD，SD，SMD，LD，AC，常数，＊VD，＊LD，＊AC。 OUT：VD，ID，QD，MD，SD，SMD，LD，AC，＊VD，＊LD，＊AC。 IN/OUT 数据类型：实数	IN1＋IN2＝OUT
实数减法 SUB_R	SUB_R EN ENO IN1 OUT IN2	MOVD IN1,OUT -R IN2,0UT	IN1/IN2：VD，ID，QD，MD，SD，SMD，LD，AC，常数，＊VD，＊LD，＊AC。 OUT：VD，ID，QD，MD，SD，SMD，LD，AC，＊VD，＊LD，＊AC。 IN/OUT 数据类型：实数	IN1-IN2＝OUT

加减法指令影响算术标志位 SM1.0(零标志位),SM1.1(溢出标志位)和 SM1.2(负数标志位)。

2. 乘除法运算指令

乘除法运算指令包含整数乘除法指令、完全整数乘除法指令、双整数乘除法指令和实数乘除法指令四类。其指令格式如表 3-5-1 所示。

(1)整数乘法指令(MUL-I):使能输入有效时,将两个 16 位符号整数 IN1 和 IN2 相乘,结果为一个 16 位整数积,从 OUT 指定的存储单元输出。若运算结果大于 32767 时,则产生溢出。

(2)整数除法指令(DIV-I):使能输入有效时,将两个 16 位符号整数相除(IN1/IN2),并产生一个 16 位的商,从 OUT 指定的存储单元输出,不保留余数。如果输出结果大于一个字,则溢出位 SM1.1 置位为 1。

(3)双整数乘法指令(MUL-D):使能输入有效时,将两个 32 位符号整数相乘,结果为一个 32 位乘积,从 OUT 指定的存储单元输出。若运算结果大于 32 位的存取范围,则产生溢出。

(4)双整数除法指令(DIV-D):使能输入有效时,将两个 32 位整数相除,并产生一个 32 位商,从 OUT 指定的存储单元输出,不保留余数。

(5)实数乘法指令(MUL-R):使能输入有效时,将两个 32 位实数相乘,结果为一个 32 位积,从 OUT 指定的存储单元输出。

(6)实数除法指令(DIV-R):使能输入有效时,将两个 32 位实数相除,并产生一个 32 位商,从 OUT 指定的存储单元输出。

(7)完全整数乘法指令(MUL):使能输入有效时,将两个 16 位符号整数 IN1 和 IN2 相乘,结果为一个 32 位的双整数积,从 OUT 指定的存储单元输出。

(8)完全整数除法指令(DIV):使能输入有效时,将两个 16 位整数相除,得出一个 32 位结果,从 OUT 指定的存储单元输出。其中高 16 位放余数,低 16 位放商。

表 3-5-2　乘除法指令格式

指令名称 (助记符)	梯形图	语句表	操作数范围及数据类型	功　能
整数乘法 MUL_I	MUL_I EN　ENO IN1　OUT IN2	MOVW IN1,OUT * I IN2,0UT	IN1/IN2: VW, IW, QW, MW, SW, SMW, T, C, AC, LW, AIW, 常量, * VD, * LD, * AC。 OUT: VW, IW, QW, MW, SW, SMW, T, C, LW, AC, * VD, * LD, * AC。 IN/OUT 数据类型:整数。	IN1/IN2=OUT
整数除法 DIV_I	DIV_I EN　ENO IN1　OUT IN2	MOVW IN1,OUT /I IN2,0UT		IN1 * IN2=OUT

续表

指令名称（助记符）	梯形图	语句表	操作数范围及数据类型	功　能
双整数乘法 MUL_DI	MUL_DI EN ENO IN1 OUT IN2	MOVD IN1,OUT *D IN2,OUT	IN1/IN2：VD，ID，QD，MD，SMD，SD，LD，AC，HC，常量，*VD，*LD，*AC。 OUT：VD，ID，QD，MD，SMD，SD，LD，AC，*VD，*LD，*AC。 IN/OUT 数据类型：双整数。	IN1*IN2=OUT
双整数除法 DIV_DI	MUL_DI EN ENO IN1 OUT IN2	MOVD IN1,OUT /D IN2,OUT		IN1/IN2=OUT
实数乘法 MUL_R	MUL_R EN ENO IN1 OUT IN2	MOVD IN1,OUT *R IN2,OUT	IN1/IN2：VD，ID，QD，MD，SD，SMD，LD，AC，常数，*VD，*LD，*AC。 OUT：VD，ID，QD，MD，SD，SMD，LD，AC，*VD，*LD，*AC。 IN/OUT 数据类型：实数	IN1*IN2=OUT
实数除法 DIV_R	DIV_R EN ENO IN1 OUT IN2	MOVD IN1,OUT /R IN2,OUT	IN1/IN2：VD，ID，QD，MD，SD，SMD，LD，AC，常数，*VD，*LD，*AC。 OUT：VD，ID，QD，MD，SD，SMD，LD，AC，*VD，*LD，*AC。 IN/OUT 数据类型：实数	IN1/IN2=OUT
完全整数乘法 MUL	MUL EN ENO IN1 OUT IN2	MOVW IN1,OUT MUL IN2,OUT	IN1/IN2：VW，IW，QW，MW，SW，SMW，T，C，LW，AC，AIW，常量，*VD，*LD，*AC。 OUT：VD，ID，QD，MD，SMD，SD，LD，AC，*VD，*LD，*AC。 IN/OUT 数据类型：整数/双整数。	IN1*IN2=OUT

续表

指令名称（助记符）	梯形图	语句表	操作数范围及数据类型	功　能
完全整数除法 DIV	DIV EN ENO IN1 OUT IN2	MOVW IN1,OUT DIV IN2,OUT	IN1/IN2：VW，IW，QW，MW，SW，SMW，T，C，LW，AC，AIW，常量，＊VD，＊LD，＊AC。 OUT：VD，ID，QD，MD，SMD，SD，LD，AC，＊VD，＊LD，＊AC。 IN/OUT 数据类型：整数/双整数。	IN1/IN2＝OUT

3．递增指令和递减指令

递增、递减指令是执行把输入的数据（IN）加 1、减 1 的操作，并把结果存放到输出单元 OUT 中。字节递增、递减指令操作数是无符号数，字递增、递减指令是有符号的（16＃8000 和 16＃7FFF 之间），双字递增、递减指令是有符号的（16＃80000000 和 16＃7FFFFFFF 之间）。

表 3-5-3　递增、递减指令格式

指令名称（助记符）	梯形图	语句表	操作数范围及数据类型	功　能
字节递增 INC_B	INC_B EN ENO IN OUT	INCB OUT	IN：VB，IB，QB，MB，SB，SMB，LB，AC，常量，＊VD，＊LD，＊AC。 OUT：VB，IB，QB，MB，SB，SMB，LB，AC，＊VD，＊LD，＊AC。 IN/OUT 数据类型：字节。	字节加 1
字节递减 DEC_B	DEC_B EN ENO IN OUT	DECB OUT		字节减 1
字递增 INC_W	INC_W EN ENO IN OUT	INCW OUT	IN：VW，IW，QW，MW，SW，SMW，AC，AIW，LW，T，C，常量，＊VD，＊LD，＊AC。 OUT：VW，IW，QW，MW，SW，SMW，LW，AC，T，C，＊VD，＊LD，＊AC。 数据类型：整数。	字加 1
字递减 DEC_W	DEC_W EN ENO IN OUT	DECW OUT		字减 1

续表

指令名称（助记符）	梯形图	语句表	操作数范围及数据类型	功　能
双字递增 INC_DW	INC_DW EN ENO IN OUT	INCD OUT	IN：VD，ID，QD，MD，SD，SMD，LD，AC，HC，常量，＊VD，＊LD，＊AC。 OUT：VD，ID，QD，MD，SD，SMD，LD，AC，＊VD，＊LD，＊AC。 数据类型：双整数。	双字加 1
双字递减 DEC_DW	DEC_DW EN ENO IN OUT	DECD OUT		双字减 1

使 ENO ＝ 0 的错误条件：SM4.3（运行时间），0006（间接地址），SM1.1（溢出）。影响标志位：SM1.0（零），SM1.1（溢出），SM1.2（负数）。在梯形图指令中，IN 和 OUT 可以指定为同一存储单元，这样可以节省内存，在语句表指令中不需使用数据传送指令。

4. 七段显示码指令

七段显示码 SEG 指令是 PLC 转换指令中比较常用的指令，它专用于 PLC 输出端外接七段数码管的显示控制，其梯形图指令如图 3-5-2 所示。

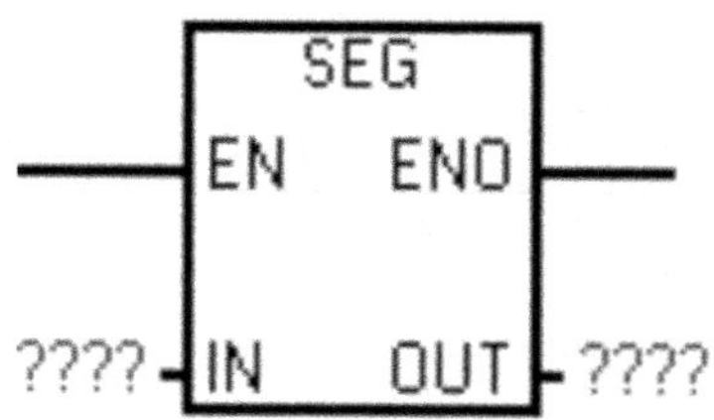

图 3-5-2　七段显示码指令梯形图

当 EN 有效时，SEG 指令将字节型输入数据 IN 的低 4 位对应的七段共阴极显示码输出到 OUT 指定的字节单元。如果该字节单元是输出继电器 QB，则 QB 可直接驱动数码管。

七段数码管有共阳极和共阴极之分，表 3-5-3 为共阴极七段数码管的段码，各 LED 阴极共接电源负极（地），如果将 PLC 输出端子 Q0.0～Q0.7 连接数码管 a、b、c、d、e、f、g 及 dp（数码管共阴极连接），输出信号为 11111100，执行 SEG 指令，该信号使数码管显示“0”。

表 3-5-4　共阴极七段数码管的段码

(进) LSD	段显示	(OUT) -gfe dcba
0	0	0011 1111
1	1	0000 0110
2	2	0101 1011
3	3	0100 1111
4	4	0110 0110
5	5	0110 1101
6	6	0111 1101
7	7	0000 0111

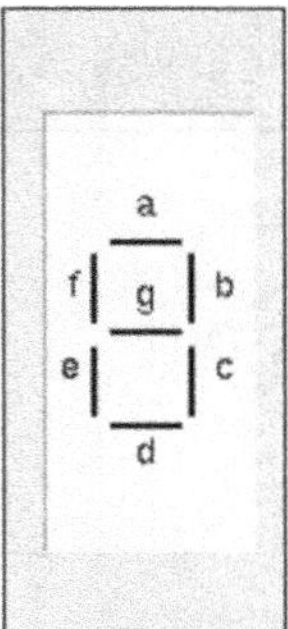

(进) LSD	段显示	(OUT) -gfe dcba
8	8	0111 1111
9	9	0110 0111
A	A	0111 0111
B	b	0111 1100
C	C	0011 1001
D	d	0101 1110
E	E	0111 1001
F	F	0111 0001

工作任务

(1)确定 PLC 的 I/O(输入/输出)分配。根据上述工作任务的控制要求,可以确定 PLC 需要 5 个输入点,4 个输出点。其 I/O 分配表见表 3-5-5。

表 3-5-5　I/O 分配表

输入量(IN)			输出量(OUT)		
元件代号	功能	输入点	元件代号	功能	输出点
SB1	启动按钮	I0.0	a	数码管控制端	Q0.0
SQ1	入口传感器	I0.1	b	数码管控制端	Q0.1
SQ2	出口传感器	I0.2	c	数码管控制端	Q0.2
SB2	停止按钮	I0.3	d	数码管控制端	Q0.3
SQ3	入口栅栏起升限位	I0.4	e	数码管控制端	Q0.4
SQ4	入口栅栏下降限位	I0.5	f	数码管控制端	Q0.5
SQ5	出口栅栏起升限位	I0.6	g	数码管控制端	Q0.6
SQ6	出口栅栏下降限位	I0.7	dp	数码管公共端	1L 负极
			HL1	尚有车位指示灯	Q1.0
			HL2	车位已满指示灯	Q1.1
			KM1	入口闸栏电机正转	Q1.2
			KM2	入口闸栏电机反转	Q1.3
			KM3	出口闸栏电机正转	Q1.4
			KM4	出口闸栏电机反转	Q1.5

(2)设计、绘制接线原理图。根据工作任务的控制要求进行设计分析,并绘制 PLC 系统接线原理图,如图 3-5-3 所示。

(3)分析任务的工作过程,确定控制流程图。PLC 运算指令实现停车场车位控制流程图见图 3-5-4 所示。通过控制流程图,将整个停车场车位控制系统的程序为若干步,并确定每一步的转换条件,以便易于编写梯形图程序。

(4)根据前面设计的 PLC 控制停车场的流程图,可以清楚看出停车场进出车辆时,控制系统的信号状态的变化,从而编制 PLC 梯形图程序,具体如图 3-5-5 所示。

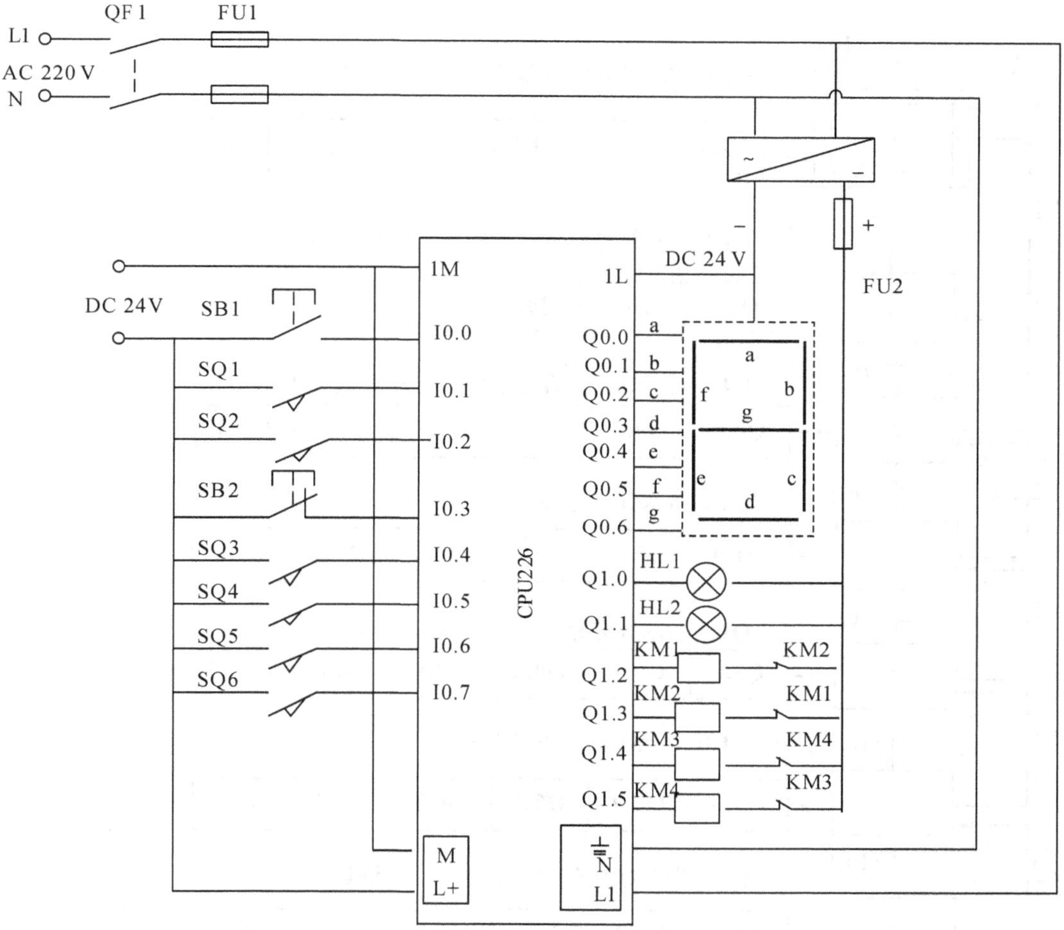

图 3-5-3 停车场车位控制硬件接线原理图

上面梯形图程序中，网络 1 实现启动和停止车位控制系统；网络 2 表示该控制系统启动后，进行数码管初始化显示，车位数量为 0；网络 3 表示有车辆进入停车场，入口传感器检测的车辆信号后，栅栏升起放行车辆驶入停车场，同时显示停车场车位数量；网络 4 和网络 5 是入口栅栏的升降限位控制；网络 6 是车辆驶出停车场的控制，当出口传感器检测车辆信号，出口栅栏升起放行车辆驶离停车场，同时显示停车场车位数量；网络 7 和网络 8 是出口栅栏的升降限位控制；而网络 9 和网络 10 分别是停车场车位数量未满和车位数量已满的监控指示。

(5)按照停车场车位控制系统的硬件接线原理图图 3-5-3，进行 PLC 端口部分 I/O 硬件接线，并将编辑的梯形图程序下载运行，调试符合任务控制要求。

在教师的现场监护下进行通电调试，验证程序运行是否符合控制要求。如果运行出现异常，每组负责编程同学应积极调试，重新运行。同时负责硬件安装接线同学应积极配合检查，直到系统运行正常，符合控制要求，接受教师任务评价和验收。

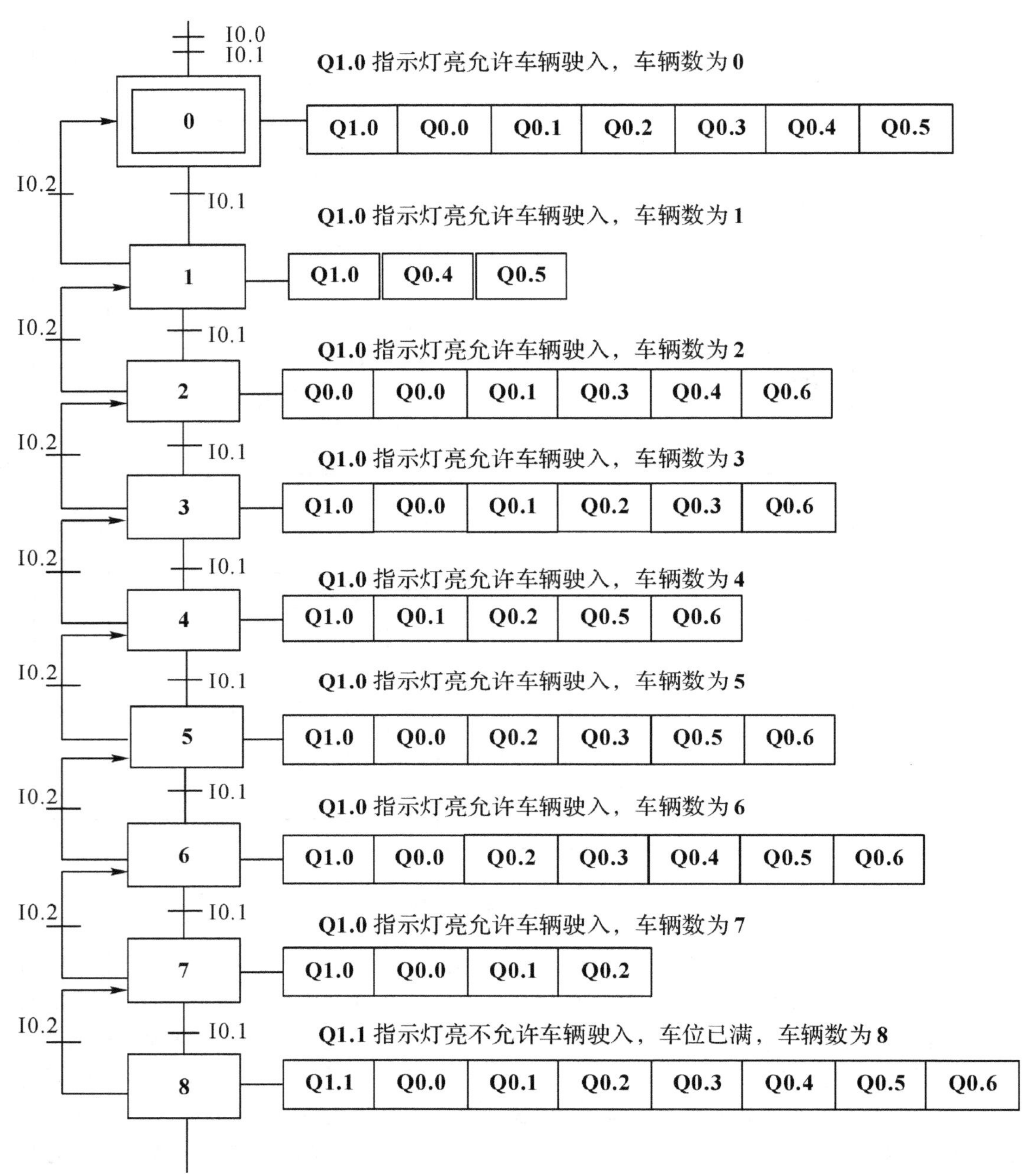

图 3-5-4　PLC 控制停车场车位流程图

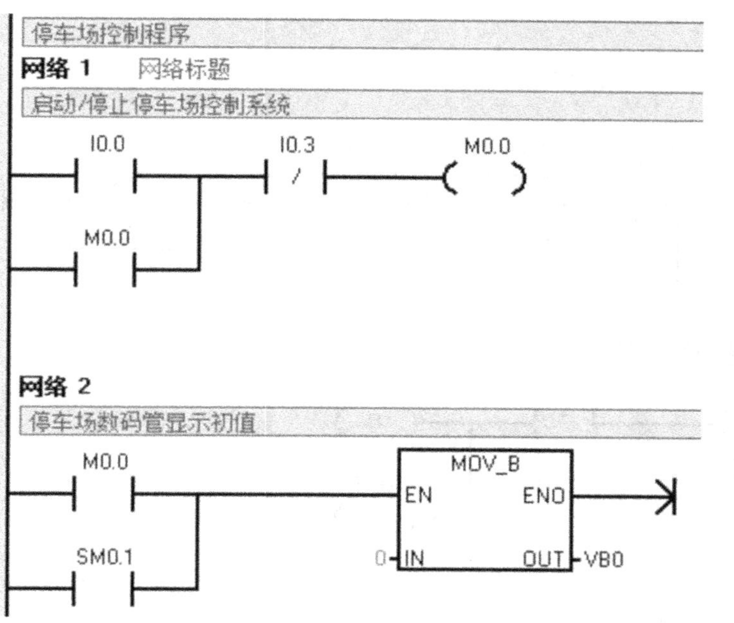
停车场控制程序
网络 1 网络标题
启动/停止停车场控制系统
I0.0
I0.3
M0.0
M0.0
网络 2
停车场数码管显示初值
M0.0
MOV_B
EN
ENO
SM0.1
0
IN
OUT
VB0

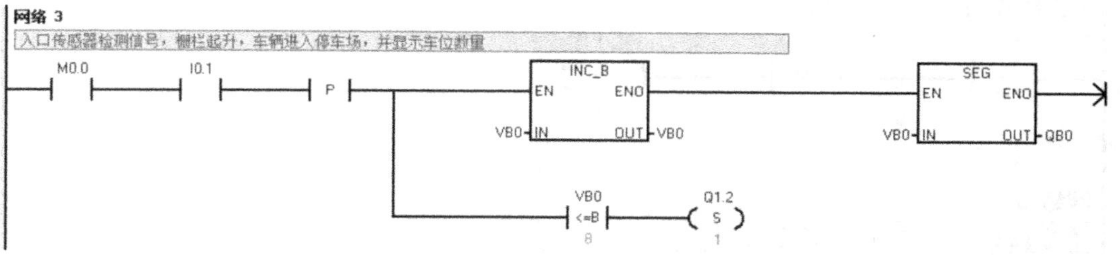
网络 3
入口传感器检测信号，栅栏起升，车辆进入停车场，并显示车位数量
M0.0
I0.1
P
INC_B
EN
ENO
VB0
IN
OUT
VB0
SEG
EN
ENO
VB0
IN
OUT
QB0
VB0
<=B
8
Q1.2
S
1

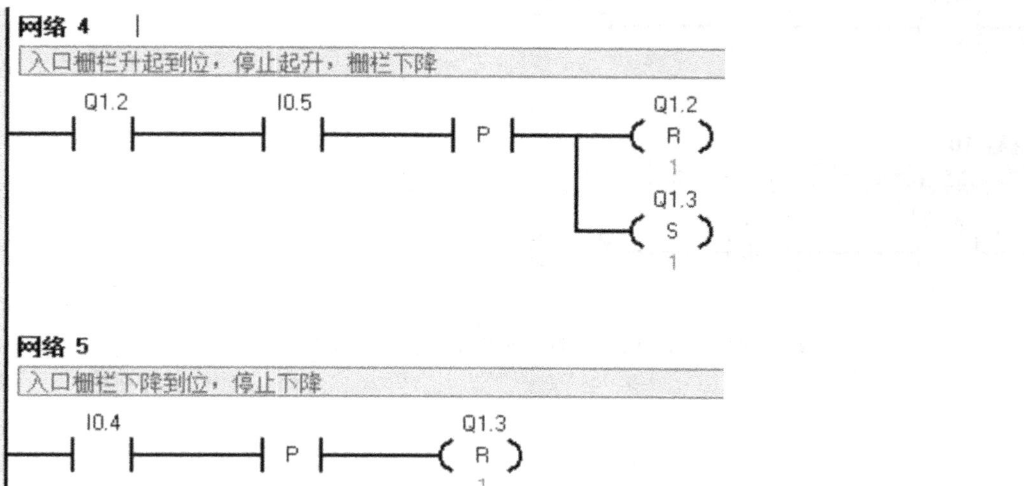
网络 4
入口栅栏升起到位，停止起升，栅栏下降
Q1.2
I0.5
P
Q1.2
R
1
Q1.3
S
1
网络 5
入口栅栏下降到位，停止下降
I0.4
P
Q1.3
R
1

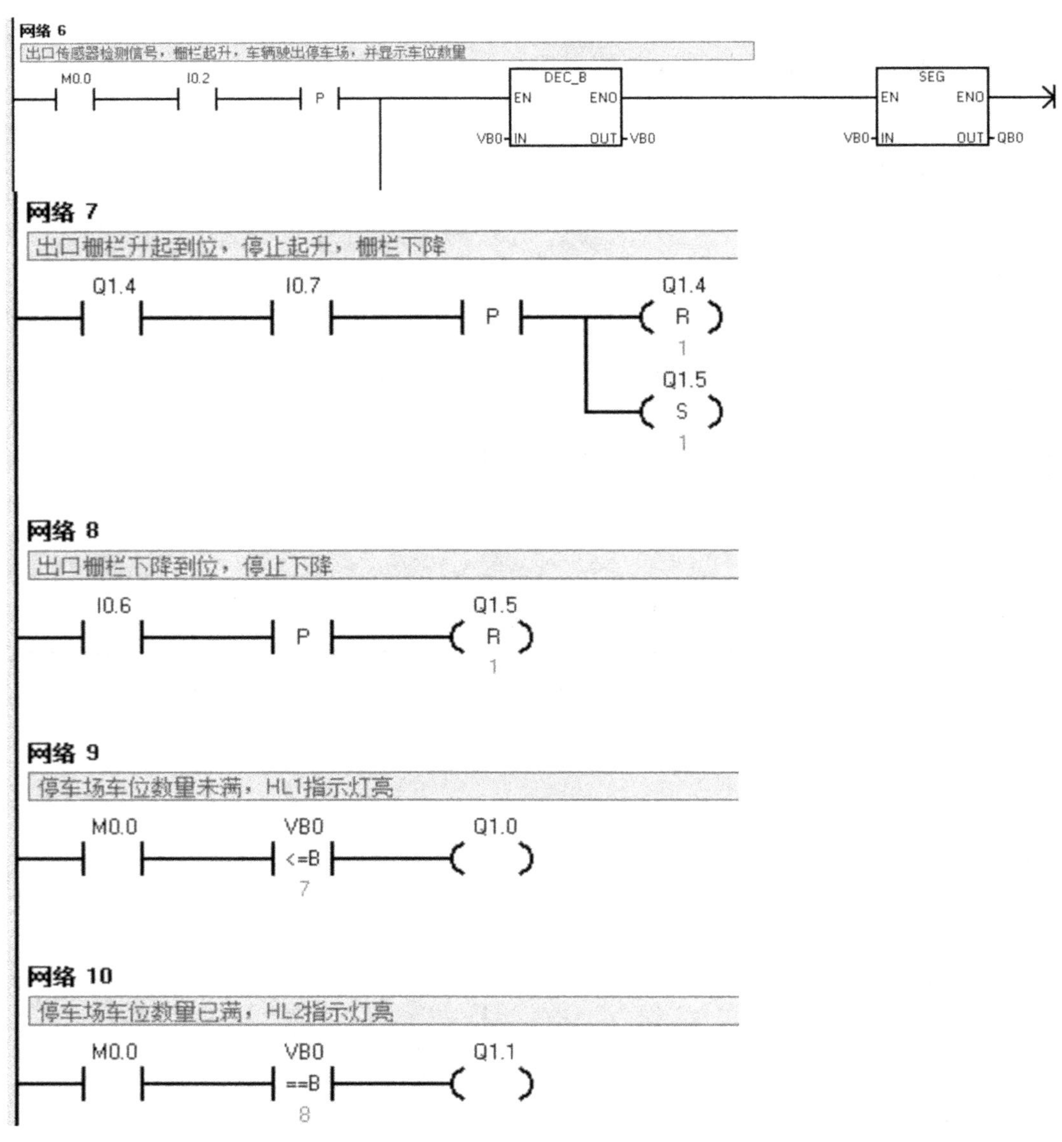

图 3-5-5　PLC 控制停车场车位梯形图程序

工作任务

完成工作任务评价表(见表 3-5-6)。

表 3-5-6　工作任务评价表

主要内容	考核要求	配分	评分标准	得分
硬件安装程序设计	根据任务要求,分配 PLC 的 I/O 地址,并列出地址分配表。根据给定要求,设计顺序控制功能图。	15	输入/输出分配不合理,每出现一处地址遗漏或错误扣 1 分; 顺序功能图设计不合理或错误,每处扣 2 分,画法不规范,每处扣 1 分。	
	根据 PLC 的 I/O 地址分配表,设计 PLC 外部硬件接线原理图,并能正确安装接线,接线要正确、紧固、美观。	20	PLC 的外部硬件接线原理图设计不正确,每出现一处错误扣 2 分,并按照错误设计进行硬件接线每处加扣 2 分; 接线不紧固、不美观、每处扣 2 分; 连接点松动、遗漏,每处扣 0.5 分; 损伤导线绝缘或线芯,每根扣 0.5 分。	
	设计梯形图程序,并熟练操作计算机输入 PLC 程序;按照被控制设备的动作要求进行模拟调试,达到控制要求。	50	编程软件应用不熟练,不会用删除、插入、修改等指令,每处扣 2 分; 程序下载运行后,1 次试车不成功口 8 分,2 次不成功口 15 分,3 次不成功口 30 分。	
安全操作文明协作	正确使用工具和无操作不当引起设备损坏,遵守国家相关专业安全文明成产规程。	15	工具操作不当导致损坏设备每出现一处扣 3 分,仪表使用错误扣 3 分,带电插拔导线每出现一次 1 分; 实验操作完毕工位不清洁,工具不清理,每组同学各扣 2 分。	

思考练习

1. 加减法指令算术标志位与乘除法的算术标志位相同吗?
2. 整数乘除法指令和完全整数乘除法指令的功能有何不同?
3. 字节递增、递减指令的操作数是无符号数还是有符号数?

知识拓展

一、逻辑运算指令

逻辑运算指令与算术运算指令同属于 PLC 运算指令,逻辑运算指令包括逻辑与、或、非指令等。逻辑运算是对无符号数按位进行与、或、异或和取反等操作。操作数的长度有字节、字、双字。

1. 字节逻辑运算指令

字节逻辑运算指令包括字节逻辑与指令(WAND)、字节逻辑或指令(WOR)、字节逻辑异或指令(WXOR)、字节取反指令(INV)。指令格式如表 3-5-7 所示。

(1)字节逻辑与指令 WAND:将输入的两个 1 字节数据 IN1 和 IN2 按位相与,得到一个 1 字节的逻辑运算结果,放入 OUT 指定的存储单元中。

(2)字节逻辑或指令 WOR:将输入的两个 1 字节数据 IN1 和 IN2 按位相或,得到一个 1 字节的逻辑运算结果,放入 OUT 指定的存储单元中。

(3)字节逻辑异或指令 WXOR:将输入的两个 1 字节数据 IN1 和 IN2 按位相异或,得到的 1 字节的逻辑运算结果,放入 OUT 指定的存储单元中。

(4)字节取反指令 INV:将输入一个 1 字节数据 IIN 按位取反,将得到的 1 字节的逻辑运算结果,放入 OUT 指定的存储单元。

2. 字逻辑运算指令

字逻辑运算指令包括字逻辑与指令(ANDW)、字逻辑或指令(ORW)、字逻辑异或指令(XORW)、字取反指令(INVW)。指令格式如表 3-5-7 所示。其操作数均为 1 字长的逻辑数。算法和结果的存放位置和字节逻辑运算指令相同。

3. 双字逻辑运算指令

双字逻辑运算指令包括双字逻辑与指令 ANDD、双字逻辑或指令 ORD、双字逻辑异或指令 XORD、双字取反指令 INVD 四条。指令格式如表 3-5-7 所示。其操作数均为双字长的逻辑数。算法和结果的存放位置和字节逻辑运算指令相同。

表 3-5-7 逻辑运算指令格式

指令名称(助记符)	与	或	异或	取反
字节逻辑运算指令	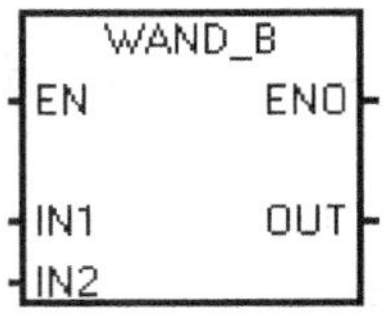 WAND_B EN ENO IN1 OUT IN2 ANDB IN1,OUT	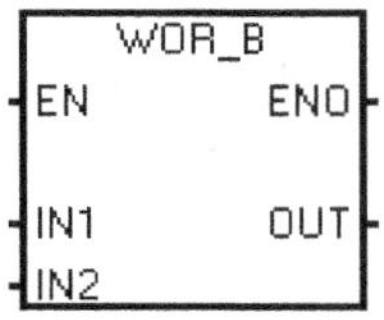 WOR_B EN ENO IN1 OUT IN2 ORB IN1,OUT	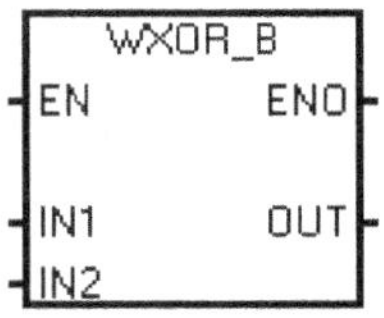 WXOR_B EN ENO IN1 OUT IN2 XORB IN1,OUT	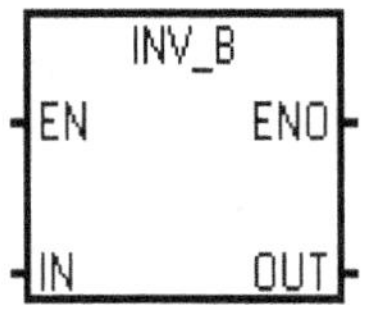 INV_B EN ENO IN OUT INVB OUT
字逻辑运算指令	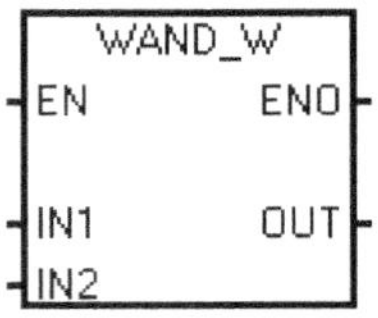 WAND_W EN ENO IN1 OUT IN2 ANDW IN1,OUT	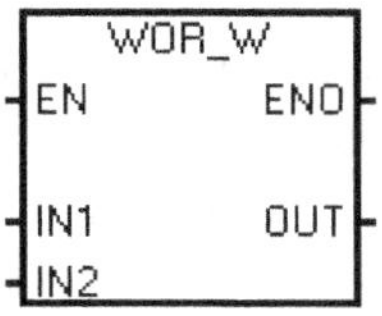 WOR_W EN ENO IN1 OUT IN2 ORW IN1,OUT	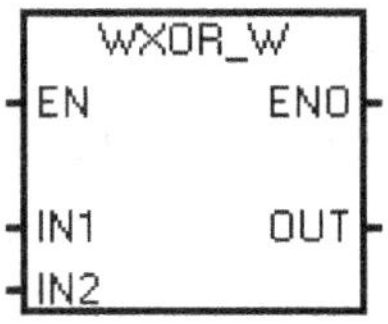 WXOR_W EN ENO IN1 OUT IN2 XORW IN1,OUT	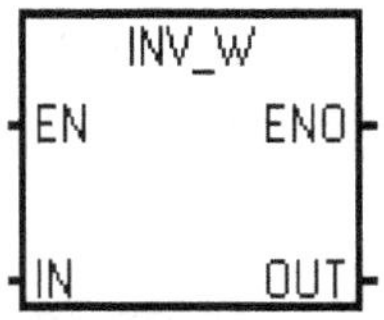 INV_W EN ENO IN OUT INVW OUT
双字逻辑运算指令	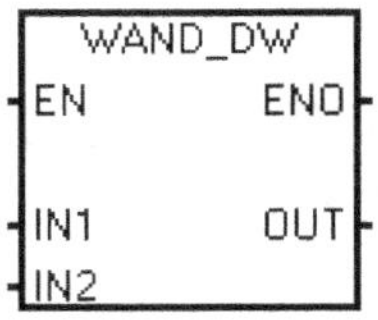 WAND_DW EN ENO IN1 OUT IN2 ANDD IN1,OUT	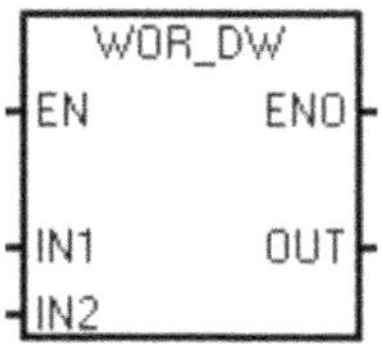 WOR_DW EN ENO IN1 OUT IN2 ORD IN1,OUT	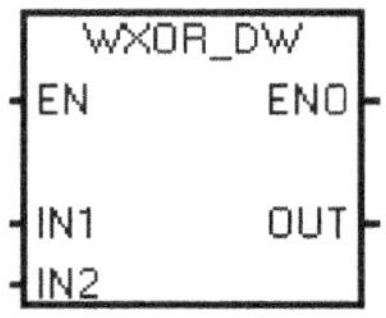 WXOR_DW EN ENO IN1 OUT IN2 XORD IN1,OUT	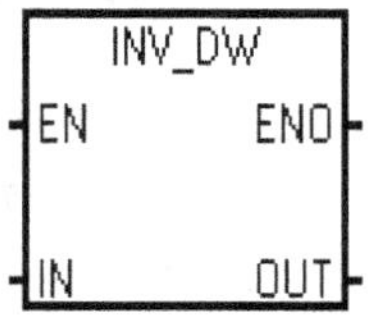 INV_DW EN ENO IN OUT INVD OUT
功能	IN1 和 IN2 按位相与	IN1 和 IN2 按位相或	IN1 和 IN2 按位异或	对 IN 取反

4. 逻辑运算指令编程举例

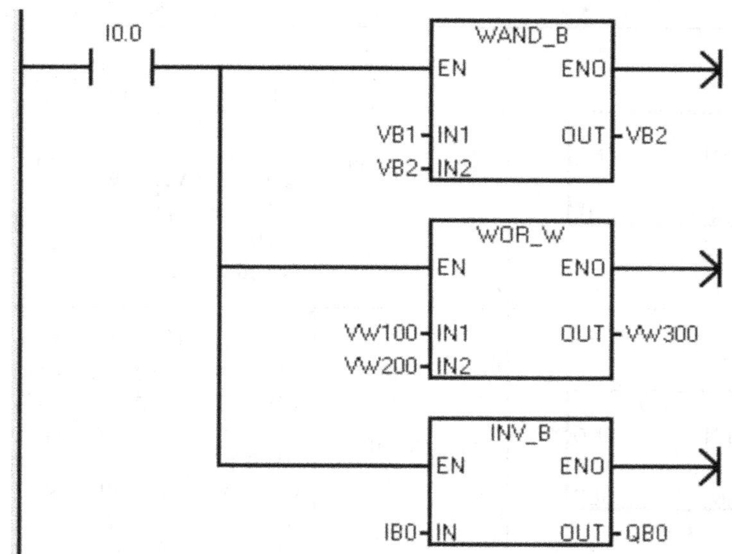

运算过程如下：

VB1　　　　　　VB2　　　　　　VB2

0001 1100　WAND　1100 1101　　→　　0000 1100

VW100　　　　　VW200　　　　　VW300

0001 1101 1111 1010 WOR 1110 0000 1101 1100→ 1111 1101 1111 1110

IB0　　　　　　　　　QB0

0000 1111　　　　INV　　　　1111 0000

二、转换指令

转换指令是对操作数的类型进行转换，并输出到指定目标地址中去。转换指令包括数据的类型转换、数据的编码和译码指令以及字符串类型转换指令。

不同功能的指令对操作数要求不同。类型转换指令可将固定的一个数据用到不同类型要求的指令中，包括字节与字整数之间的转换，整数与双整数的转换，双字整数与实数之间的转换，BCD码与整数之间的转换等。表3-5-8是字节与字整数之间的转换指令和BCD码与整数之间的转换指令，其他转换指令与此类似。

表 3-5-8　常用转换指令表

转换关系	梯形图	语句表	操作数范围及数据类型	功　能
字节与字整数之间的转换	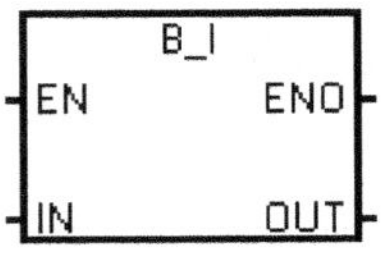 B_I EN ENO IN OUT	BTI IN,OUT	IN：VB，IB，QB，MB，SB，SMB，LB，AC，常量，数据类型：字节 OUT：VW，IW，QW，MW，SW，SMW，LW，T，C，AC,数据类型:整数	BTI 指令将字节数值(IN)转换成整数值,并将结果置入 OUT 指定的存储单元。因为字节不带符号,所以无符号扩展。
	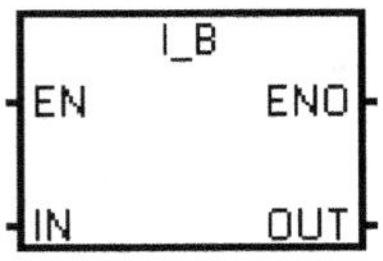 I_B EN ENO IN OUT	ITB IN,OUT	IN:VW，IW，QW，MW，SW，SMW，LW，T，C，AIW，AC，常量，数据类型:整数 OUT:VB，IB，QB，MB，SB，SMB，LB，AC，数据类型:字节	ITB 指令将字整数(IN)转换成字节,并将结果置入 OUT 指定的存储单元。输入的字整数 0 至 255 被转换。超出部分导致溢出,SM1.1=1。输出不受影响。
BCD 码与整数之间的转换	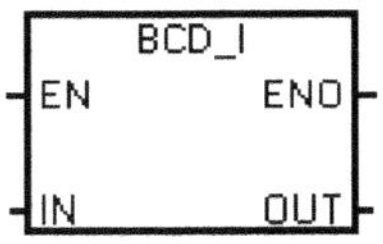 BCD_I EN ENO IN OUT	BCDI OUT	IN:VW，IW，QW，MW，SW，SMW，AC，AIW，LW，T，C，常量，＊VD，＊LD，＊AC。 OUT：VW，IW，QW，MW，SW，SMW，LW，AC，T，C，＊VD，＊LD，＊AC。	BCD-I 指令将二进制编码的十进制数 IN 转换成整数,并将结果送入 OUT 指定的存储单元。IN 的有效范围是 BCD 码 0 至 9999。
	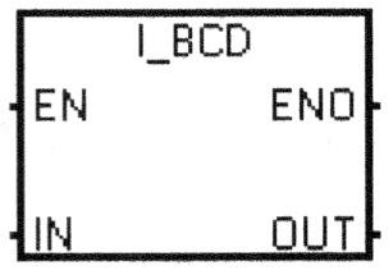 I_BCD EN ENO IN OUT	IBCD OUT	IN:VW，IW，QW，MW，SW，SMW，AC，AIW，LW，T，C，常量，＊VD，＊LD，＊AC。 OUT：VW，IW，QW，MW，SW，SMW，LW，AC，T，C，＊VD，＊LD，＊AC。	I-BCD 指令将输入整数 IN 转换成二进制编码的十进制数,并将结果送入 OUT 指定的存储单元。IN 的有效范围是 0 至 9999。

取证要点

1. 运算指令包括算术运算指令和逻辑运算指令。其中算术运算指令包含加、减、乘、除运算和数学函数变换,逻辑运算指令包括逻辑与、或、非指令等。

2. 递增、递减指令用于对输入无符号数字节、符号数字、符号双数字进行加 1 或减 1 的操作。

3. 七段译码指令 SEG 将输入字节 16＃0～F 转换成七段显示码。。

4. 段码指令是将输入字节低4位所表示的十六进制字符转换为七段码显示器的编码。

5. 通常将一个两位的十进制数利用数码管显示出来，需要采用整数与BCD码之间的转换，然后再使用段码SEG指令，将转换后的BCD码转换为七段码显示器的编码。

6. 在递增、递减梯形图指令中，IN和OUT可以指定为同一存储单元。

（ √ ）

7. 与逻辑可以把指定的位屏蔽为“1”；或逻辑可以把指定的钳位为“0”。

（ × ）

项目四　PLC设计案例

任务一　物料分拣及机械手搬运控制

知识目标：1)通过任务进一步熟练掌握STEP7 Micro/WIN32软件的使用；
2)掌握功能指令的工作原理和使用方法。

技能目标：1)正确选用计数器指令编写控制程序；
2)具备独立分析问题，使用经验设计法编写控制程序的技能。

素质目标：1)树立正确的学习目标，培养团结协作的意识；
2)培养和树立安全生产、文明操作的意识。

工作任务

一、任务描述

模拟自动化生产线对已加工的工件进行分拣。正确加工的工件为白色塑料圆柱内装配金属铝圆柱或铁圆柱的工件。分拣设备的任务是将正确加工的两种工件分别放入一号库位和二号库位，并将混入的未加工工件(白色塑料圆柱内为白色塑料)送至四号库位。将加工的废品工件(白色塑料圆柱内为黑色塑料)送至三号库位进行收集(库位不限工件存放数量，如果库位被占用可手工取走工件)。

本设计对机械手的上下、左右以及抓取运动进行控制。该装置机械部分有滚珠丝杠、滑轨、机械抓手等；电气方面由直流电机、传感器、旋转编码器等部件组成。我们利用可编程技术，结合相应的硬件装置，控制机械手完成相应动作。

二、控制要求

(1)运行前，生产线应满足初始状态。

(2)启动后，运行指示灯HL1点亮，允许推料指示灯HL2始终提示当前推料状态，井式供料机送出工件后，带式传送机将其送到位置2并在传输过程中进行检测，机械手根据检测结果将工件送入相应库位。机械手(如图4-1-1)在搬运过程中由指示灯HL3进行提示。

(3)若检测中发现工件为未加工工件，则机械手将其送至四号库位，同时蜂鸣器报警提示。若检测中发现工件位废品工件，则机械手将其送入三号库位，同时相应指示灯进行提示。

(4)停止后，机械手在完成最后一个工件的搬运后，系统回到初始状态。

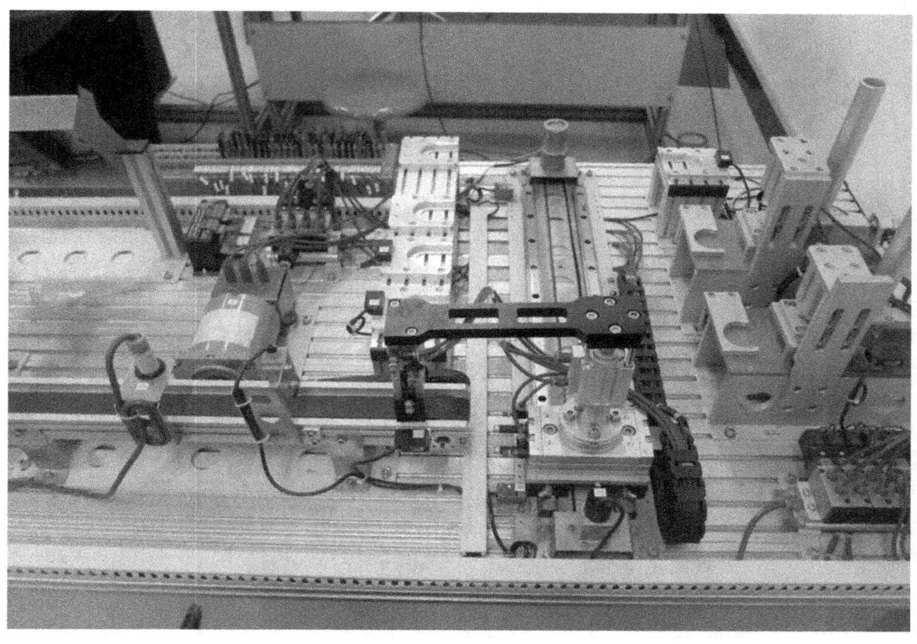

图 4-1-1　物料分拣机械手模拟实物图

相关理论

一、旋转编码器

旋转编码器(rotary encoder)也称为轴编码器，是将旋转位置或旋转量转换成模拟或数字信号的机电设备。一般装设在旋转物体中垂直旋转轴的一面。旋转编码器用在许多需要精确旋转位置及高速运转的场合，如工业控制、机器人技术、专用镜头、电脑输入设备(如鼠标及轨迹球)等。

旋转编码器可分为绝对型(absolute)编码器及增量型(incremental)编码器两种。增量型编码器也称作相对型编码器(relative encoder)，利用检测脉冲的方式来计算转速及位置，可输出有关旋转轴运动的信息，一般会由其他设备或电路进一步转换为速度、距离、每分钟转速或位置的信息。绝对型编码器会输出旋转轴的位置，可视为一种角度传感器。

1. 绝对型编码器

数字的绝对型编码器将转轴的不同位置加以编号，再依目前转轴位置输出对应的编号，主要可分为两种：光学式及机械式。

(1) 机械式绝对型编码器

机械式绝对型编码器(如图 4-1-2)中有一个金属圆盘，上面有许多同心圆环状的开口，金属圆盘固定在一个和主轴同步旋转的绝缘圆盘上。编码器的定子上有一组滑动接触器，各接触器放置在不同半径的位置，对应金属圆盘上对应半径的开口。而金属圆盘会连接到一电流源，当轴和圆盘一起旋转时，依接触器对应位置的不同，有些接触器会接触到金属圆

图 4-1-2　rs485/232 输出绝对型编码器

盘，有些不会，每个接触器会连接到一个传感器，而金属圆盘的开口有经过设计，可以将圆分为若干等分，每一等分都对应一个不重复的二进制码，二进制码是由每个接触器是否有电流而组成。

(2)光学式绝对型编码器

光学式绝对型编码器中也有一个会和主轴同步旋转的圆盘，圆盘由玻璃或塑胶制成，其中有分为许多同心圆状的透明及不透明的区域。在圆盘的两侧分别有光源及光传感器数组，其读到的数据可以表示圆盘的位置。一般会将读到的数据发送到微处理器，转换为轴的位置。

2．增量编码器

增量型编码器(如图 4-1-3)和绝对型编码器不同，当转轴旋转时，增量型编码器输出会随之变化，根据输出变化可以检测转轴的旋转量。绝对型编码器有针对转轴旋转的位置给予编号，转轴不动时根据其输出的信号可以求得其对应的位置，增量型编码器无此功能，无法在转轴不动时得到转轴旋转位置的信息。

增量型编码器可用来传感转轴旋转量的信息，再由程序产生旋转方向、位置及角度等信息，增量型编码器可以是线性的，也可以是旋转型。增量型编码器因为其低成本，以及其信号容易转换为运动相关的信息(例如速度)等特性，是最广为使用的编码器。

增量型编码器有机械式的及光学式的，机械式的编码器需要对信号作去抖动的处理，一般用在消费性产品上的旋钮。例如大部分家用及车用的收音机就是用增量型编码器作为音量控制的旋钮，一般机械式编码器适用在转速不高的应用场合。光学式的编码器则用在高速或是需要高精准度控制的场合。

增量型编码器有二个输出，分别称为 A 和 B，二个输出是正交输出，相位差为 90 度。

表 4-1-1 是顺时针及逆时针旋转时，编码器输出的变化：

图 4-1-3　增量编码器

表 4-1-1　编码器输出变化表

顺时针旋转的输出			逆时针旋转的输出		
Phase	A	B	Phase	A	B
1	0	0	1	1	0
2	0	1	2	1	1
3	1	1	3	0	1
4	1	0	4	0	0

二个信号有 90 度的相位差。在不同旋转方向时，二个信号的相序也有所不同，可以利用程序将二个信号进行解码。根据其相序不同，在有方波时使一计数器上数或是下数，此计数器的值即可对应转轴的旋转量。

例如上一次的数值是 00，目前的数值是 01，表示转轴已顺时针旋转了四分之一个单位(若单圈脉冲数为 600，此处的单位即为六百分之一圈)。根据单位时间的旋转量可以计算转速，若是转速很慢时可以直接根据方波的宽度计算转速。不过上述的计算前提是程序可以确认每一次数值的变化，并依变化决定旋转方向等信息。若转轴的旋转速度太快，程序可能会跳过中间的状态变化，出现无法识别转轴的旋转方向或是旋转方向误判的情形。

有些旋转编码器除了 A 相及 B 相外还有一个输出，一般称为 Z 相。每旋转一圈 Z 相信号会有一个方波输出，可以用来判断转轴的绝对位置，例如用在位置控制的系统中。

若旋转编码器只有单独一相的输出，仍然可以判断转轴的转速，只是不能判断旋转的方向。可以用在量测转速的场合，有时也会以此量测运动的距离。

3. 旋转编码器在PLC中的接线

如图4-1-4所示是输出两相脉冲的旋转编码器与PLC的连接示意图。编码器有4条引线，其中2条是脉冲输出线，1条是COM端线，1条是电源线。编码器的电源可以是外接电源，也可直接使用PLC的DC24V电源。电源"—"端要与编码器的COM端连接，与编码器的电源端连接。编码器的COM端与PLC输入COM端连接，A、B两相脉冲输出线直接与PLC的输入端连接，连接时要注意PLC输入的响应时间。有的旋转编码器还有一条屏蔽线，使用时要将屏蔽线接地。

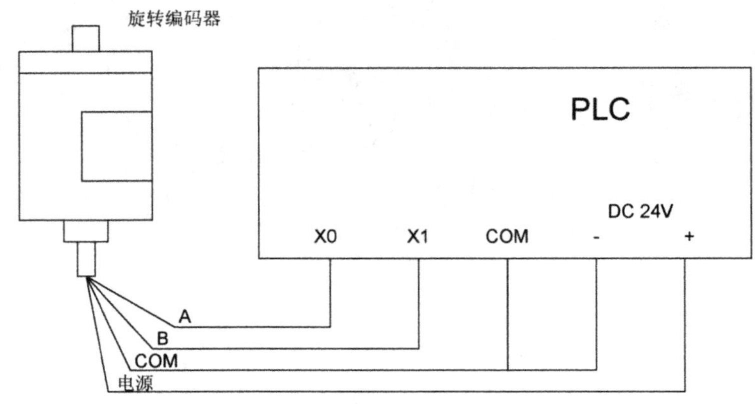

图4-1-4 旋转编码器与PLC的接线

二、高速计数器

普通计数器受CPU扫描速度的影响，是按照顺序扫描的方式进行工作。在每个扫描周期中，对计数脉冲只能进行一次累加；对于脉冲信号的频率比PLC的扫描频率高时，如果仍采用普通计数器进行累加，必然会丢失很对输入脉冲信号。在PLC中，对比扫描频率高的输入信号的计数可使用高速计数器指令来实现。

(1)高速计数器的指令包括：定义高速计数器指令HDEF和执行高速计数指令HSC。

(2)高速计数器的输入端不像普通输入端那样有用户定义，而是由系统指定的输入点输入信号，每个高速计数器对它所支持的脉冲输入端，方向控制，复位和启动都有专用的输入点，通过比较或中断完成预定的操作。

(3)系统为每个高速计数器都在特殊寄存器区SMB提供了一个状态字节，为了监视高速计数器的工作状态，执行由高速计数器引用的中断事件。

(4)高速计数器有12种不同的工作模式(0～11)，分为4类。每个高速计数器都有多种工作模式，可以通过编程的方法，使用定义高速计数器指令HDEF来选定工作模式。

(5)由于高速计数器的HDEF指令在进入RUN模式后只能执行1次，为了减少程序运行时间优化程序结构，一般以子程序的形式进行初始化。

三、传感器介绍

1. 电感式传感器

电感式传感器(inductance type transducer)是利用线圈自感和互感的变化以实现非电

量电测的一种装置(如图 4-1-5),传感器利用电磁感应把被测的物理量如位移、压力、流量、振动等转换成线圈的自感系数和互感系数的变化,再由电路转换为电压或电流的变化量输出,实现非电量到电量的转换。此类传感器主要用于位移测量和可以转换成位移变化的机械量的测量。

电感式传感器总的来说分为三大类,一是利用自感原理的自感式传感器,又称为变磁阻式传感器;二是根据互感原理的差动变压器式传感器;三是利用涡流原理的电涡流式传感器。

变磁阻式传感器的结构如图 4-1-6 所示。它由线圈、铁芯和衔铁三部分组成。铁芯和衔铁由导磁材料如硅钢片或坡莫合金制成,在铁芯和衔铁之间有气隙,气隙厚度为 δ,传感器的运动部分与衔铁相连。当衔铁移动时,气隙厚度 δ 发生改变,引起磁路中磁阻变化,从而导致电感线圈的电感值变化,因此只要能测出这种电感量的变化,就能确定衔铁位移量的大小和方向。

图 4-1-5　电感传感器实物

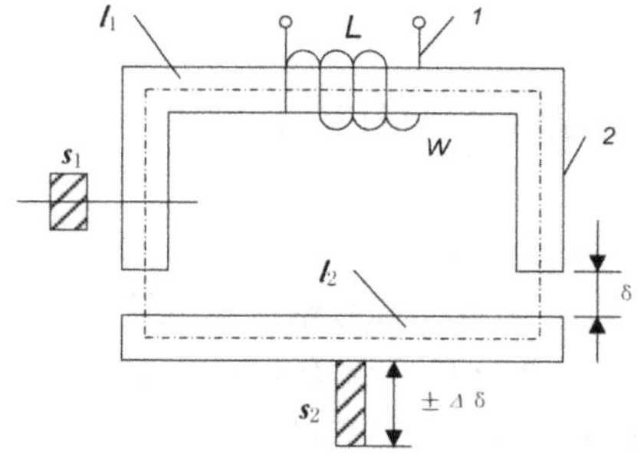

图 4-1-6　电感传感器结构

2. 颜色传感器

颜色传感器(如图 4-1-7)通过将物体颜色同参考颜色进行比较来检测颜色,当两个颜色在一定的误差范围内相吻合时,输出检测结果。

颜色传感器一直用装配线来检测特定的组件。颜色传感器的挑战是检测微妙差异相似或高度反光的颜色。例如,金属涂料在汽车工业中使用很难区分灰度的颜色或黄金。匹配组件这是重要的，如镜子的身体或保险杠都离不开传感器协助。此外，颜色传感器通过数量有限的颜色可以检测，并通过他们有限的能力迅速改变设置或处理多个颜色。

电子技术的发展，光学软件促进颜色传感器发展。这项技术使得更敏感的传感器，可以忽略光泽和区别出微妙的色调。可以调整方便灵活的制造和精确的色彩校正。

一个典型的颜色传感器具有高强度白光 LED，光在目标项目调制。反射从目标是分析的成分红，绿，蓝(RGB)值和强度。此信息用于验证正确的部分和组装，准确控制制成品的颜色。

在一个典型的应用程序中，机器操作员持有一个颜色样本在前面的传感器，编程它对这个特定颜色相匹配。这个过程期间及之后，运营商可能会注意到匹配失败、涉及色彩略暗或略轻，但仍在可接受的质量标准。操作员然后重组传感器与更广泛的高/低设置点和通过试错过程建立理想的范围。

如果传感器有多个通道，它可以被编程来识别多种颜色一个颜色在每个频道，每个频道信号是一个离散报警输出。这一技术使简单的颜色识别或匹配，比如排序或部分识别功能，通过/失败标准容易实现。

图 4-1-7　颜色传感器

3. 电容传感器

电容式传感器(如图 4-1-8)是将被测量(如尺寸、压力等)的变化转换成电容量变化的一种传感器。

电容式传感器的敏感部分就是具有可变参数的电容器。其最常用的形式是由两个平行电极组成，极间以空气为介质的电容器。若忽略边缘效应，平板电容器的电容为 $\varepsilon A/\delta$，式中 ε 为极间介质的介电常数，A 为两电极互相覆盖的有效面积，δ 为两电极之间的距离。δ、A、ε 三个参数中任一个的变化都将引起电容量变化，并可用于测量。

电容式传感器可分为极距变化型、面积变化型、介质变化型三类。

极距变化型一般用来测量微小的线位移或由于力、压力、振动等引起的极距变化。

面积变化型一般用于测量角位移或较大的线位移。

介质变化型常用于物位测量和各种介质的温度、密度、湿度的测定。

电容式传感器是一种用途极广，很有发展潜力的传感器。

这类传感器具有以下突出优点：

(1)测量范围大：其相对变化率可超过 100%；

(2)灵敏度高:如用比率变压器电桥测量,相对变化量可达 10^{-7} 数量级;

(3)动态响应快:因其可动质量小,固有频率高,高频特性既适宜动态测量,也可静态测量;

(4)稳定性好:由于电容器极板多为金属材料,极板间衬物多为无机材料,如空气、玻璃、陶瓷、石英等。因此可以在高温、低温强磁场、强辐射下长期工作,尤其是解决高温高压环境下的检测难题。

图 4-1-8　电容位置传感器

4. 光电传感器

光电传感器(如图 4-1-9)是采用光电元件作为检测元件的传感器。它首先把被测量的变化转换成光信号的变化,然后借助光电元件进一步将光信号转换成电信号。

光电检测方法具有精度高、反应快、非接触等优点,而且可测参数多,传感器的结构简单,形式灵活多样。因此,光电式传感器在检测和控制中应用非常广泛。

光电传感器一般由光源、光学通路和光电元件三部分组成。

光电传感器有以下优点:

(1)检测距离长:如果在对射型中保留 10m 以上的检测距离等,便能实现其他检测手段(磁性、超声波等)无法实现的远距离检测。

(2)对检测物体的限制少:由于以检测物体引起的遮光和反射为检测原理,所以不像接近传感器等将检测物体限定在金属,它可对玻璃、塑料、木材、液体等几乎所有物体进行检测。

(3)响应时间短:光本身为高速,并且传感器的电路都由电子零件构成,所以不包含机械性工作时间,响应时间非常短。

(4)分辨率高:能通过高级设计技术使投光光束集中在小光点,或通过构成特殊的受光光学系统,来实现高分辨率。也可进行微小物体的检测和高精度的位置检测。

(5)可实现非接触的检测:可以无须机械性地接触检测物体实现检测,因此不会对检测物体和传感器造成损伤。因此,传感器能长期使用。

(6)可实现颜色判别:通过检测物体形成的光的反射率和吸收率根据被投光的光线波长和检测物体的颜色组合而有所差异。利用这种性质,可对检测物体的颜色进行检测。

(7)便于调整:在可视光的类型中,投光光束是眼睛可见的,便于对检测物体的位置进行调整。

图 4-1-9　光电传感器

四、机械手中的电磁阀

1. 电磁阀简介

电磁阀(Electromagnetic valve)是用电磁控制的工业设备,是用来控制流体的自动化基础元件,属于执行器,但并不限于液压、气动。用在工业控制系统中调整介质的方向、流量、速度和其他的参数。电磁阀可以配合不同的电路来实现预期的控制,而控制的精度和灵活性都能够保证。电磁阀有很多种,不同的电磁阀在控制系统的不同位置发挥作用,最常用的是单向阀、安全阀、方向控制阀、速度调节阀。

电磁阀里有密闭的腔,在不同位置开有通孔,每个孔连接不同的油管。腔中间是活塞,两面是两块电磁铁,哪面的磁铁线圈通电阀体就会被吸引到哪边。通过控制阀体的移动来开启或关闭不同的排油孔。而进油孔是常开的,液压油就会进入不同的排油管,然后通过油的压力来推动油缸的活塞,活塞又带动活塞杆,活塞杆带动机械装置。这样通过控制电磁铁的电流通断就控制了机械运动。

电磁阀从原理上分为三大类:

(1)直动式电磁阀

通电时,电磁线圈产生电磁力把关闭件从阀座上提起,阀门打开;断电时,电磁力消失,弹簧把关闭件压在阀座上,阀门关闭。

特点:在真空、负压、零压时能正常工作,但通径一般不超过25mm。

(2)分步直动式电磁阀

原理:它是一种直动和先导式相结合的原理,当入口与出口没有压差时,通电后,电磁力直接把先导小阀和主阀关闭件依次向上提起,阀门打开。当入口与出口达到启动压差时,通电后,电磁力先导小阀,主阀下腔压力上升,上腔压力下降,从而利用压差把主阀向上推开;断电时,先导阀利用弹簧力或介质压力推动关闭件,向下移动,使阀门关闭。

特点:在零压差或真空、高压时亦能动作,但功率较大,必须水平安装。

(3)先导式电磁阀

原理:通电时,电磁力把先导孔打开,上腔室压力迅速下降,在关闭件周围形成上低下高的压差,流体压力推动关闭件向上移动,阀门打开;断电时,弹簧力把先导孔关闭,入口压力通过旁通孔迅速腔室在关阀件周围形成下低上高的压差,流体压力推动关闭件向下移动,关闭阀门。

特点:流体压力范围上限较高,可任意安装(需定制)但必须满足流体压差条件。

2. 机械手中的电磁阀

一般机械手中使用的电磁阀有 SMC 电磁阀 SY5120-5LZD-01、ZHI-0222L49 mm×W18 mm×H5 mm 等号。(如图 4-1-10)

图 4-1-10　机械手电磁阀

任务实施

一、准备设备、工具和材料

完成本任务所需工具和设备见表 4-1-2。

表 4-1-2 设备与工具表

编号	分类	名称	规格型号	数量	备注
1	工具	电工工具		1 套	
2	设备器材	万用表	MF47 型	1 块	
3		PLC	S7-200 系列 (CPU224XP)	1 台	
4		计算机	联想家悦或自选	1 台	
5		SETP7 V4.0 编程软件	PPI	1 套	
6		安装绝缘板	600mm×900mm	1 块	
7		空气断路器	Multi9 C65N D20 或自选	1 只	
8		熔断器	RT28-32	2 只	
9		接触器	NC3-09/220 或自选	1 只	
10		按钮	LA4-3H	2 只	
11		限为开关	FTSB1-111 或自选	3 只	
12		控制变压器	JBK300 380/220	1 只	
13		端子	D-20	1 排	
14	材料	多股软铜线	BVR1/1.37mm²	限量	主电路
15		多股软铜线	BVR1/1.13mm²	限量	控制电路
16		软线	BVR7/0.75mm²	限量	
17		紧固件	M4×20 螺钉	若干	
18			M4×12 螺钉	若干	
19			Φ4 平垫圈	若干	
20					
21		异型管		1 米	

二、确定 I/O 端口分配(表 4-1-3)

表 4-1-3　I/O 端口分配表

符号	地址	注释	接线地址
SQ1 A 相	I0.0	旋转编码器 A 相	MJ-2
SQ1 B 相	I0.1	旋转编码器 B 相	MJ-3
SQ2	I0.2	机械手原点检测传感器	MJ-6
SQ3	I0.3	机械手限位检测传感器	MJ-9
SQ4	I0.4	推料气缸原点检测传感器	MJ-11
SQ5	I0.5	推料气缸限位检测传感器	MJ-13
SQ6	I0.6	井式供料机工件有无检测传感器	MJ-16
SQ7	I0.7	带式传送机位置 2 检测传感器	MJ-19
SQ8	I1.0	电感传感器	MJ-22
SQ9	I1.1	电容传感器	MJ-25
SQ10	I1.2	颜色传感器	MJ-28
SB1	I2.6	启动	MC-SB2-1
SB2	I2.7	停止	MC-SB1-1
CCW	Q0.0	机械手行走信号 CCW(－)	MC-KA1-A2
CW	Q0.1	机械手行走信号 CW(＋)	MC-KA2-A2
YV1	Q0.2	阱式供料机推料气缸控制电磁阀	MJ-94
YV2	Q0.5	机械手上升下降气缸控制电磁阀	MJ-100
YV3	Q0.6	夹手气缸控制电磁阀	MJ-102
Inverter_Y	Q0.7	变频器运行第一速 20Hz	MQ-5
Inverter_E	Q1.0	变频器运行第二速 50Hz	MQ-7
HL1	Q1.1	运行指示灯	MC-HL1-2
HL2	Q1.2	允许下料指示灯	MC-HL2-2
HL3	Q1.3	机械手搬运指示灯	MC-HL3-2
HL4	Q1.4	废品工件提示灯	MC-HL4-2
HA	Q1.5	蜂鸣报警器	MC-HA-2

三、硬件接线图

硬件接线图如图 4-1-11 所示。

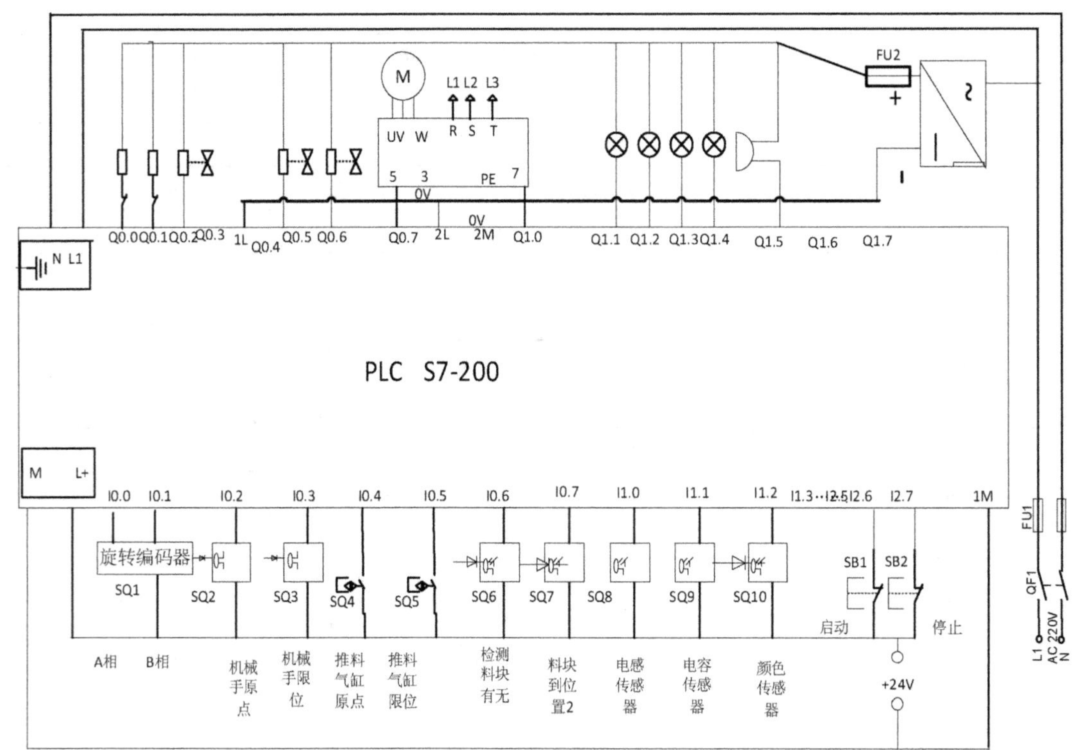

图 4-1-11

四、系统控制流程

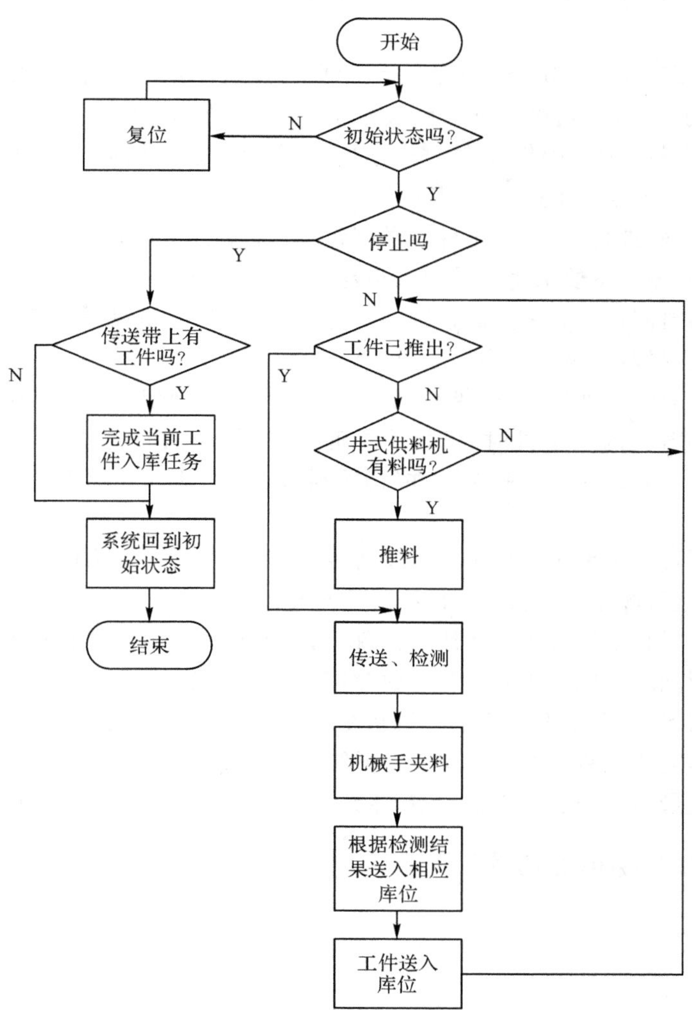

图 4-1-12　机械手控制流程图

五、程序执行情况

(1)初始状态下，带式传送机上没有工件并处于停止状态，机械手停在原点并处于带式传送机上方，机械手上升下降气缸的活塞杆伸出，气动手指处于松开状态。井式供料机推料气缸处于缩回状态。若不满足初始状态，可以用启动按钮进行复位(按钮 SB1 兼有启动和复位功能)。

(2)在初始状态，按下按钮(SB1)运行指示灯 HL1 发光，带式传送机在变频器的控制下以 20Hz 向左运行，允许井式供料机推料指示灯 HL2 闪光(每秒闪光一次)提示推料。若此时井式供料机内有料，HL2 闪烁 3 次后转为点亮，推料气缸开始伸出将加工后的工件推到带式传送机位置 1. 推料气缸复位后，带式传送机以高速(50Hz)向左运行，工件在带式传送机上经过三个传感器进行检测，当工件传送到带式传送机位置 2 时，带式传送机停止转动等待机械手搬运。机械手按要求将工件放入指定库位(白色塑料圆柱内装配金属铝圆柱对应一号库位、白色塑料圆柱内装配金属铁圆柱对应二号库位)。机械手在搬运工件的过程中，指示灯 HL3 发光，提示机械手正在搬运过程中。

(3)当机械手取走工件后，井式供料机推出下一个工件到带式传送机位置 1。

(4)当井式供料机内无工件时，机械手抓起工件后，带式传送机在变频器的控制下以 20Hz 运行。机械手处理完最后一个工件后，回到原点。下料指示灯 HL2 每秒闪烁一次，提示上料。

(5)若在检测过程中发现工件为未加工工件(白色塑料圆柱内为白色塑料)，则机械手将其送入四号库位进行收集，同时蜂鸣器响 5s 进行提示。

(6)若在检测过程中发现工件为废品工件(白色塑料圆柱内为黑色塑料)，则机械手将其送入三号库位进行收集，同时 HL4 闪烁(每秒闪 1 次)5 次进行提示。

(7)按下按钮 SB2，发出设备正常停机指令，此时推料气缸停止工作。若带式传送机上还有工件，则继续完成工件的检测、传送后再停止。在保证带式传送机上没有工件的情况下，机械手搬运完最后一个工件返回原点，系统回到初始状态，电源指示灯全部熄灭。

六、编写 PLC 梯形图程序

1. 主程序

网络 1　系统上电后初始化高速计数器（复位数据：题目中未做要求此为程序调试方便而编写）程序始终调用子程序

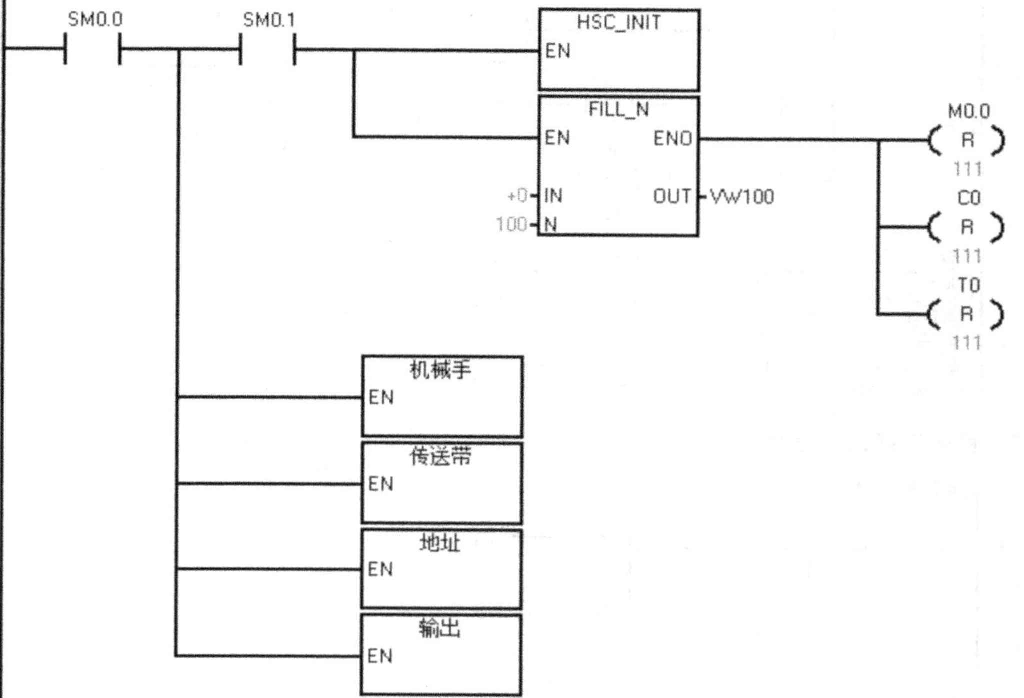

符号	地址	注释
Always_On	SM0.0	始终接通为 ON
First_Scan_On	SM0.1	仅第一个扫描周期中接通为 ON
HL2灯闪烁3次后推...	C0	
机械手行走CCW标志	M0.0	

网络 2　确认系统是否进入初始状态

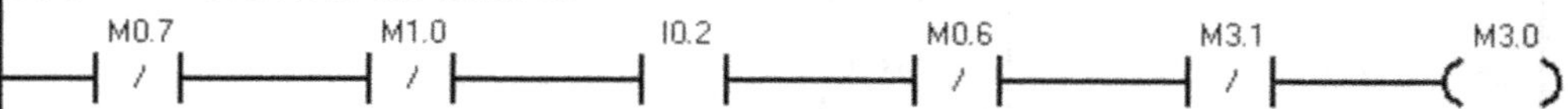

符号	地址	注释
SQ2	I0.2	机械手原点检测传感器
变频器第二速启动...	M1.0	M1.0=1　50Hz速度运行
变频器第一速状态...	M0.7	M0.7=1　20Hz速度运行
初始状态标志位	M3.0	M3.0=1系统处于初始状态 M3.0=0系统未处于初始状态
夹手状态标志位	M0.6	M0.6=1机械手处于夹紧状态 M0.6=0机械手处于松开状态
系统运行状态标志位	M3.1	M3.1=1系统处于运行状态 M3.1=0系统未处于运行状态

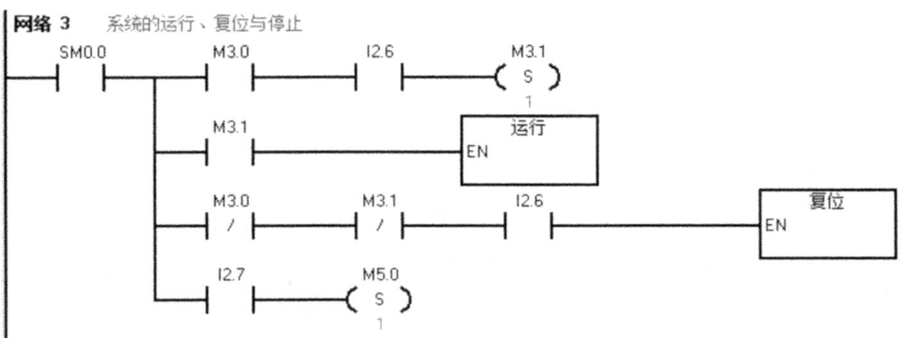

符号	地址	注释
Always_On	SM0.0	始终接通为 ON
初始状态标志位	M3.0	M3.0=1系统处于初始状态 M3.0=0系统未处于初始状态
启动按扭	I2.6	启动
停止按扭	I2.7	停止
停止标志位	M5.0	按下停止按钮时M5.0置位
系统运行状态标志位	M3.1	M3.1=1系统处于运行状态 M3.1=0系统未处于运行状态

2. 机械手抓放子程序

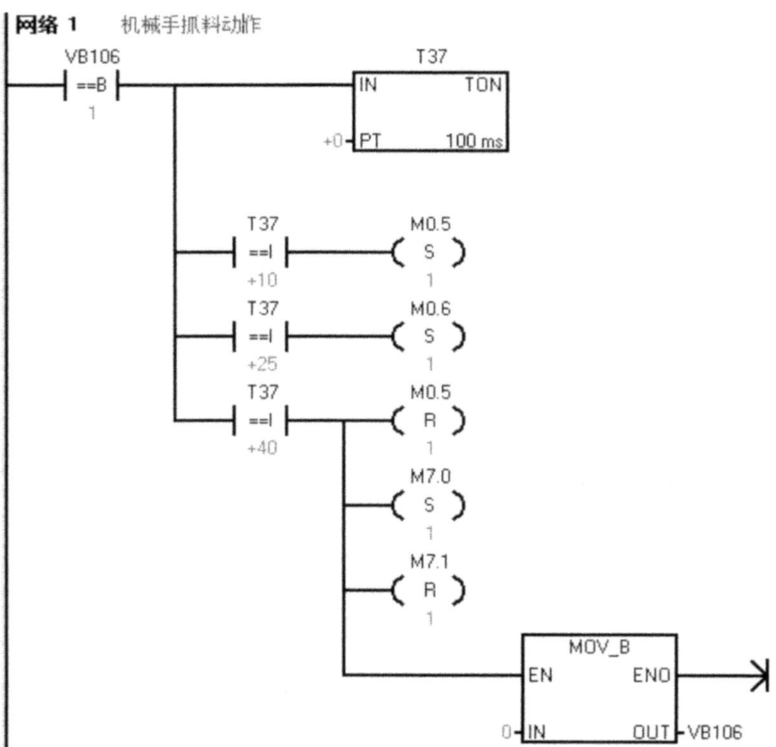

符号	地址	注释
机械上升下降状态...	M0.5	M0.5=1机械手下降 M0.5=0机械手上升
机械手标志位	VB106	VB106=1机械手抓料运行 VB106=2机械手放料运行
机械手放料完成标...	M7.1	M7.1=1 表示机械手放料动作完成
机械手抓料完成标...	M7.0	M7.0=1 表示机械手抓料动作完成
夹手状态标志位	M0.6	M0.6=1机械手处于夹紧状态 M0.6=0机械手处于松开状态

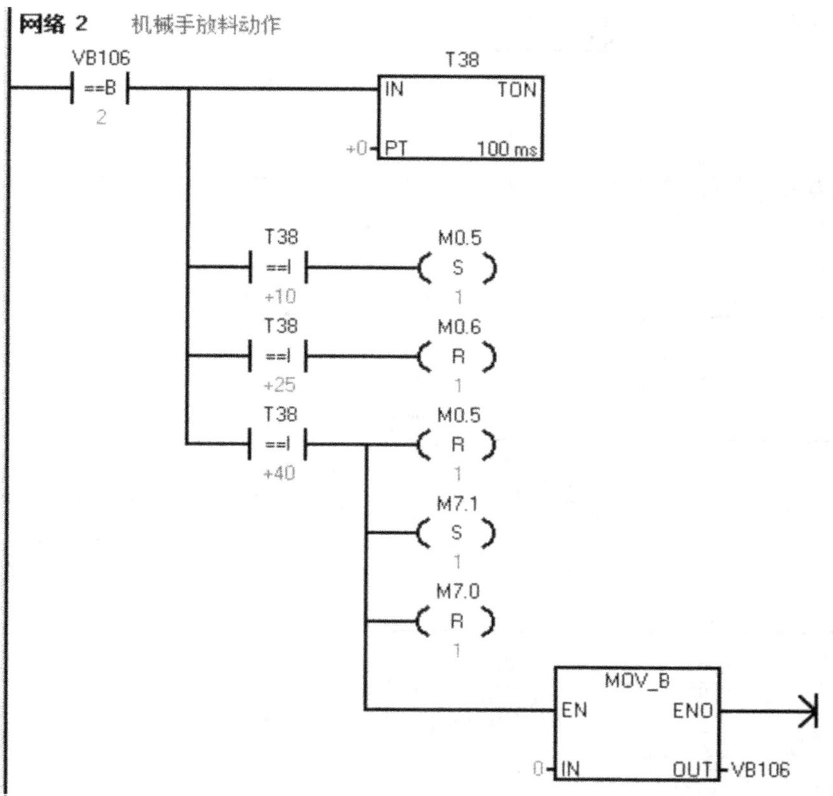

符号	地址	注释
机械上升下降状态...	M0.5	M0.5=1机械手下降 M0.5=0机械手上升
机械手标志位	VB106	VB106=1机械手抓料运行 VB106=2机械手放料运行
机械手放料完成标...	M7.1	M7.1=1 表示机械手放料动作完成
机械手抓料完成标...	M7.0	M7.0=1 表示机械手抓料动作完成
夹手状态标志位	M0.6	M0.6=1机械手处于夹紧状态 M0.6=0机械手处于松开状态

3．传送带物料检测子程序

网络 1　运行状态下传送带第一速度运行

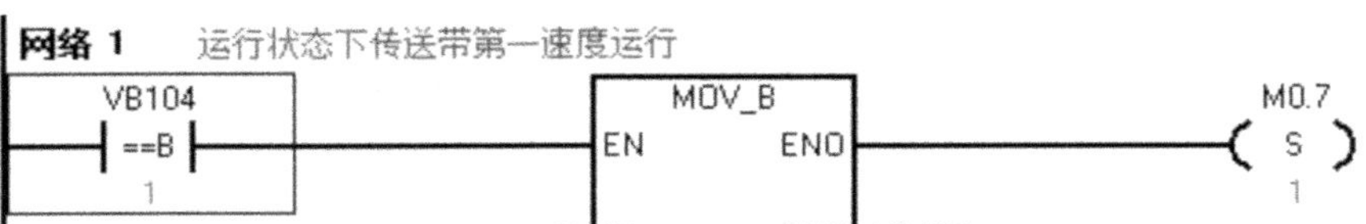

符号	地址	注释
变频器第一速状态...	M0.7	M0.7=1 20Hz速度运行
传送带控制顺序	VB104	

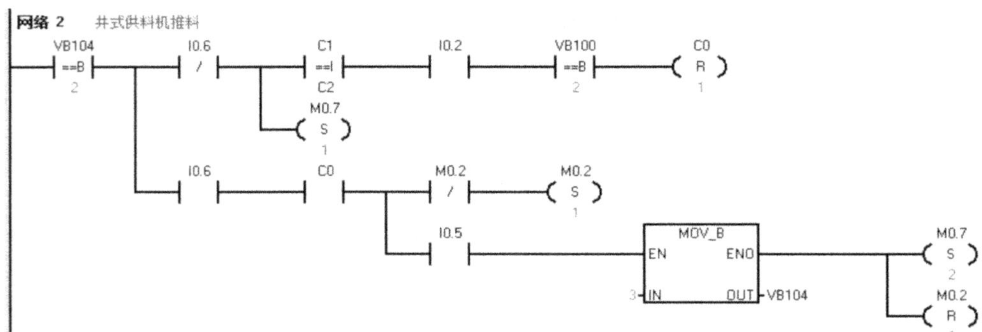

符号	地址	注释
HL2灯闪烁3次后推...	C0	
SQ2	I0.2	机械手原点检测传感器
SQ5	I0.5	推料汽缸限位检测传感器
SQ6	I0.6	井式供料机工件有无检测传感器
变频器第一速状态...	M0.7	M0.7=1 20Hz速度运行
程序运行顺序	VB100	
传送带控制顺序	VB104	
机械手抓走料数	C2	
推出的料数	C1	
推料机推料标志位	M0.2	

网络 3　推料机推出的料块数量

I0.5　P　C1 CU CTU
SM0.1　R
+100 PV

符号	地址	注释
First_Scan_On	SM0.1	仅第一个扫描周期中接通为 ON
SQ5	I0.5	推料汽缸限位检测传感器
推出的料数	C1	

网络 4　　机械手抓走的料块数量

VB100 ==B 1　　M7.0　　P　　C2 CU CTU

SM0.1　　R

+100 PV

符号	地址	注释
First_Scan_On	SM0.1	仅第一个扫描周期中接通为 ON
程序运行顺序	VB100	
机械手抓料完成标...	M7.0	M7.0=1 表示机械手抓料动作完成
机械手抓走料数	C2	

网络 5　　HL2灯闪烁次数是否到位

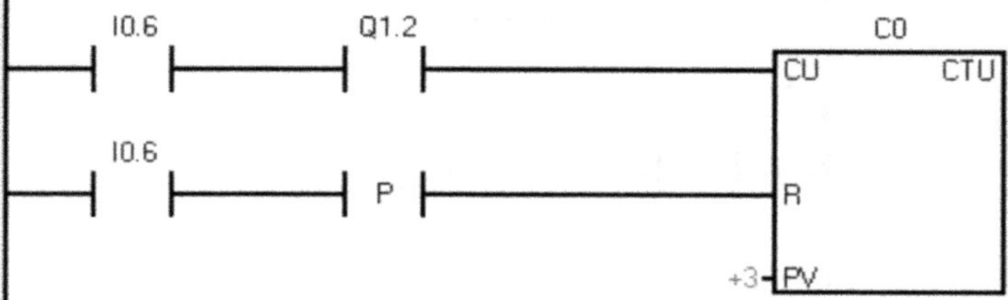

符号	地址	注释
HL2	Q1.2	允许下料指示灯
HL2灯闪烁3次后推...	C0	
SQ6	I0.6	井式供料机工件有无检测传感器

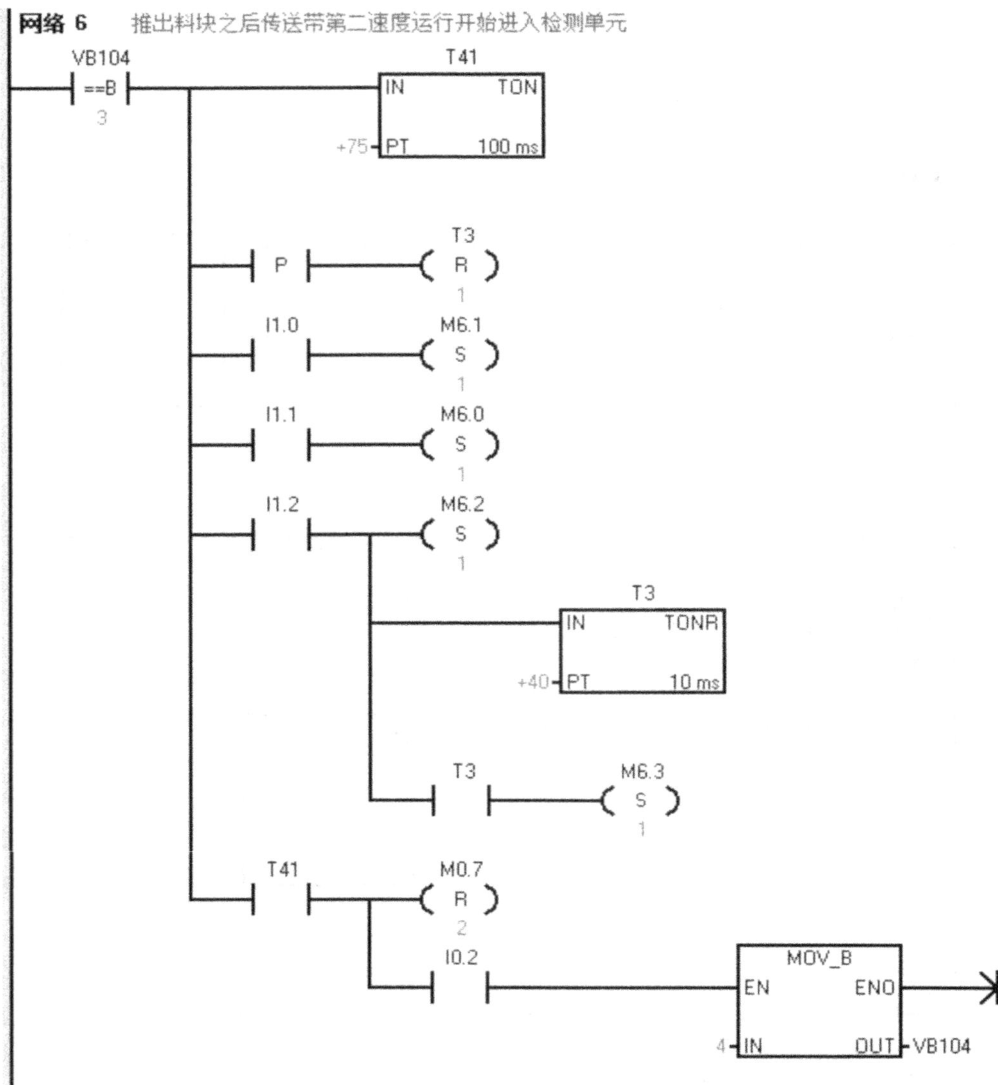

符号	地址	注释
SQ10	I1.2	颜色传感器
SQ2	I0.2	机械手原点检测传感器
SQ8	I1.0	电感传感器
SQ9	I1.1	电容传感器
变频器第一速状态...	M0.7	M0.7=1 20Hz速度运行
传送带控制顺序	VB104	
第二速度到达位置2...	T41	
电感传感器标志	M6.1	
电容传感器标志	M6.0	
颜色传感器标志1	M6.2	
颜色传感器标志2	M6.3	

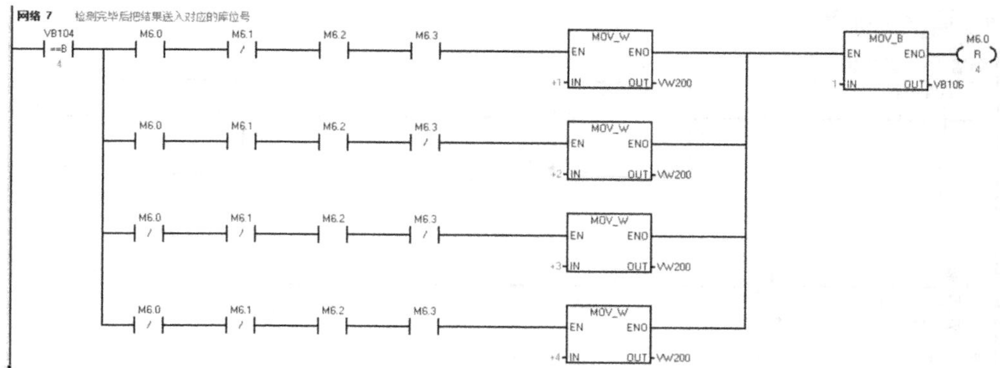

符号	地址	注释
传送带控制顺序	VB104	
电感传感器标志	M6.1	
电容传感器标志	M6.0	
机械手标志位	VB106	VB106=1机械手抓料运行 VB106=2机械手放料运行
检测结果	VW200	
颜色传感器标志1	M6.2	
颜色传感器标志2	M6.3	

4．运行子程序

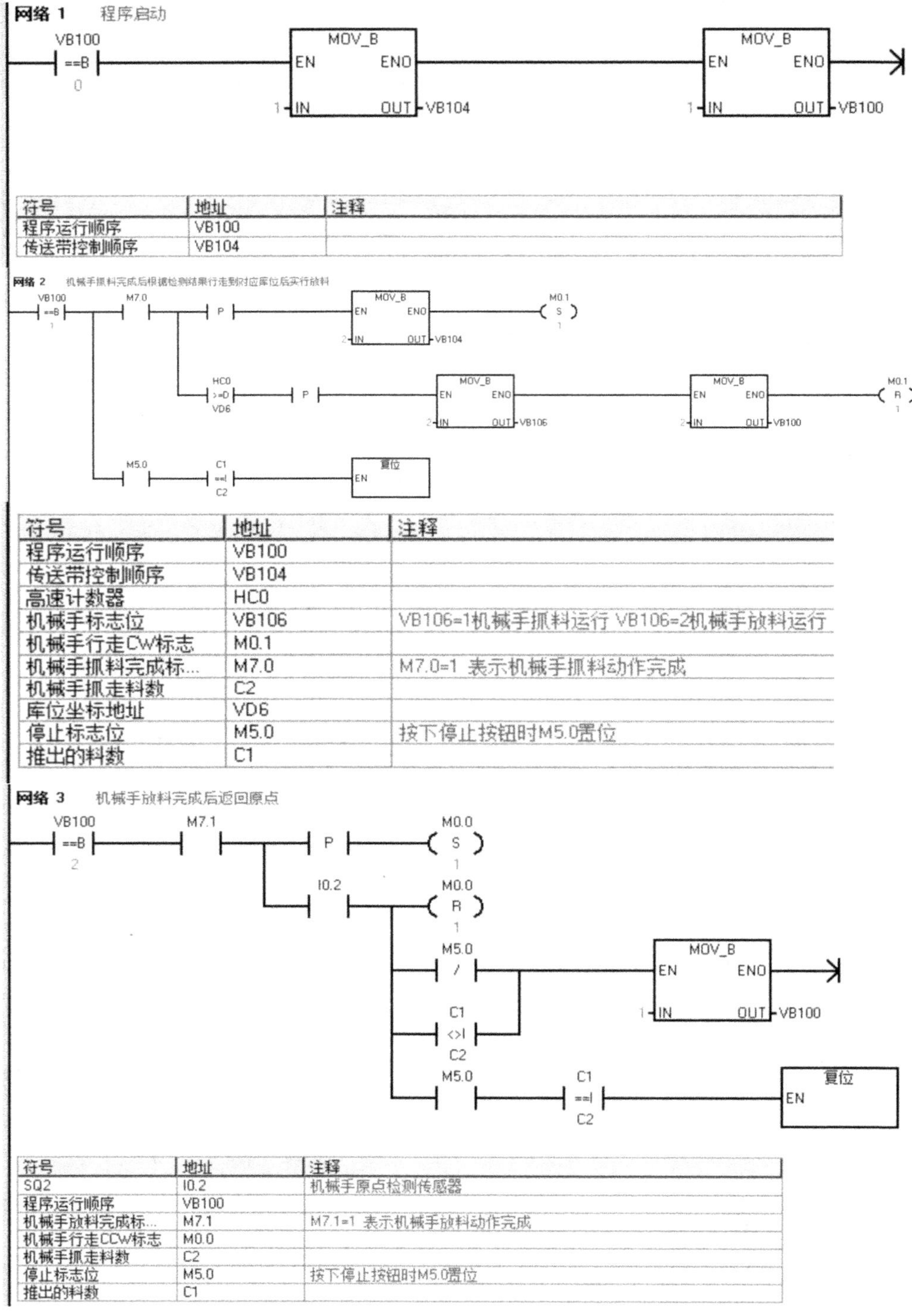

符号	地址	注释
程序运行顺序	VB100	
传送带控制顺序	VB104	

符号	地址	注释
程序运行顺序	VB100	
传送带控制顺序	VB104	
高速计数器	HC0	
机械手标志位	VB106	VB106=1机械手抓料运行 VB106=2机械手放料运行
机械手行走CW标志	M0.1	
机械手抓料完成标...	M7.0	M7.0=1 表示机械手抓料动作完成
机械手抓走料数	C2	
库位坐标地址	VD6	
停止标志位	M5.0	按下停止按钮时M5.0置位
推出的料数	C1	

符号	地址	注释
SQ2	I0.2	机械手原点检测传感器
程序运行顺序	VB100	
机械手放料完成标...	M7.1	M7.1=1 表示机械手放料动作完成
机械手行走CCW标志	M0.0	
机械手抓走料数	C2	
停止标志位	M5.0	按下停止按钮时M5.0置位
推出的料数	C1	

5. 地址子程序

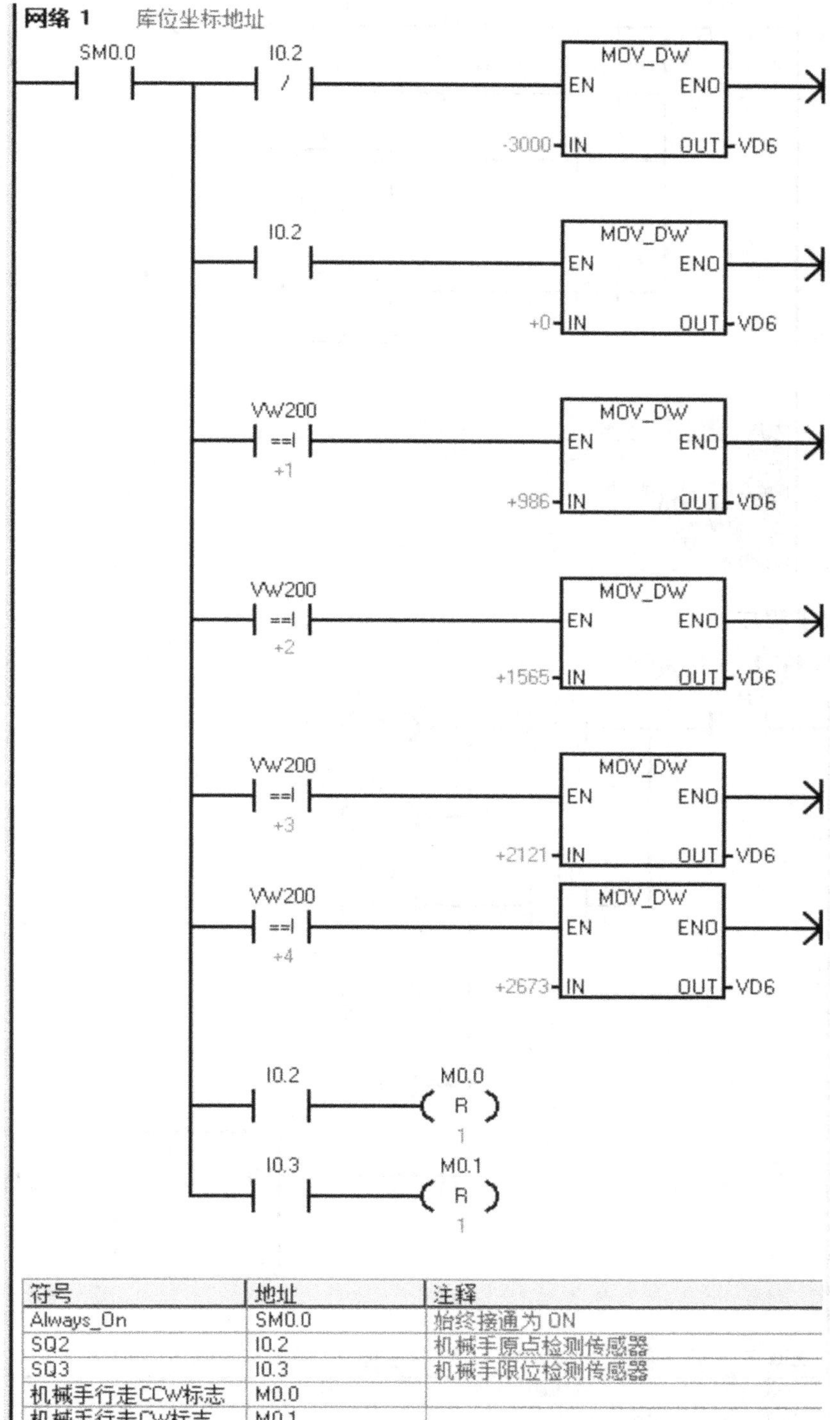

符号	地址	注释
Always_On	SM0.0	始终接通为 ON
SQ2	I0.2	机械手原点检测传感器
SQ3	I0.3	机械手限位检测传感器
机械手行走CCW标志	M0.0	
机械手行走CW标志	M0.1	
检测结果	VW200	
库位坐标地址	VD6	

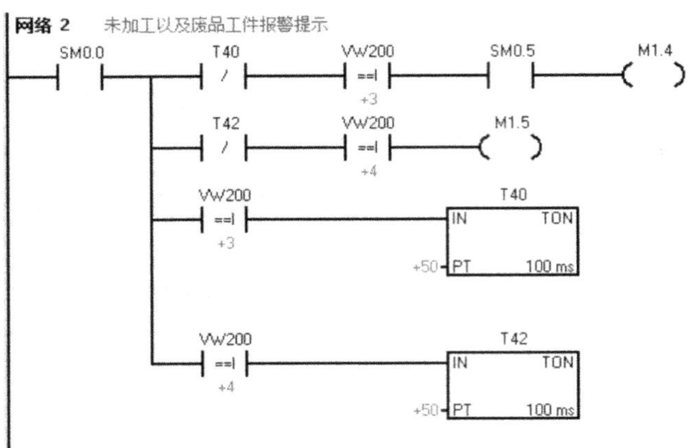

符号	地址	注释
Always_On	SM0.0	始终接通为 ON
Clock_1s	SM0.5	在 1 秒钟的循环周期内，接通为 ON 0.5 秒，关断为 OFF 0.5 秒
废品工件指示灯标志	M1.4	
废品工件指示灯提...	T40	
蜂鸣器报警标志	M1.5	
蜂鸣器报警定时	T42	
检测结果	VW200	

6. 复位子程序

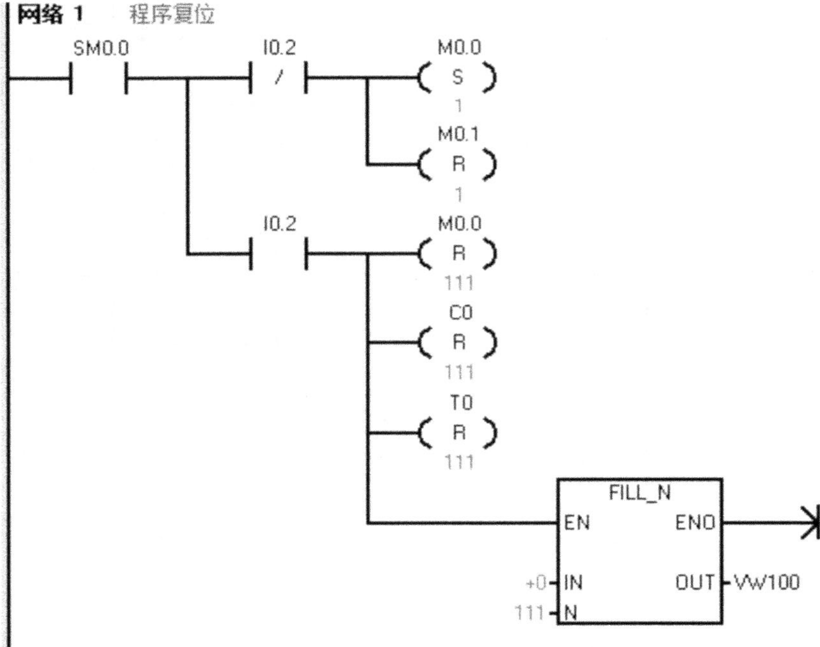

符号	地址	注释
Always_On	SM0.0	始终接通为 ON
HL2灯闪烁3次后推...	C0	
SQ2	I0.2	机械手原点检测传感器
机械手行走CCW标志	M0.0	
机械手行走CW标志	M0.1	

7. 输出子程序

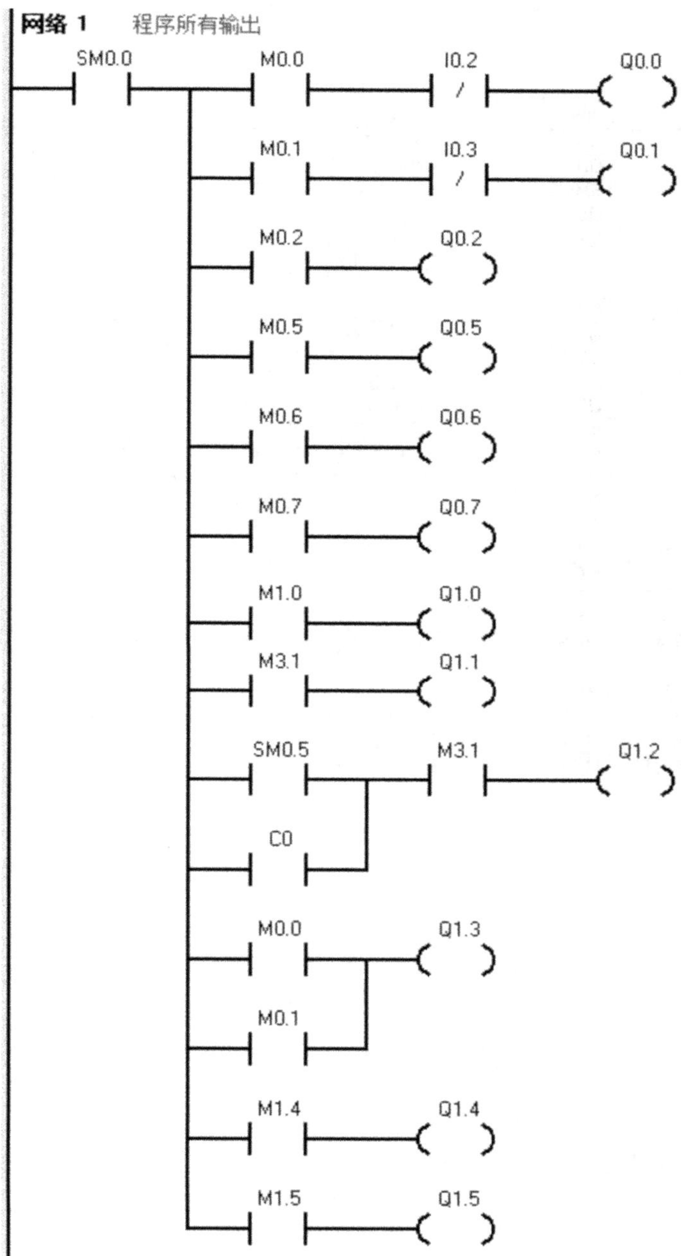
网络 1 程序所有输出
SM0.0
M0.0
I0.2
Q0.0
M0.1
I0.3
Q0.1
M0.2
Q0.2
M0.5
Q0.5
M0.6
Q0.6
M0.7
Q0.7
M1.0
Q1.0
M3.1
Q1.1
SM0.5
M3.1
Q1.2
C0
M0.0
Q1.3
M0.1
M1.4
Q1.4
M1.5
Q1.5

符号	地址	注释
Always_On	SM0.0	始终接通为 ON
CCW	Q0.0	机械手行走信号CCW（-）
Clock_1s	SM0.5	在 1 秒钟的循环周期内，接通为 ON 0.5 秒，关断为 OFF 0.5 秒
CW	Q0.1	机械手行走信号CW（+）
HA	Q1.5	报警蜂鸣器
HL1	Q1.1	运行指示灯
HL2	Q1.2	允许下料指示灯
HL2灯闪烁3次后推...	C0	
HL3	Q1.3	机械手搬运指示灯
HL4	Q1.4	废品工件指示灯
Inverter_E	Q1.0	变频器运行第二速50Hz
Inverter_Y	Q0.7	变频器运行第一速20Hz
SQ2	I0.2	机械手原点检测传感器
SQ3	I0.3	机械手限位检测传感器
YV1	Q0.2	井式供料机推料汽缸控制电磁阀
YV2	Q0.5	机械手上升下降汽缸控制电磁阀
YV3	Q0.6	夹手汽缸控制电磁阀
变频器第二速启动...	M1.0	M1.0=1 50Hz速度运行
变频器第一速状态...	M0.7	M0.7=1 20Hz速度运行
废品工件指示灯标志	M1.4	
蜂鸣器报警标志	M1.5	
机械上升下降状态...	M0.5	M0.5=1机械手下降 M0.5=0机械手上升
机械手行走CCW标志	M0.0	
机械手行走CW标志	M0.1	
夹手状态标志位	M0.6	M0.6=1机械手处于夹紧状态 M0.6=0机械手处于松开状态
推料机推料标志位	M0.2	
系统运行状态标志位	M3.1	M3.1=1系统处于运行状态 M3.1=0系统未处于运行状态

8. 高速计数器子程序

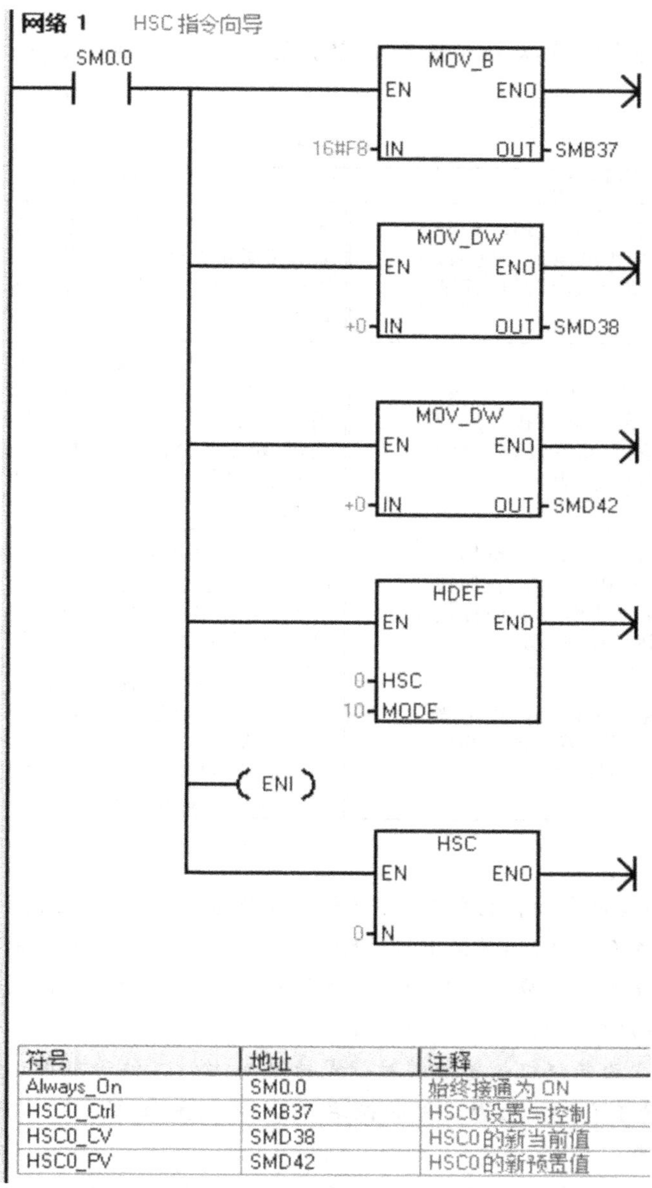

符号	地址	注释
Always_On	SM0.0	始终接通为 ON
HSC0_Ctrl	SMB37	HSC0 设置与控制
HSC0_CV	SMD38	HSC0的新当前值
HSC0_PV	SMD42	HSC0的新预置值

七、调试程序

按照上料机械手的 PLC 控制系统接线原理图，进行 PLC 端口硬件接线，并将编辑的梯形图程序下载运行，调试直到符合任务控制要求。

学生分组进行通电调试，教师现场监护并进行巡查、答疑，各组验证程序运行是否符合控制要求。如果运行出现异常，每组负责编程同学应积极调试，重新运行。同时负责硬件安装接线同学应积极配合检查，直到系统运行正常，符合控制要求，接受教师任务评价和验收。

检查评价

根据表中评分标准内容，对学生任务完成情况及学生在完成任务期间的表现进行评价（见表 4-1-4）。

表 4-1-4

主要内容	考核要求	分	评分标准	分
硬安装程序设计	根据任务要求，分配 PLC 的 I/O 地址，并列出地址分配表。根据给定要求，设计顺序控制功能图。	15	输入/输出分配不合理，每出现一处地址遗漏或错误扣 1 分；顺序功能图设计不合理或错误，每处扣 2 分，画法不规范，每处扣 1 分。	
	根据 PLC 的 I/O 地址分配表，设计 PLC 外部硬件接线原理图，并能正确安装接线，接线要正确、紧固、美观。	0	PLC 的外部硬件接线原理图设计不正确，每出现一处错误扣 2 分，并按照错误设计进行硬件接线每处加扣 2 分；接线不紧固、不美观、每处扣 2 分；连接点松动、遗漏，每处扣 0.5 分；损伤导线绝缘或线芯，每根扣 0.5 分。	
	设计梯形图程序，并熟练操作计算机输入 PLC 程序；按照被控制设备的动作要求进行模拟调试，达到控制要求。	0	编程软件应用不熟练，不会用删除、插入、修改等指令，每处扣 2 分； 程序下载运行后，1 次试车不成功口 8 分，2 次不成功口 15 分，3 次不成功口 30 分。	
安全操作文明协作	正确使用工具和无操作不当引起设备损坏，遵守国家相关专业安全文明成产规程。	5	工具操作不当导致损坏设备每出现一处扣 3 分，仪表使用错误扣 3 分，带电插拔导线每出现一次 1 分； 实验操作完毕工位不清洁，工具不清理，每组同学各扣 2 分。	

注意事项：

(1)当机械手由直流电动机控制时，直流电动机旋转一圈，带动机械手行走 7.1cm，同时又高速计数器计数 400 个脉冲，并向 PLC 输入。因此，当库位发生变动时，可手工测量机械手位于原点与机械手位于相应库位时两个位置的距离，然后根据比例关系计算控制脉冲的数值，并对地址子程序中相应数值进行修订。

(2)按下停止后，为保证机械手能够对带式传送机上的工件进行搬运，本例使用了标志位 M2.1。只有机械手完成了全部工件的搬运以后，才能置位 M2.1，结束设备的运行并保证设备回到初始状态。

(3)因为 PLC 采用扫描工作方式，因此，在传送带子程序中对推料和取料进行计数时，必须使用上升沿或者下降沿，否则机械部件运行一次，PLC 可能已经完成了几十个扫描周期，计数将发生很大的偏差。

(4)高速计数器的 A 相和 B 相接反后，会造成机械手不可控，此时只需要将 A 相与 B 相交换即可解决。

(5)在夹料和放料子程序中的定时器，因在调用结束后不能自动清零，因此编程时必须在结束子程序调用前进行复位。

(6)本任务所说的机械手左转右转限位传感器在设备平面图中无法标注，请在调试时注意。

思考练习

1. 机械手中所用的电磁阀按照原理来分属于哪一类?
2. 选用机械手电磁阀型号的依据是什么?
3. 本设计若要应用在实际工厂中还有哪些方面需要改进?

任务二　基于PLC的病房呼叫系统的设计

知识目标:1)通过任务进一步熟练掌握STEP7 Micro/WIN32软件的使用;
2)掌握S7-200定时计数器指令的工作原理和使用方法。

技能目标:1)正确选用定时计数器指令编写控制程序;
2)具备独立分析问题,使用经验设计法编写控制程序的技能。

素质目标:1)树立正确的学习目标,培养团结协作的意识;
2)培养和树立安全生产、文明操作的意识。

一、设计背景

近年来,随着科学技术的发展,我国的PLC技术得到了迅速发展及应用。PLC控制系统运行可靠性高、使用维修方便、抗干扰性强、设计和调试周期较短等优点,倍受人们重视,已成为呼叫控制系统中使用最广泛、也是最受欢迎的控制方式。目前PLC广泛用于传统控制系统的技术改造。

现在国内的有些医院所使用的都是20世纪七八十年代安装的呼叫控制系统,接线电路异常复杂,故障率很高,维修保养难,效率低,调速性能指标较差,严重影响运行质量,对医院及时响应病人的护理需求造成了很大困难,迫切的需要进行现代化改造,以适应医院的需求。

现代医院护理需要快速及时地获知并处理病人的突发病况,实现患者在住院的任意时间可请求医生或护士进行诊断或护理。用于医院病房区的病人有紧急情况或自己不方便处理的事件时呼叫医生或护士寻求帮助,医生或护士根据站内指示灯及响铃获取求助信息的来源,并及时的提供帮助。

研究病床呼叫系统的PLC程序设计,有利于更好地掌握所学的相关课程的知识。同时提高自身的学以致用的能力。

本设计着眼于使用PLC设计病房呼叫系统(如图4-2-1),把医院每一层的病房呼叫控制系统分割开来形成一个独立的控制系统,有利于简化总体的接线,减少故障发生的概率,加强整个医院呼叫系统设计的稳定性。因此,本设计着重于实现一个楼层的病房呼叫系统,假设一个楼层总共有1间值班室,3间病房,每一间病房有2个床位。每一间病房的门口有紧急指示灯,每个床位的床头有呼叫按钮和复位按钮。值班室也有对应每一间病房、每一个床位的紧急指示灯以及相应的处理按钮,还有一个蜂鸣器用来提醒值班人员。

二、设计目标

(1)系统有停止、启动的功能。

(2)做出硬件系统的结构图、接线图等。

(3)程序结构与控制功能自行创新设计。

(4)进行系统调试,实现病床呼叫系统的控制要求。

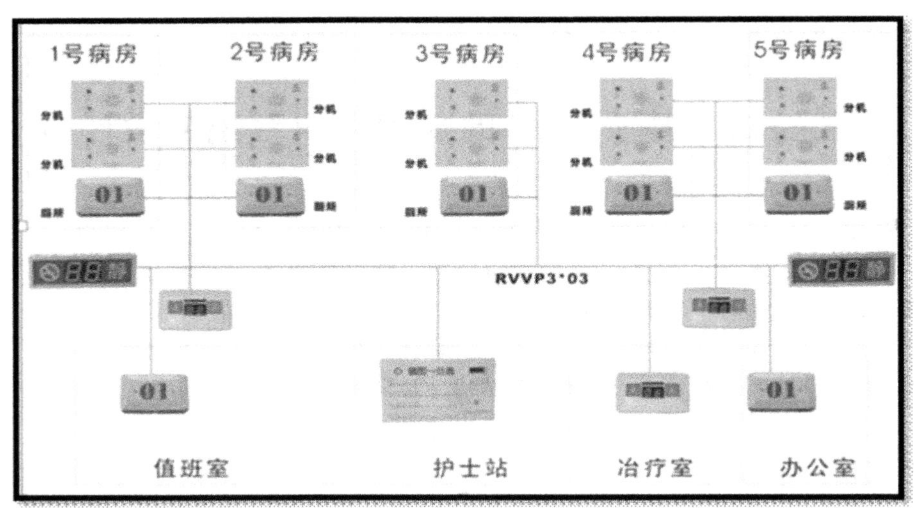

图 4-2-1 实际病房呼叫系统示意图

三、控制要求

(1)系统启动时指示灯闪烁(点亮 3 秒熄灭 2 秒)5 次。

(2)共有 3 个病房,每间病房 2 个床位。每一病床床头均有紧急呼叫按钮及重置按钮,以利病人不适时紧急呼叫。

(3)每层楼都有一间值班室,每个值班室均有该层楼病人紧急呼叫与处理完毕的重置按钮。

(4)每一病床床头均有一紧急指示灯,一旦病人按下紧急呼叫按钮,则该病床床头紧急指示灯动作。若未在 5s 内按下重置按钮时,则病房门口紧急指示灯亮,同时同楼层的值班室显示病房紧急呼叫指示灯。

(5)在值班室的病房紧急呼叫中心,每一病房都有编号,用指示灯显示哪一病房按下病人紧急呼叫按钮。

(6)一旦护士看见紧急呼叫灯点亮后,须先按下护士处理按钮以取消灯亮情况,再处理病房紧急事故。在护士到达指定病房之后(1 分钟的计时),病房紧急指示灯和病床上的紧急指示灯自动被重置。

四、设计思路

(1)根据第一条控制要求“系统有停止、启动的功能”,可以用启保停程序来设计,但由于还需要有闪烁指示灯,因此还需要一个额外的闪烁计数程序。

(2)经过分析研究,每一间病房的呼叫情况一致,每一个床位的呼叫情况也一致,因此,只要能够突破一间病房内一张病床的呼叫设计,其他病房、其他病床的呼叫设计就迎刃而解了。

五、系统运行示意流程图(图 4-2-2)

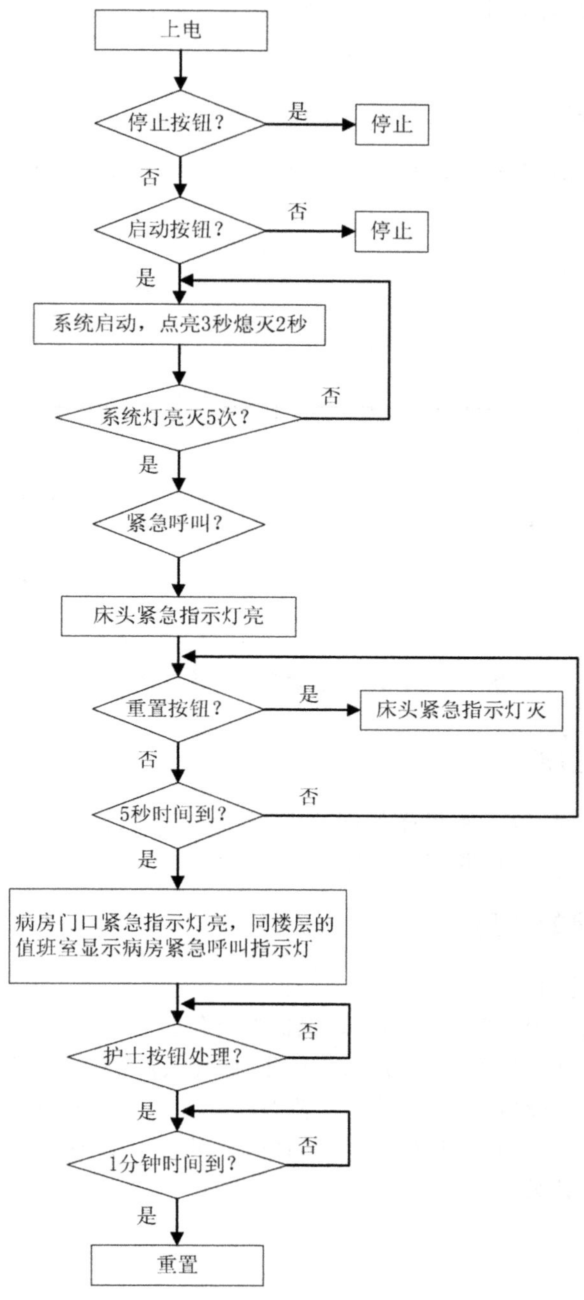

图 4-2-2　病房呼叫系统工作流程示意图

相关理论

根据前面的设计思路可得,本设计所涉及的知识点有:启保停程序、闪烁计数程序、定时计数器的使用等等。

一、启保停程序

用梯形图编辑器来输入程序,图 4-2-3 给出了采用启保停程序设计连续运转控制电路的梯形图。

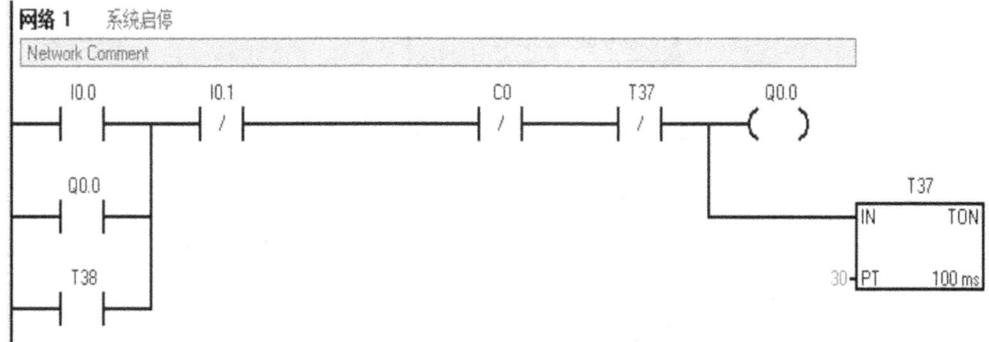

图 4-2-3　采用启保停程序设计启停电路

二、闪烁计数程序

经典的指示灯闪烁计数控制程序如图 4-2-4 所示。(注:图中没有加上启停控制,完整的启停闪烁灯控制程序详见任务实施部分)

三、定时计数器的使用

1. 增计数器指令(CTU)

CTU 指令的应用如图 4-2-5 所示,增计数器的复位信号 I0.0 接通时,计数器 C0 的当前值 SV=0,计数器不工作。当复位信号 I0.0 断开时,计数器 C0 可以工作。每当一个计数脉冲到来时(即 I0.0 接通一次),计数器的当前值 SV=SV+1。当 SV 等于设定值 PV 时,计数器的常开触点接通。这时再来计数脉冲时,计数器的当前值仍不断地累加,直到 SV=+10(最大值)时,才停止计数。

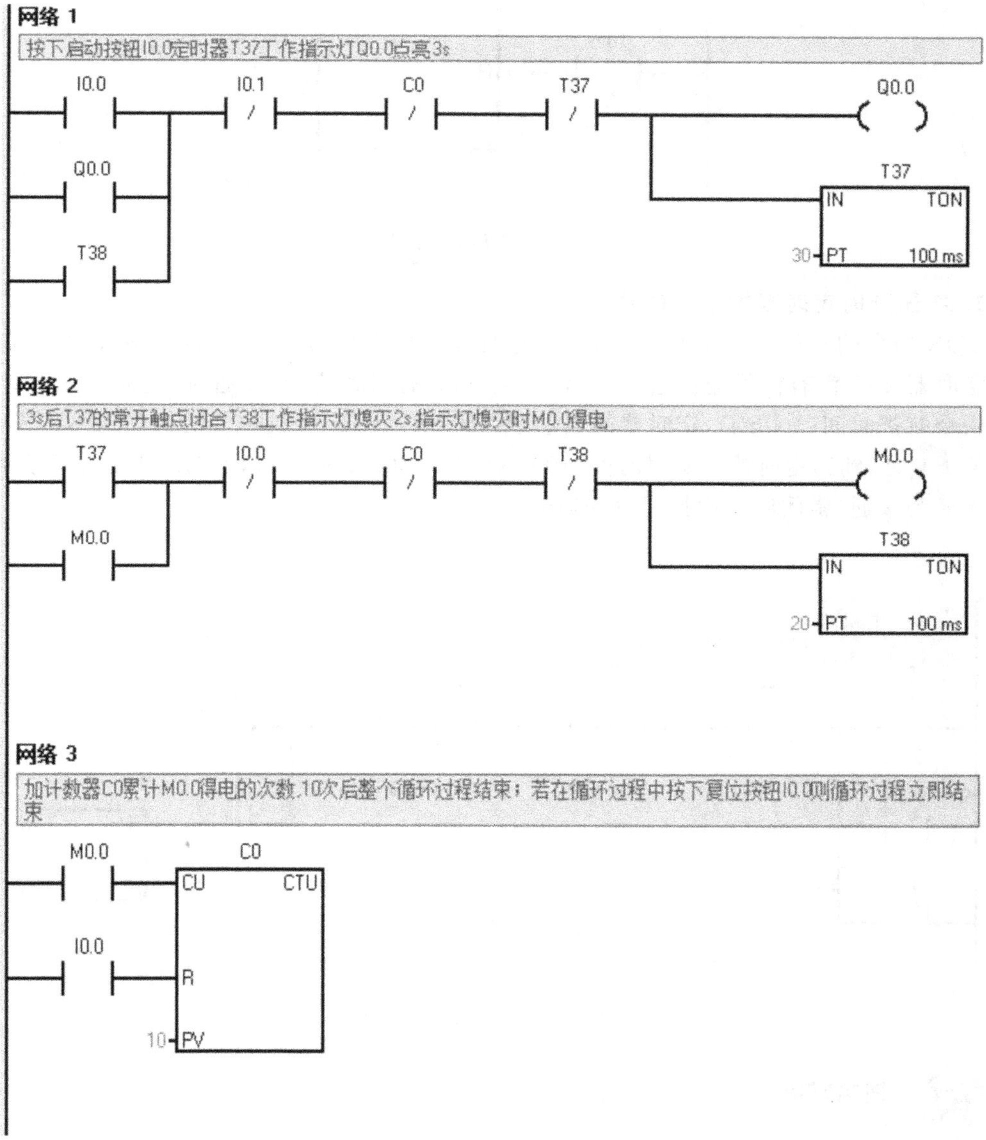

网络 1

按下启动按钮I0.0定时器T37工作指示灯Q0.0点亮3s

I0.0　I0.1　C0　T37　Q0.0
Q0.0
T38
T37
IN　TON
30-PT　100 ms

网络 2

3s后T37的常开触点闭合T38工作指示灯熄灭2s.指示灯熄灭时M0.0得电

T37　I0.0　C0　T38　M0.0
M0.0
T38
IN　TON
20-PT　100 ms

网络 3

加计数器C0累计M0.0得电的次数,10次后整个循环过程结束；若在循环过程中按下复位按钮I0.0则循环过程立即结束

M0.0　C0
CU　CTU
I0.0
R
10-PV

图 4-2-4　指示灯闪烁计数控制程序

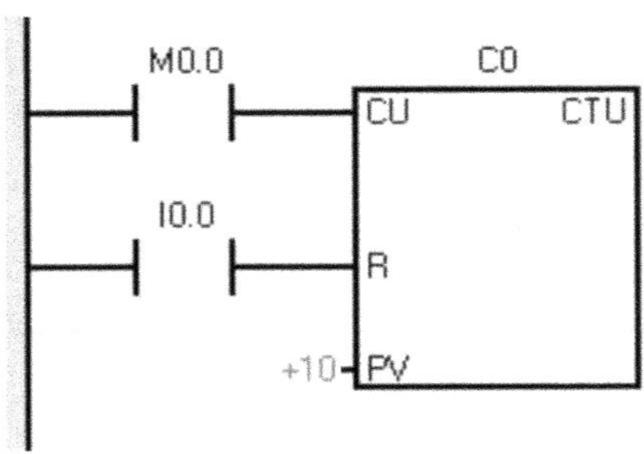

图 4-2-5　CTU 指令的应用

2. 接通延时定时器指令(TON)

TON 指令的应用如图 4-2-6 所示。当定时器的启动信号断开时，定时器的当前值 SV＝0，定时器 T37 没有信号流流过，不工作。当 T37 的起动信号/接通时，定时器开始计时，每过一个时基时间(100ms)，定时器的当前值 SV＝SV＋1。当定时器的当前值 SV 等于其设定值 PT 时，到达定时器的延时时间(100ms×30＝3000ms＝3s)，这时定时器的常开触点由断开变为接通(常闭触点由接通变为断开)。

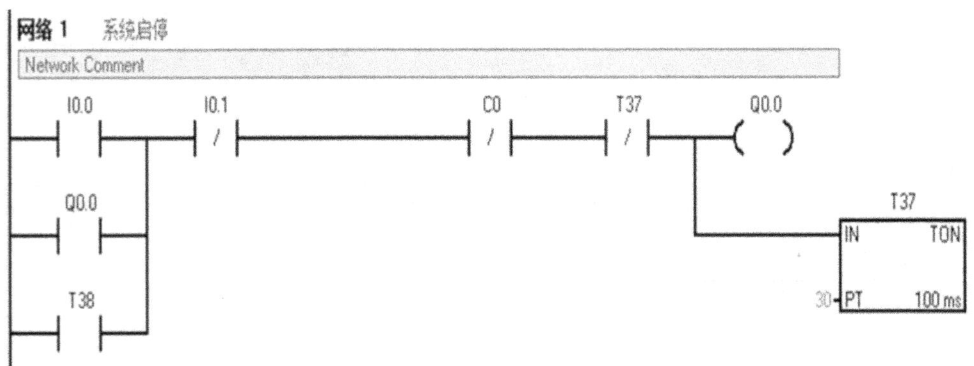

图 4-2-6　TON 指令的应用

任务实施

一、准备设备、工具和材料水电费

完成本任务所需工具和设备见下表(表 4-2-1)。

表 4-2-1 工具设备表

编号	分类	名称	规格型号	数量	备注
1	工具	电工工具		1 套	
2	设备器材	万用表	MF47 型	1 块	
3		PLC	S7-200 系列 (CPU224XP)	1 台	
4		计算机	联想家悦或自选	1 台	
5		SETP7 V4.0 编程软件	PPI	1 套	
6		安装绝缘板	600mm×900mm	1 块	
7		空气断路器	Multi9 C65N D20 或自选	1 只	
8		熔断器	RT28-32	2 只	
9		接触器	NC3-09/220 或自选	1 只	
10		按钮	LA4-3H	2 只	
11		限为开关	FTSB1-111 或自选	3 只	
12		控制变压器	JBK300 380/220	1 只	
13		端子	D-20	1 排	
14	材料	多股软铜线	BVR1/1.37mm²	限量	主电路
15		多股软铜线	BVR1/1.13mm²	限量	控制电路
16		软线	BVR7/0.75mm²	限量	
17		紧固件	M4×20 螺钉	若干	
18			M4×12 螺钉	若干	
19			Φ4 平垫圈	若干	
20					
21		异型管		1 米	

二、确定 I/O 端口分配(表 4-2-2,表 4-2-3)

表 4-2-2 输入端口分配表

I/O 输入元件	端口号	说　明
SB0	I0.0	系统启动按钮
SB1	I0.1	系统停止按钮
SB2	I0.2	一号病房一号床位呼叫按钮
SB3	I0.3	一号病房一号床位复位按钮
SB4	I0.4	一号病房二号床位呼叫按钮
SB5	I0.5	一号病房二号床位复位按钮
SB6	I0.6	二号病房一号床位呼叫按钮
SB7	I0.7	二号病房一号床位复位按钮
SB8	I1.0	二号病房二号床位呼叫按钮
SB9	I1.1	二号病房二号床位复位按钮
SB10	I1.2	三号病房一号床位呼叫按钮
SB11	I1.3	三号病房一号床位复位按钮
SB12	I1.4	三号病房二号床位呼叫按钮
SB13	I1.5	三号病房二号床位复位按钮
SB14	I1.6	值班室一号病房一号床位处理按钮

续表

I/O 输入元件	端口号	说　明
SB15	I1.7	值班室一号病房二号床位处理按钮
SB16	I2.0	值班室二号病房一号床位处理按钮
SB17	I2.1	值班室二号病房二号床位处理按钮
SB18	I2.2	值班室三号病房一号床位处理按钮
SB19	I2.3	值班室三号病房二号床位处理按钮

表 4-2-3　输出端口分配表

I/O 输出元件	端口号	说明
HL0	Q0.0	启停指示灯
HL1	Q0.1	一号病房一号床床头指示灯
HL2	Q0.2	一号病房二号床床头指示灯
HL3	Q0.3	一号病房门口指示灯
HL4	Q0.4	二号病房一号床床头指示灯
HL5	Q0.5	二号病房二号床床头指示灯
HL6	Q0.6	二号病房门口指示灯
HL7	Q0.7	三号病房一号床床头指示灯
HL8	Q1.0	三号病房二号床床头指示灯
HL9	Q1.1	三号病房门口指示灯
HL10	Q1.2	值班室一号病房一号床指示灯
HL11	Q1.3	值班室一号病房二号床指示灯
HL12	Q1.4	值班室二号病房一号床指示灯
HL13	Q1.5	值班室二号病房二号床指示灯
HL14	Q1.6	值班室三号病房一号床指示灯
HL15	Q1.7	值班室三号病房二号床指示灯
HL16	Q2.0	值班室蜂鸣器

三、硬件接线原理图

根据工作任务的控制要求进行设计分析，并绘制 PLC 系统接线原理图，如图 4-2-7 所示。

四、分析任务的工作过程，确定控制流程图

PLC 运算指令实现病房呼叫系统控制流程图见图 4-2-8 所示。通过控制流程图，将整个病房呼叫控制系统的程序为若干步，并确定每一步的转换条件，以便易于编写梯形图程序（注：这只是病房 1 部分的呼叫控制流程图，其他病房的呼叫情况与这个流程图是基本一致的）。

五、编写 PLC 梯形图程序

根据前面设计的 PLC 病房呼叫控制系统的流程图，可以清楚看出病床呼叫时，控制系统的信号状态的变化，从而编制 PLC 梯形图程序。

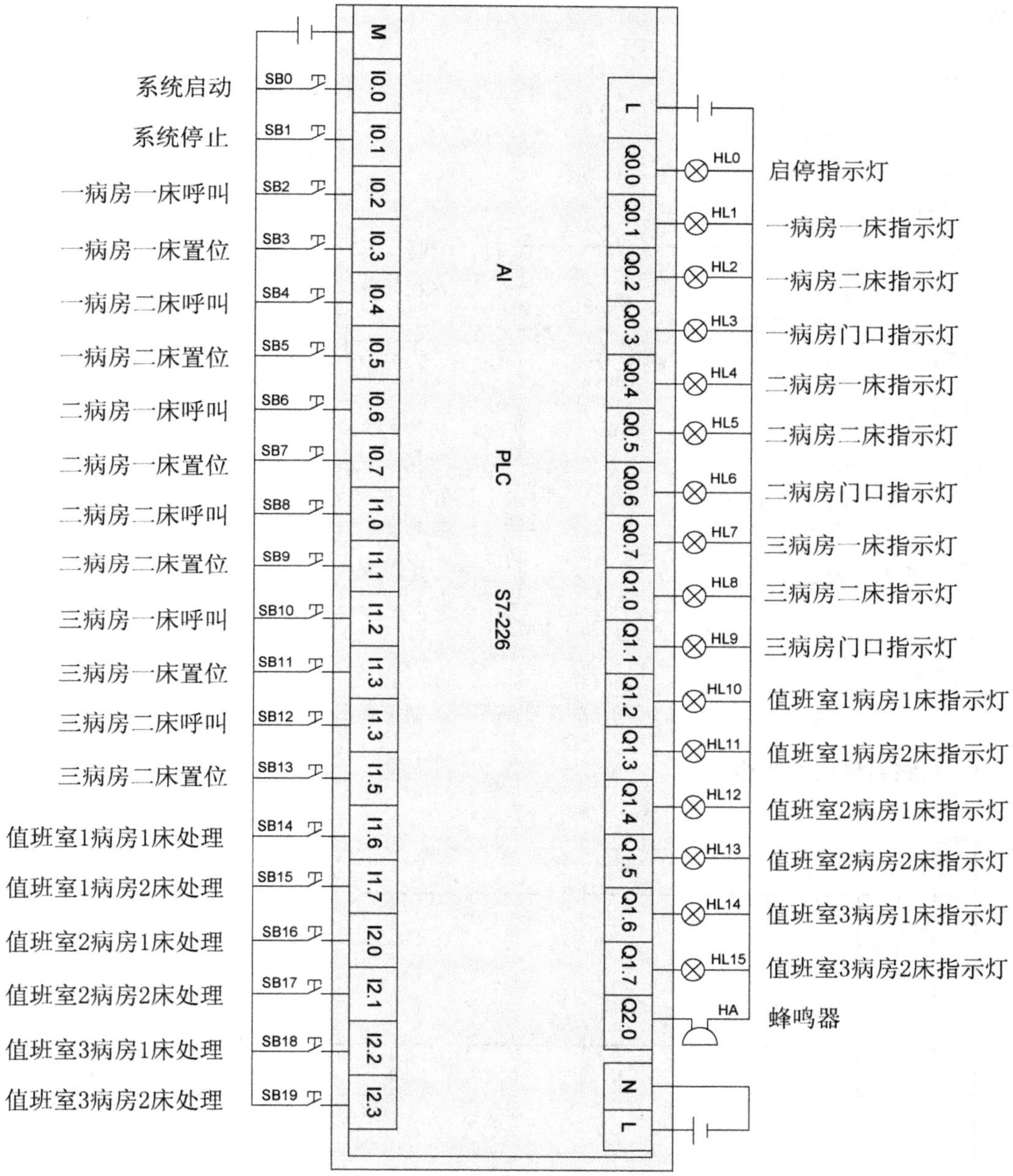

M

AI PLC S7-226

功能	按钮	输入
系统启动	SB0	I0.0
系统停止	SB1	I0.1
一病房一床呼叫	SB2	I0.2
一病房一床置位	SB3	I0.3
一病房二床呼叫	SB4	I0.4
一病房二床置位	SB5	I0.5
二病房一床呼叫	SB6	I0.6
二病房一床置位	SB7	I0.7
二病房二床呼叫	SB8	I1.0
二病房二床置位	SB9	I1.1
三病房一床呼叫	SB10	I1.2
三病房一床置位	SB11	I1.3
三病房二床呼叫	SB12	I1.3
三病房二床置位	SB13	I1.5
值班室1病房1床处理	SB14	I1.6
值班室1病房2床处理	SB15	I1.7
值班室2病房1床处理	SB16	I2.0
值班室2病房2床处理	SB17	I2.1
值班室3病房1床处理	SB18	I2.2
值班室3病房2床处理	SB19	I2.3

L

输出	元件	功能
Q0.0	HL0	启停指示灯
Q0.1	HL1	一病房一床指示灯
Q0.2	HL2	一病房二床指示灯
Q0.3	HL3	一病房门口指示灯
Q0.4	HL4	二病房一床指示灯
Q0.5	HL5	二病房二床指示灯
Q0.6	HL6	二病房门口指示灯
Q0.7	HL7	三病房一床指示灯
Q1.0	HL8	三病房二床指示灯
Q1.1	HL9	三病房门口指示灯
Q1.2	HL10	值班室1病房1床指示灯
Q1.3	HL11	值班室1病房2床指示灯
Q1.4	HL12	值班室2病房1床指示灯
Q1.5	HL13	值班室2病房2床指示灯
Q1.6	HL14	值班室3病房1床指示灯
Q1.7	HL15	值班室3病房2床指示灯
Q2.0	HA	蜂鸣器

N
L

图 4-2-7 PLC 硬件接线图

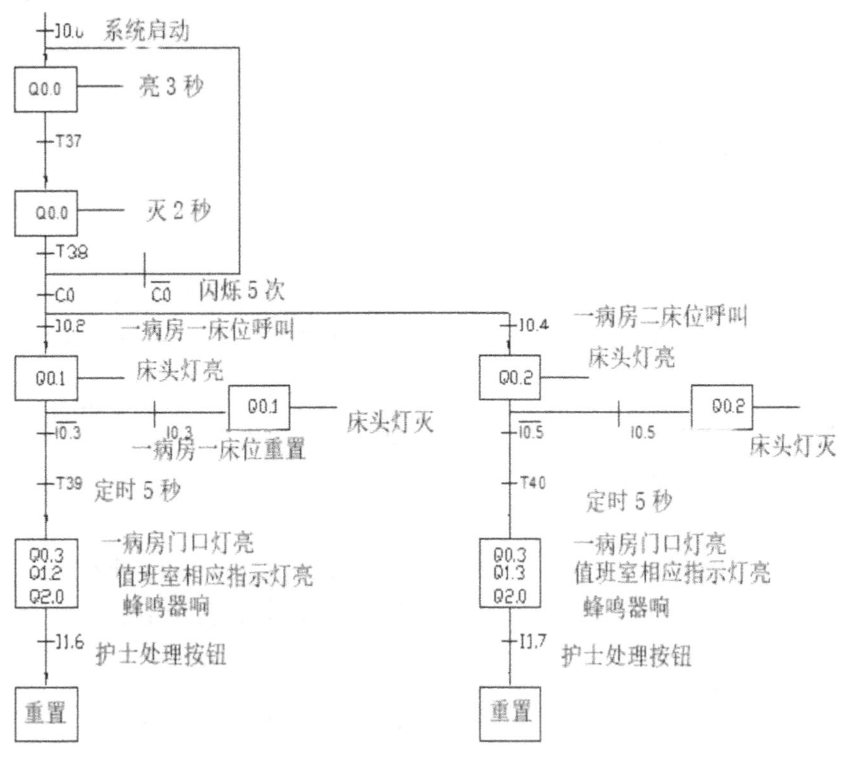

图 4-2-8 病房呼叫系统控制流程图

1. 系统启停闪烁程序

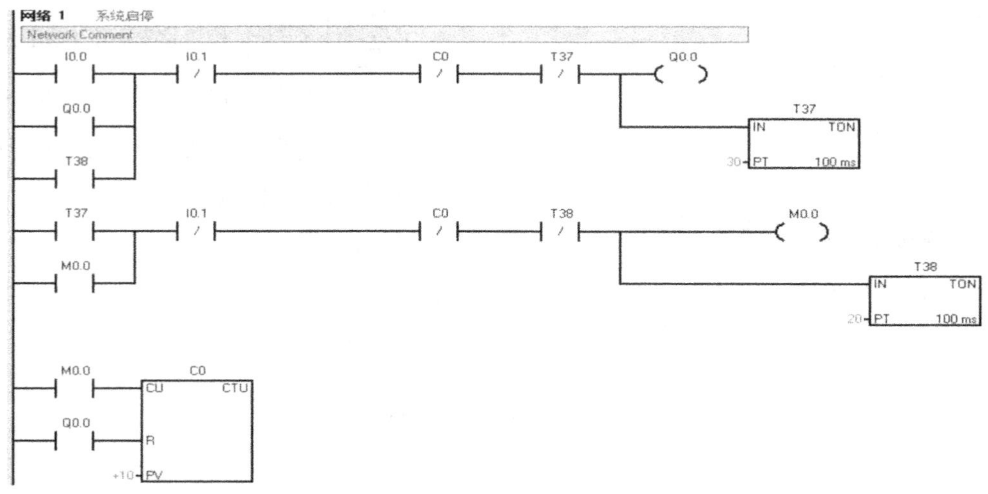

2. 病房 1 呼叫程序

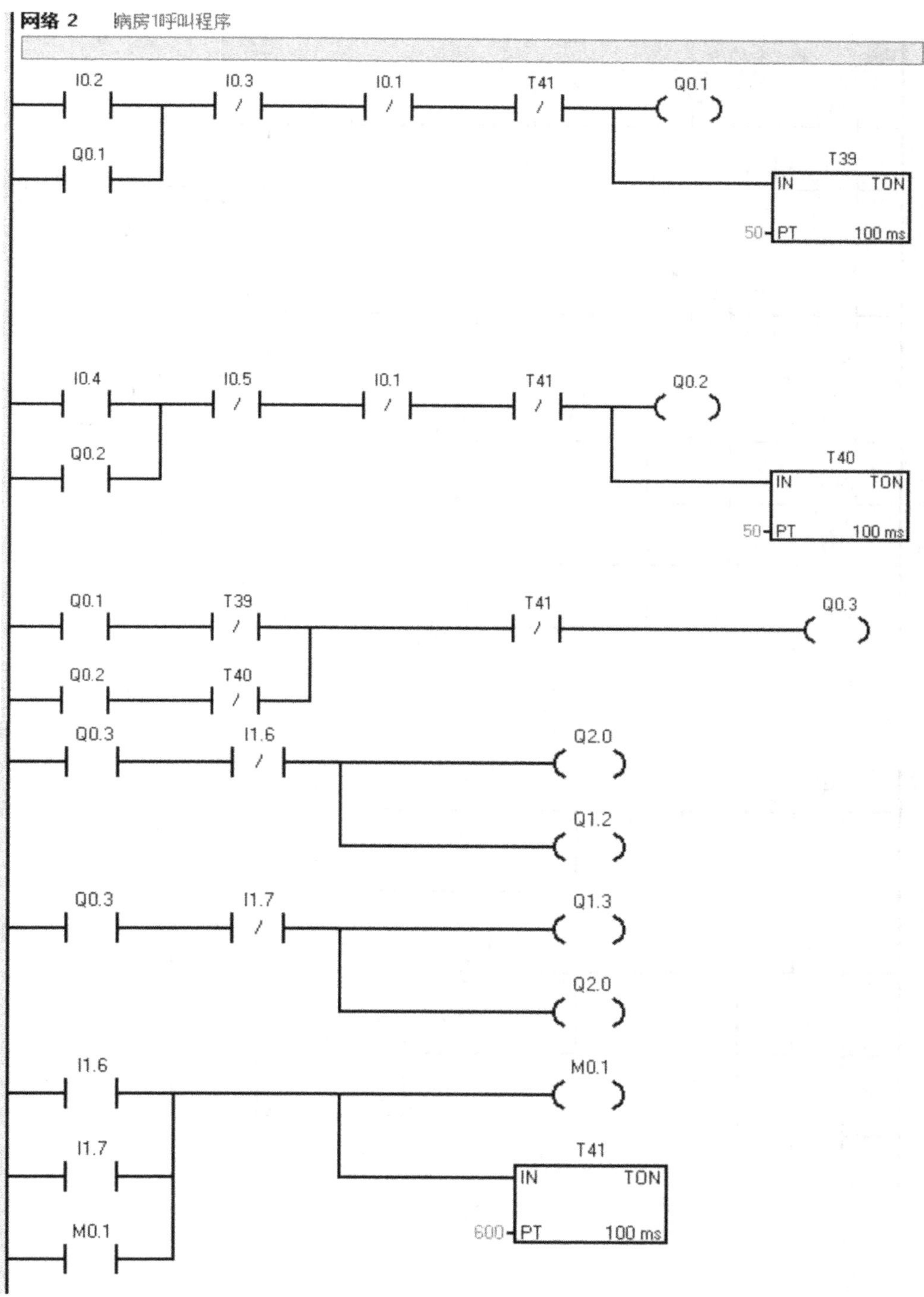
网络 2 病房1呼叫程序
I0.2
I0.3
I0.1
T41
Q0.1
Q0.1
T39
IN TON
50 PT 100 ms
I0.4
I0.5
I0.1
T41
Q0.2
Q0.2
T40
IN TON
50 PT 100 ms
Q0.1
T39
T41
Q0.3
Q0.2
T40
Q0.3
I1.6
Q2.0
Q1.2
Q0.3
I1.7
Q1.3
Q2.0
I1.6
M0.1
I1.7
T41
IN TON
M0.1
600 PT 100 ms

3. 病房二呼叫程序

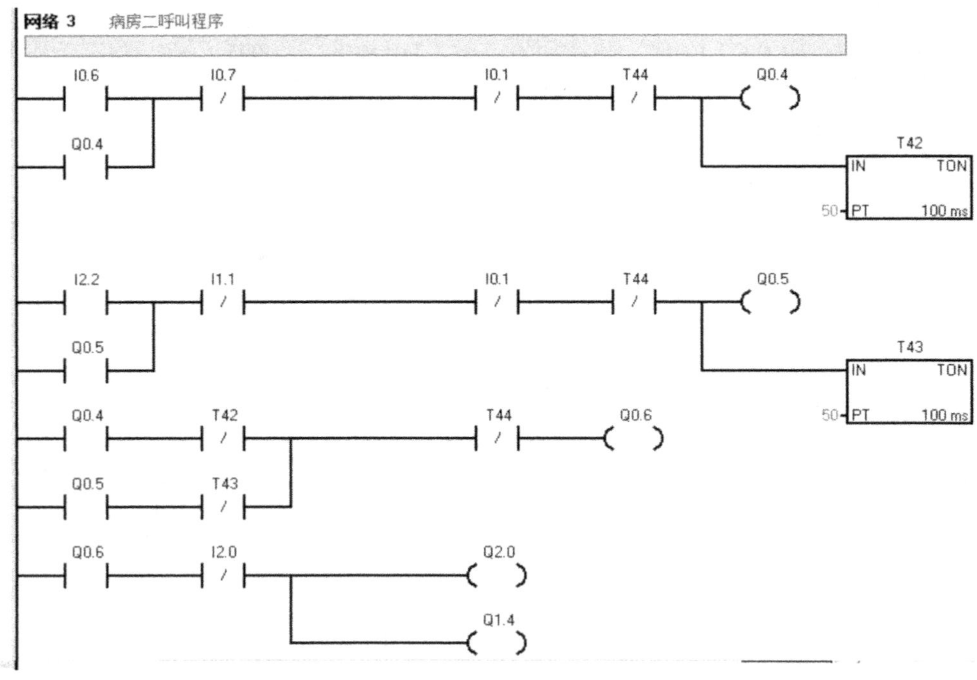
网络 3 病房二呼叫程序
I0.6
I0.7
I0.1
T44
Q0.4
Q0.4
T42
IN TON
50 PT 100 ms
I2.2
I1.1
I0.1
T44
Q0.5
Q0.5
T43
IN TON
50 PT 100 ms
Q0.4
T42
T44
Q0.6
Q0.5
T43
Q0.6
I2.0
Q2.0
Q1.4

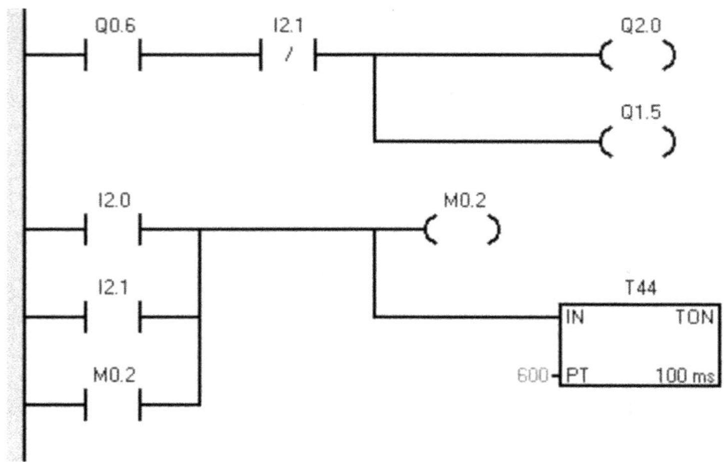
Q0.6
I2.1
Q2.0
Q1.5
I2.0
M0.2
I2.1
T44
IN TON
M0.2
600 PT 100 ms

4. 病房三呼叫程序

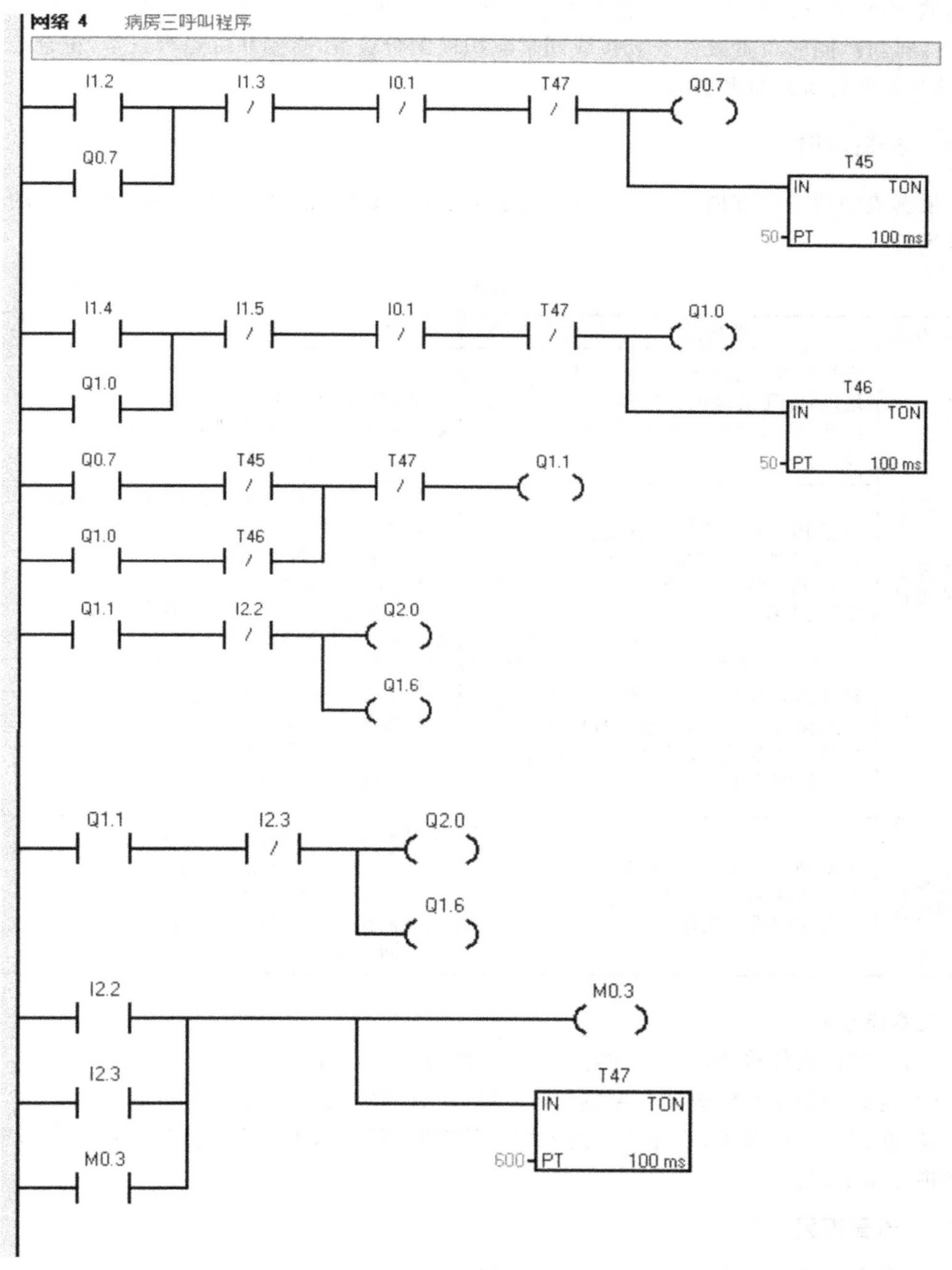
网络 4 病房三呼叫程序
I1.2
I1.3
I0.1
T47
Q0.7
Q0.7
T45
IN TON
50 PT 100 ms
I1.4
I1.5
I0.1
T47
Q1.0
Q1.0
T46
IN TON
50 PT 100 ms
Q0.7
T45
T47
Q1.1
Q1.0
T46
Q1.1
I2.2
Q2.0
Q1.6
Q1.1
I2.3
Q2.0
Q1.6
I2.2
M0.3
I2.3
T47
IN TON
M0.3
600 PT 100 ms

调试程序：

将编辑的梯形图程序下载运行，调试符合任务控制要求。在教师的现场监护下进行通电调试，验证程序运行是否符合控制要求。如果运行出现异常，每组负责编程同学应积极调试，重新运行，同时负责硬件安装接线同学应积极配合检查，直到系统运行正常，符合控制要求，接受教师任务评价和验收。

检查评价

根据表中评分标准内容（表 4-2-4），对学生任务完成情况及学生在完成任务期间的表现进行评价。

表 4-2-4

主要内容	考核要求	分	评分标准	分
硬件安装程序设计	根据任务要求，分配 PLC 的 I/O 地址，并列出地址分配表。根据给定要求，设计顺序控制功能图。	15	输入/输出分配不合理，每出现一处地址遗漏或错误扣 1 分； 顺序功能图设计不合理或错误，每处扣 2 分，画法不规范，每处扣 1 分。	
	根据 PLC 的 I/O 地址分配表，设计 PLC 外部硬件接线原理图，并能正确安装接线，接线要正确、紧固、美观。	0	PLC 的外部硬件接线原理图设计不正确，每出现一处错误扣 2 分，并按照错误设计进行硬件接线每处加扣 2 分； 接线不紧固、不美观、每处扣 2 分；连接点松动、遗漏，每处扣 0.5 分；损伤导线绝缘或线芯，每根扣 0.5 分。	
	设计梯形图程序，并熟练操作计算机输入 PLC 程序；按照被控制设备的动作要求进行模拟调试，达到控制要求。	0	编程软件应用不熟练，不会用删除、插入、修改等指令，每处扣 2 分； 程序下载运行后，1 次试车不成功口 8 分，2 次不成功口 15 分，3 次不成功口 30 分。	
安全操作文明协作	正确使用工具和无操作不当引起设备损坏，遵守国家相关专业安全文明成产规程。	5	工具操作不当导致损坏设备每出现一处扣 3 分，仪表使用错误扣 3 分，带电插拔导线每出现一次 1 分； 实验操作完毕工位不清洁，工具不清理，每组同学各扣 2 分。	

注意事项：

(1)在进行硬件接线时，定时器为 PLC 内部存储器，不需要接线。

(2)定时器指令与定时器编号应保证一致，符合规定，否则会显示编译错误。

(3)在同一个程序中，不能使用两个相同的定时器编号，否则会导致程序执行时出错，无法实现控制要求。

思考练习

1. 病房呼叫系统是否有其他的实现方案？
2. 上文的设计是否有出现错误的地方？
3. 上文的设计是否有可以改进的地方？
4. 本设计能否使用子程序调用的方式来实现？